蚁群算法及其应用

李士勇 陈永强 李 研 编著

哈尔滨工业大学出版社
·哈尔滨·

内 容 提 要

蚁群算法是意大利学者 Dorigo 等人于 1991 年创立的，是继神经网络、遗传算法、免疫算法之后的又一种新兴的启发式搜索算法。蚂蚁群体是一种社会性昆虫，它们有组织、有分工，还有通讯系统，它们相互协作，能完成从蚁穴到食物源寻找最短路径的复杂任务。模拟蚂蚁群体智能的人工蚁群算法具有分布计算、信息正反馈和启发式搜索的特点，不仅在求解组合优化问题中获得广泛应用，而且也用于连续时间系统的优化。

本书是国内首部蚁群算法的专著，系统地阐述蚁群算法的基本原理、基本蚁群算法及改进算法，蚁群算法与遗传、免疫算法的融合，自适应蚁群算法，并行蚁群算法，蚁群算法的收敛性与理论模型及其在优化问题中的应用。

本书可供人工智能、计算机科学、信息科学、控制工程、管理工程、交通工程、网络工程、智能优化算法及智能自动化等领域的广大师生和科技人员学习及参考。

图书在版编目(CIP)数据

蚁群算法及其应用/李士勇等编著.—哈尔滨:哈尔滨工业大学出版社,2004.9

ISBN 7-5603-2058-9

Ⅰ.蚁… Ⅱ.李… Ⅲ.智能控制-算法 Ⅳ.TP273

中国版本图书馆 CIP 数据核字(2004)第 071632 号

出版发行 哈尔滨工业大学出版社
社　　址 哈尔滨市南岗区教化街 21 号　邮编 150006
传　　真 0451-86414749
印　　刷 哈尔滨工业大学印刷厂
开　　本 787×960　1/16　印张 16　字数 330 千字
版　　次 2004 年 9 月第 1 版　2005 年 10 月第 2 次印刷
书　　号 ISBN 7-5603-2058-9/TP·204
印　　数 5 001～8 000
定　　价 25.00 元

前　　言

回想起刚刚过去的20世纪后半叶的50年，科学技术经历了人类历史上惊人的飞速发展，其中发展最快的两个门类要数计算机科学与自动化科学，它们又同属于信息科学类。

21世纪被人们誉为信息时代、知识经济时代、生物科技时代……无论如何称誉都绝不能不突出信息技术、信息化的重要地位。当今的信息技术发展的主要特征是数字化、网络化、智能化。数字化可以认为是信息的表达形式特征，网络化可以认为是信息传输的结构形式特征，而智能化则可以理解为对信息处理的本质特征。正因为如此，在IFAC第14届国际自控联大会上，我国著名科学家宋健院士的大会报告称："21世纪——智能自动化时代"。

智能化可以认为是智能自动化的简称，利用计算机实现对信息处理的智能化，是信息时代的重要标志。那么"智能"从何而来？只能从模拟人的智能而来，从模拟大脑的模糊逻辑思维建立了模糊逻辑，模拟大脑神经系统建立了人工神经网络；从模拟人类进化过程建立了遗传算法，模拟人工免疫系统建立了人工免疫算法等。这些算法都具有模拟智能及优化的特点，因此，将这种通过软件计算形式的模拟智能又称为计算智能，或称智能计算、智能优化算法。

众所周知，除了人类社会以外，还有许多社会性昆虫，如蚂蚁、蜜蜂等，它们个体虽然很简单，但却表现出高度结构化的社会组织，作为这种组织的结果表现出它们构成的群体能完成远超越其个体能力的复杂任务。蚂蚁之所以被称为社会性昆虫，是因为它们具备了组成社会的三要素：除有组织、有分工外，还有相互通讯和信息的传递。研究表明，蚁群有着奇妙的信息系统。生物学家和仿生学家观察研究发现，蚂蚁在觅食走过的路径上释放一种特有的分泌物——信息素(Pheromone)，蚂蚁个体之间正是通过这种信息素传递信息，从而相互协作，完成从蚁穴到食物源寻找最短路径的复杂任务。

从蚂蚁群体寻找最短路径觅食行为受到启发，意大利学者Dorigo等人1991年提出了一种模拟自然界蚁群行为的模拟进化算法——人工蚁群算法，简称蚁群算法。这种算法具有分布计算、信息正反馈和启发式搜索的特征，本质上是进化算法中的一种新型启发式优化算法。蚁群算法虽然是从研究求解旅行商问题(TSP)提出的，但它在求解多种组合优化问题中获得了广泛的应用，如调度、二次分配、网络路由等。它不仅用于离散系统的优化，而且也用于连续时间系统的优化。

蚁群算法创立者 Dorigo 等人的研究实验结果表明，蚁群算法在求解节点数为 5~100 的组合优化问题上，选用合适的参数，其优化结果普遍好于遗传算法(GA)、进化算法(EA)和模拟退火算法(SA)。因此，目前国内外有许多学者开展了蚁群算法的研究和应用工作，但普遍感到缺乏系统而深入地介绍蚁群算法及其应用的书籍。为了推动这一领域研究工作的发展，我们编写了本书，以起到抛砖引玉的作用。

本书共 10 章，内容可分为四个部分：第 1 部分阐述了基本的蚁群算法；第 2 部分介绍对基本蚁群算法的改进算法；第 3 部分论述蚁群算法收敛性与蚁群行为模型，属于理论部分；第 4 部分介绍蚁群算法在多个领域的应用。

本书由李士勇教授任主编，其中第 1~5 章由陈永强和李士勇共同编写，第 6~10 章由李士勇和李研共同编写。此外，参加编写和提供素材的还有赵宝江、袁丽英、祁荣宾、詹欣和魏治安。在本书的编写过程中，作者力求反映国内外在这一领域的最新成果，也包括作者的部分研究成果，书中部分内容引用了国内外一些专家、学者的研究成果，在此向他们表示诚挚的谢意！

由于时间紧迫，作者学识有限，因此难免存在不妥之处，诚请广大同行、读者及时给予指正。

作　者

2004 年 9 月

目　录

第1章　绪　　论

本章首先指出蚂蚁是一种社会性昆虫,介绍蚂蚁的基本习性,信息系统;其次重点阐述蚂蚁的觅食行为和觅食策略,人工蚁的基本思想以及人工蚁与真实蚂蚁的异同;最后,介绍人工蚁群算法的实现过程及其应用概况。

1.1　蚂蚁的基本习性

蚂蚁是一种最古老的社会性昆虫,它的起源可追溯到1亿年前,大约与恐龙同一时代。这种看似简单的小东西很早就引起了人们的注意。在楚汉相争之时,汉高祖刘邦的谋士张良用饴糖作为诱饵,使蚂蚁"闻糖"而聚,组成了"霸王自刎乌江"6个大字,项羽到此以为天意,吓得失魂落魄,拔剑自杀而死。"汉家天下,蚂蚁助成"的故事从此流传开来。

蚂蚁属膜翅类,蚁总科,已知360属,约9 000种,估计应有12 000~15 000种。数以百万亿计蚂蚁悄悄地布满了我们的星球,像人类一样,蚂蚁占据了几乎每一片适于居住的土地,只有永远雪封的南北两极未曾被其涉足。蚂蚁虽然有成千上万种,但无一种是独居的,都是群体生活,建立了自己独特的蚂蚁社会。

1.1.1　蚂蚁的信息系统

蚂蚁的个体结构和行为很简单,单个工蚁能做的各种动作不超过50个,其中大部分是传递信息,但由这些简单的个体所构成的整个群体——蚁群,却表现高度结构化的社会组织,在很多情况下能够完成远远超出蚂蚁个体能力的复杂任务。蚂蚁社会中的个体从事不同的劳动,群体可以很好地完成个体的劳动分工。作为社会昆虫的一种,蚂蚁社会成员除有组织有分工之外,还有相互的通讯和信息传递。蚁群有着独特的信息系统,其中包括视觉信号、声音通讯和更为独特的信息素。蚂蚁之所以能够"闻糖"而聚,全因蚂蚁的信息系统。

蚂蚁有着奇妙的信息系统[1][5],其中包括视觉信号、声音通讯和更为独特的无声语言,即包括化学物质不同的组合、触角信号和身体动作在内的多个征集系统,来策动其他个体。蚂蚁特有的控制自身环境的能力,是在其高级形式的社会性行为不断发展的过程中获得的。

研究表明,观察到的黄猄蚁(Oecophylla smargdina)的信息系统,是已知的社会性昆虫中最复杂和最先进的。黄猄蚁身上有多个分泌信息素的腺体及相关器官,如图1-1所示。

其中,上颚腺分泌多种无毒化学物质,主要用于防卫和报警;嗉囊储存液体食物,可反刍给蚁伴做信息传递;中肠用于消化分解食物;毒腺可产生大量蚁酸用以捕食、麻醉和防卫,并常使蚁群异常兴奋;杜氏腺主要分泌脂肪族碳水化合物,起着报警、召集作用;直肠腺分泌示踪信息素,常以大滴粪便物质来标记其势力范围;腹腺具有定向、短距离召集、标迹等功能。

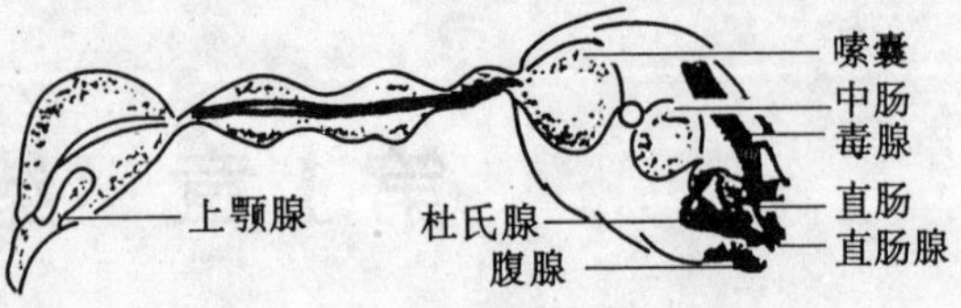

图 1-1　黄猄蚁工蚁的信息素分泌腺体及相关器官

应当指出,不是任何蚂蚁都具有上述腺体,其腺体的功能也因种类不同存在差异。

蚂蚁的许多行为受信息素调控,如蚁后分泌名为“女皇物质”的信息素来控制工蚁的发育,信息素可以作为请求或交换营养性卵和特殊臀区分泌物的表示。遇警时,信息素可刺激蚁群兴奋,具有使蚁群按计划执行某项活动的作用。除此之外,蚂蚁以信息素来表明身份,蚁伴也据此辨认识别,失去同巢的信息素就会失去生命,在这一蚁群中无立足之地。

1.1.2　蚁群社会的遗传与进化

在研究蚁群社会成员的相互合作和利他主义(altruism)的同时,应当指出其存在着遗传学基础。社会性昆虫蚂蚁的有性生殖同二倍体物种的有性生殖略有不同,因它们是单一二倍体。蚁后产下的受精卵发育成工蚁或新的蚁后,而未受精卵发育成雄蚁,雄蚁是单倍体,而雌蚁(工蚁和蚁后)是二倍体。由此计算,工蚁(亲姐妹)之间的亲缘系数应当是0.75,而不是0.5,因为工蚁都有来自单倍体父亲的一套相同的基因,而工蚁的另一半基因则是二倍体母亲体内基因的一半(生殖前进行减数分裂的结果),所以在蚂蚁社会中,姐妹情是大于母女情的。由此看来,合作行为和利他行为在一个亲缘关系最密切的家庭中应当得到最大的发展。

蚂蚁的行为更多地是以群体作为一个整体而存在,而不是为了群体中的单个个体的存活。正是这种高度进化的社会性适应,使蚂蚁这种古老而细小的昆虫在大千世界中占有一席之地,并不断得以繁衍,被誉为昆虫世界的“智慧之花”。

1.2　蚁群觅食行为与觅食策略

1.2.1　蚂蚁的觅食行为

觅食行为是蚁群一个重要而有趣的行为。据昆虫学家的观察和研究发现,生物世界中的蚂蚁有能力在没有任何可见提示下找出从蚁穴到食物源的最短路径,并且能随环境的变化而变化地搜索新的路径，产生新的选择。

在从食物源到蚁穴并返回的过程中，蚂蚁能在其走过的路径上分泌一种化学物质 Pheromone——信息素，也称信息激素或外激素，通过这种方式形成信息素轨迹。蚂蚁在运动过程中能够感知这种物质的存在及其强度，并以此指导自己的运动方向，使蚂蚁倾向于朝着该物质强度高的方向移动。信息素轨迹可以使蚂蚁找到它们返回食物源（或蚁穴）的路径，其他蚂蚁也可以利用该轨迹找到由同伴发现的食物源的位置。

很多蚂蚁种族在觅食时都有设置踪迹和追随踪迹的行为：在从某个食物源返回蚁巢的过程中，蚂蚁个体会遗留一种信息素，觅食的蚂蚁会跟随这个信息素踪迹找到食物源。一只蚂蚁进军食物源受到另一只蚂蚁或信息素踪迹的影响过程称为征兵，而仅仅依靠化学踪迹的征兵叫做大规模征兵。

事实上，蚂蚁个体之间是通过接触提供的信息传递来协调其行动的，并通过组队相互支援，当聚集的蚂蚁数量达到某一临界数量时，就会涌现出有条理的"蚁队"大军。蚁群的觅食行为完全是一种自组织行为，蚂蚁根据自我组织来选择去食物源的路径。

1.2.2 蚂蚁的觅食策略

1. 自然优化——二元桥实验

为了研究在受约束条件下的蚂蚁觅食行为，Deneubourg 等人曾提出双支桥实验[5,6]。实验中，蚁穴通过双支桥与食物源相连，而桥的两个分支长度相等，而且两个分支上最初都没有信息素。然后，将蚂蚁置于可以自由地在蚁穴和食物源之间移动的状态，观察选择两个分支的蚂蚁比例。结果如图 1-2(b)显示，经过最初的一个短暂的振荡阶段，蚂蚁倾向于沿着一条相同的路径前进。

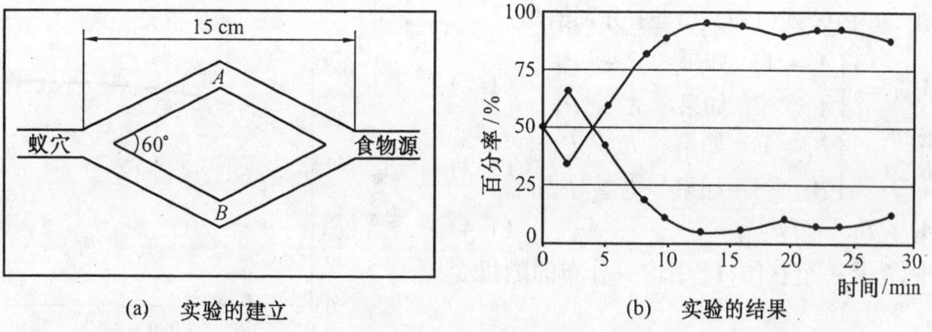

(a) 实验的建立　　(b) 实验的结果

图 1-2 等长双支桥实验

在上述的实验中，两个分支上最初没有信息素，因此，蚂蚁选择两个分支的概率是相同的。然而，经过最初的一个短震荡阶段，随机的振荡使得更多的蚂蚁随机地选择了一个分支。实验中选择上边分支的蚂蚁多于下边分支的蚂蚁,如图 1-2(b)所示,纵坐标为单位时间内通过每个分支的百分率,横坐标为时间,单位为 min。由于蚂蚁在行进的过程中释放信息素,因此上边分支的信息素量多于下边分支,从而促使更多的后续蚂蚁选择它,依此类推。在实验中,首先假设一个分支上的信息素量正比于过去使用过该分支的蚂蚁数量。就是说,不考虑信息素的挥发。由于一个典型的实验持续大约 1 h,在这段时间内信息素的挥发量非常小,因此忽略挥发的信息素是可以理解的。模型中,在某个特定时刻选择一个分支的概率取决于这个分支上信息素的总量,而信息素的量与那一时刻前经过该分支的蚂蚁数量成正比。

Deneubourg 等[144]开发了一个信息素模型,它的行为与实验的观察十分吻合。假设一个分支上的信息素量与从这个分支过桥的蚂蚁数量成比例。这个假设没有考虑信息素的挥发,因为实验持续 1 h 的时间,这还不足以让信息素大量减少,所以这个假设是合理的。在这个模型里,在某一时刻选择一条分支的概率依赖于已经使用过此分支的蚂蚁总数。更准确地讲,设 A_i 和 B_i 是第 i 只蚂蚁过桥后已经走过分支 A 和分支 B 的蚂蚁数,第 $i+1$ 只蚂蚁选择分支 $A(B)$ 的概率是

$$P_A = \frac{(k + A_i)^n}{(k + A_i)^n + (k + B_i)^n} = 1 - P_B \tag{1-1}$$

公式(1-1)表明,以往走分支 A 的蚂蚁越多,选择分支 A 的概率越高。参数 n 决定选择公式(1-1)的非线性程度,当 n 值大时,如果某一分支的信息素比另一分支稍稍多一点,那么后续的蚂蚁选择此分支的概率高。参数 k 表示对未标记的分支的吸引力程度:k 值越大,就有越多的信息素使选择非随机化。P_A 的特殊形式是从文献[145]中的路径实验上获得的。文献[144]给出最适合实验测量标准的参数值是 $n \approx 2, k \approx 20$。如果 $A_i >> B_i$ 且 $A_i >> 20$,$P_A \approx 1$;如果 $A_i >> B_i$ 而 $A_i < 20$,则 $P_A \approx 0.5$,这对 P_B 也适用。选择动态遵循公式(1-1),而 A_i、B_i 由公式(1-2)、(1-3)分别给出。

$$A_{i+1} = \begin{cases} A_i + 1 & \text{如果} \quad \delta \leqslant P_A \\ A_i & \text{如果} \quad \delta > P_A \end{cases} \tag{1-2}$$

$$B_{i+1} = \begin{cases} B_i + 1 & \text{如果} \quad \delta > P_A \\ B_i & \text{如果} \quad \delta \leqslant P_A \end{cases} \tag{1-3}$$

$$A_i + B_i = i \tag{1-4}$$

其中,δ 是一个在[0,1]中均一分布的随机变量。

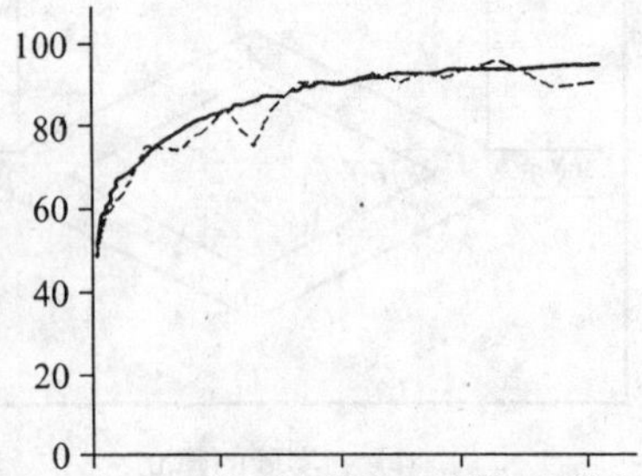

图 1-3　通过优势分支的百分率

图 1-3 中曲线表示通过优势分支蚂蚁占过桥所有蚂蚁数的百分率。黑实线是对公式(1-1)～(1-4)提供的模型的200个蒙特卡洛

模拟的平均结果,每个模拟中有2 000个蚂蚁通过。细虚线是每通过100只蚂蚁当中通过优势分支的百分率。上述结果均是20组实验的平均结果,每30 min一组实验。实验中用到9个蚁群,每群有150 ~ 1 200只工蚁。通过蒙特卡洛模拟分析了公式(1-1) ~ (1-4)描述的模型,模拟结果与图1-3给出的实验结果完全吻合。

桥的等长分支的实验可以扩展到一个分支比另一个分支长的不对称情况,如图1-4所示[146],其中(a)表示不对称桥的尺寸,(b)和(c)分别为桥放置4 min和8 min后蚁群对短分支的选择图。同样地,模型也可以修改来适应此情况。按照同以前情况相同的机理,也就是初始波动的扩大,蚂蚁常常会选择最短的路径:先回蚁巢的蚂蚁在最短分支上走了两次(从蚁穴到食物源,再回到蚁穴)。所以,这些蚂蚁回来后不久,在短分支上有更多的信息素,诱使巢中同伴选择短分支。实验表明,通过初始波动的扩大,最终选择短分支的几率随着两个分支的长度比 r 而增长。

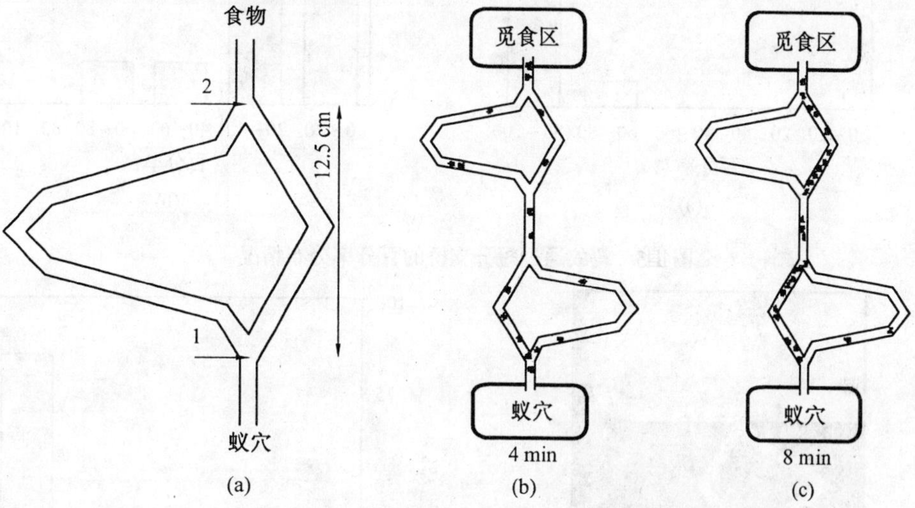

图1-4　蚂蚁通过不等长双支桥的实验

图1-5表示在 n 个实验中,选择较短分支的蚂蚁的百分率分布情况(r 是两个分支的长度比)。较长分支比短分支长 r 倍,其中图(a)对应于长短分支在实验开始时就被放置好的情况。(a)图表明当 $r = 2$(长分支的长度是短分支的2倍)时,只是在统计意义上选择短分支。在某些情况下,更多的蚂蚁初始选择长分支,就使长分支上的标记更强,导致蚂蚁优先选择长分支。这表明主要基于信息素的征兵可能不够灵活。图1-5中的(b)图显示在相同的实验设置下,短分支比长分支晚30 min提供给蚁群后所发生的情况:蚂蚁没有选择短分支,而是继续陷于长分支上。图1-6是真实实验的图像,其中蚁巢位于下方的场地,食物源位于上方的场地。

Lasius niger是另一种采取大规模征兵的蚂蚁种族使用的另一种机制,使得即使短分支比长分支晚 30 min 出现，蚂蚁也会选择短分支。当蚂蚁发现它自己处在长路径中间时，这只蚂蚁通常会意识到它在近乎垂直地朝目的方向行进：这会迫使蚂蚁在长分支上进行 U 型转弯[147]。在这种情况下，对蚁巢方向和食物源方向的个体记忆的结合，加上集体的踪迹追随，产生对短分支的系统选择(图 1-7)。换句话说，蚁群更加灵活了。

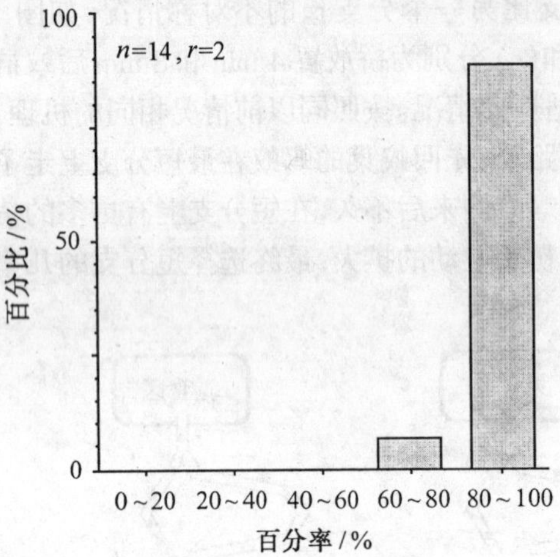

(a)

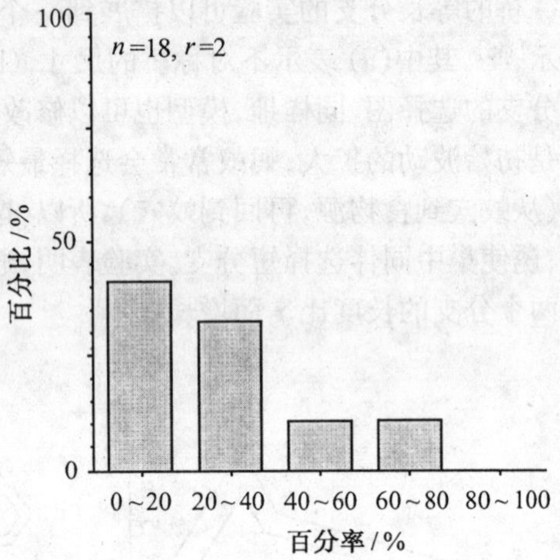

(b)

图 1-5　蚂蚁通过短分支桥的百分率分布情况

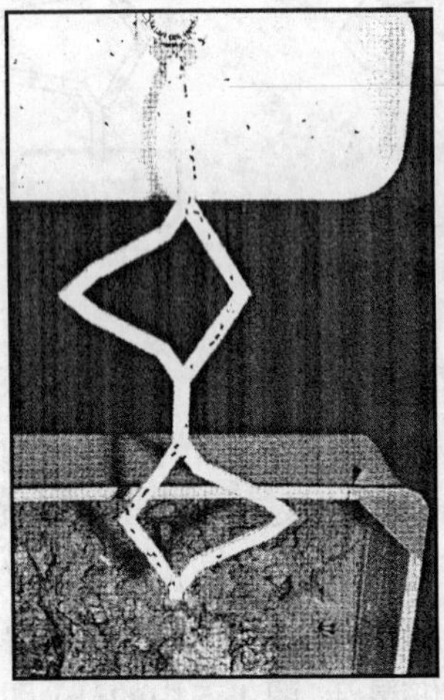

图 1-6　真实的二元桥实验

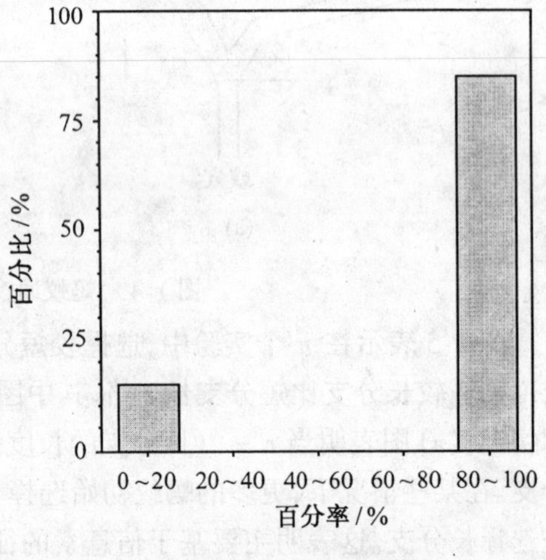

图 1-7　蚂蚁通过短分支桥的百分率

图 1-7 与图 1-4 的实验设置相同，但图 1-7 是对 Lasius niger 的实验。在这种情况下，当短分支在长分支后出现时，对蚁巢方向和食物源方向的个体记忆的结合，加上集体的踪迹追随，产生对短分支的更加系统的选择。

在上面提到的基于信息素征兵的蚂蚁种群中，要了解信息素的物理化学特性是很有趣的，可以说对这些化学物质的了解尚不多。在不同的底土层上，并且/或者在可变长度的时间后，测试蚂蚁遇到不同量信息素之后行为的"间接"实验提供了数量粗略的近似值，如挥发速率、吸收速率、扩散常数等。对上述种族的一致发现是它们的信息素持续很长时间，从最少的几个小时到几个月(依赖于种族、底土层、蚁群规模、天气条件等)。这表明信息素的寿命需要用大的时间尺度来测量。

在蚁群优化和蜂群智能领域，常识表明，当使用足够短的时间尺度时，信息素挥发可以使蚁群避免陷于次优的路径上，如 Linepithema humile 蚁群的情况。这是因为要在较长的路径上保持标记好的信息素踪迹的难度更大，如图 1-8 所示[148,149]。

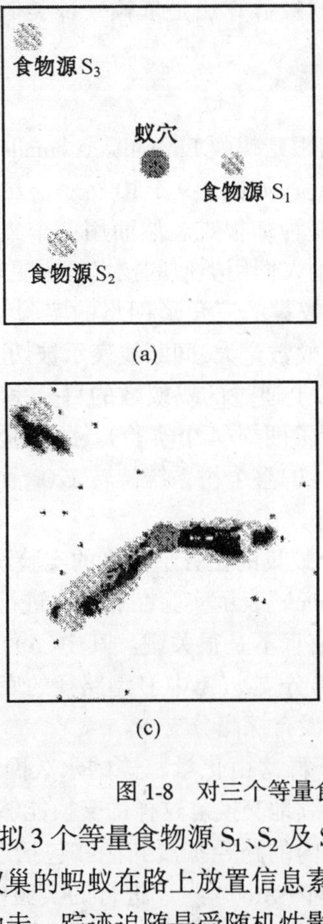

图 1-8　对三个等量食物源蚂蚁的觅食情况

图 1-8 是模拟 3 个等量食物源 S_1、S_2 及 S_3 放置在离蚁巢不等距离的情况(图 1-8(a))。从食物源返回蚁巢的蚂蚁在路上放置信息素，出蚁巢的蚂蚁跟随信息素踪迹，或者在没有信息素时随机地走。踪迹追随是受随机性影响的，错误可能会发生，而且蚂蚁可能找不到遗留的踪迹。假设信息素的衰减在短时间尺度内发生，在 t_1 时刻，由黑点儿表示的蚂蚁随机地探测它们的环境(图 1-8(b))。在 t_2 时刻，建立了连接食物源和蚁巢的路径(图 1-8

(c))。在 t_3 时刻,只有连接最近的食物源和蚁巢的路径保存下来,蚂蚁会对这些食物源进行探测(图 1-8(d))。当首先探测的食物源用完后,蚂蚁们会探测下一个最近的食物源。对上述状况的模拟由 StarLogo 程序语言编写而成,是由麻省理工学院媒体实验室的认知论与学习小组开发的[150]。

然而,事实上这并不是真实的情况,因为信息素是持续存留的。而且,优化的概念在生物学里是不可靠的:最优性受到很多约束的限制,包括生态学约束,如掠夺行为或同其他蚁群的竞争。在某些状态下,将觅食行为集中到某一特定地点或区域可能对蚁群是有利的,即使这个地点不是最好的。因为单一的路径更容易保护;以机会主义的方式转换到其他地点能够降低花费,如降低蚁群的保护级别,这也不能忽略。在真实的蚂蚁和人工蚂蚁间存在明显的区别,即在以下章节中介绍的蚁群算法是依赖一种类似信息素挥发的技术,这对于优化确实是个有效的方法。

2.自然优化——蚁巢内部的交通情况

在一个著名的实验中,Aron 等[151]指出阿根廷蚂蚁 Linepithema humile 可以解决最小生成树问题。实验包含若干蚁巢和连接它们的桥,如图 1-9、1-10 所示。尽管这个问题在实验中用到的公式表达上不很难,但它的一些变种却很难。然而用一个集体问题的例子解决最简单的变种问题很有趣,因为它能够激励人们用类似的技术解决更难的问题。

图 1-9 的上图为实验设计和对连接三个蚁巢的三角形网络的实验结果,下图是采用定性解决方法的图示。实心线表示通过的蚂蚁数量大,间断线表示被切断的分支,数字表示每个实验的数量结果,每个分支(a、b 和 c)上通过的蚂蚁数的百分率和蚂蚁总数(n)。其中(A)在统计蚂蚁数量前,三角形网络放置了两周(4 个实验)。此实验表明在分支选择上,化学物质而不是视觉信息起到关键作用;(B)整个桥系统旋转 120°,而蚁巢没有移动(3 个实验);(C)最常用的分支被切断(3 个实验)。

图 1-10 的上图为实验设计和对连接四个蚁巢的正方形网络的实验设计,下图与图1-9相同。"in light"表示实验在光线下进行,"in dark"表示实验在黑暗中进行。在有光和无光下进行实验的结果差别并不明显,表明视觉信息不是很关键。其中(A)在统计蚂蚁数前,正方形网络旋转了两周,没有探测分支 a;(B)分支 c(A 中 U 型路径的底部)被切断。(C)分支 b 和 d 出现两周后,添加了分支 a 和 c,没有探测分支 a。

Linepithema humile 群落由子群落组成,子群落由化学踪迹的永久网络连接而成。工蚁、幼虫,甚至蚁后在这些子群落的蚁巢中持续地交换。这样的交换能够灵活地分配觅食区域的劳动力,以响应环境信号。而且,蚁巢内的路径扩展到能够包括通向永久的、持续时间长的或者富足的食物源路径。在实验室内 Aron 等[151]进行的实验中,纸板桥(图1-9和 1-10)连接 3 或 4 个蚁巢,实验结果是蚂蚁在一组通向所有蚁巢的路径上行进。路径集合形成最小生成树,也就是没有使用多余的桥。另外,切断常用的桥导致蚂蚁转向以前不常用的分支(图 1-9 和 1-10)。Aron 等人的研究表明,在这个过程中,化学信号起关键作

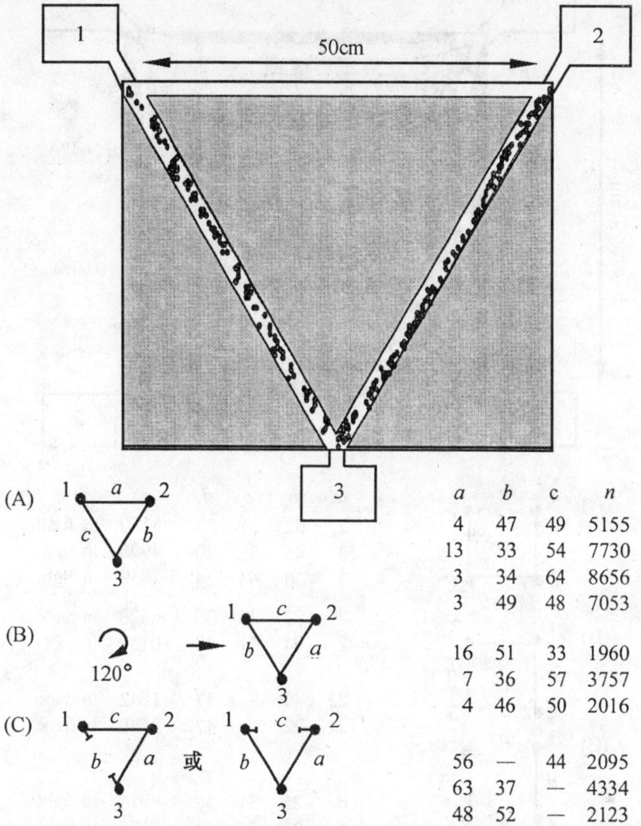

a	b	c	n
4	47	49	5155
13	33	54	7730
3	34	64	8656
3	49	48	7053
16	51	33	1960
7	36	57	3757
4	46	50	2016
56	—	44	2095
63	37	—	4334
48	52	—	2123

图 1-9 三个蚁巢的三角形网络实验

用,而视觉信号并不重要。他们能够使用一个与图 1-4 中描述二元桥实验的模型类似的模型,来复制大部分实验观察资料。

这个例子可能显得微不足道,不仅因为最小生成树问题不是很难的优化问题,而且这是个仅包含 3 或 4 个节点的特殊例子。但某些蚁群能够建立起跨越数百米的大型巢穴网络。例如,图 1-11 显示位于瑞士的 Formica lugubris 超级蚁群的蚁巢内部的互联网络。尽管目前还没有对这种网络进行与图论特性有关的研究,但找到接近连通所有巢穴的最小生成树网络并不惊奇。该网络由图 1-11 的圆圈表示。

3. 兵蚁的搜捕方式

让我们研究一下兵蚁的觅食方式。兵蚁是最大而且最具凝聚力的群落之一[152],它们的觅食系统能够协调成百上千只蚂蚁个体,并且在一天内覆盖上千平方米的区域。新热带地区中最大规模的成群搜捕是 Eciton burchelli 的搜捕,它可以包含超过 200 000 只工

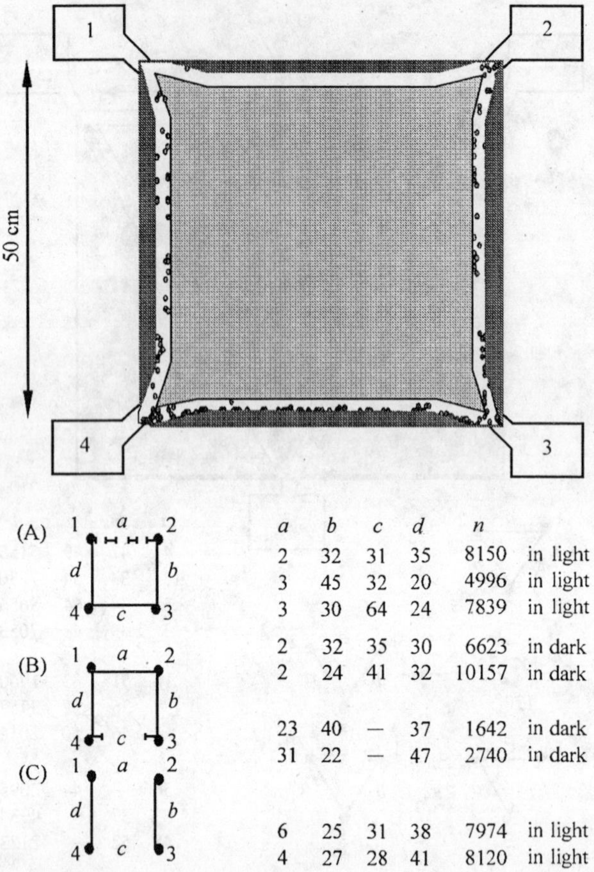

a	b	c	d	n	
2	32	31	35	8150	in light
3	45	32	20	4996	in light
3	30	64	24	7839	in light
2	32	35	30	6623	in dark
2	24	41	32	10157	in dark
23	40	—	37	1642	in dark
31	22	—	47	2740	in dark
6	25	31	38	7974	in light
4	27	28	41	8120	in light

图 1-10　四个蚁巢的正方形网络实验

蚁,呈 15 m 以上的密集群搜捕。由瞎的蚂蚁个体组成的成群搜捕是强有力的完全离散控制的有利例证。“搜捕系统包括前缘,在前缘后扩展 1 m 左右的一层密集的蚂蚁,和一个大型的汇合踪迹系统。沿着这些踪迹,蚂蚁能爬到前缘,并带回捕食的东西。这些踪迹在前缘附近形成小的回路,而越远离前缘,回路越大且经过的蚂蚁越少。最终,最大的回路通向一条起源踪迹,这条踪迹连接着兵蚁的搜捕和它们的营地。”[153]搜捕方式是动态的,但总是具有相同的基本结构。图 1-12 展示三种兵蚁的成群搜捕结构:Eciton hamatum, Eciton rapax 和 Eciton burchelli。

这 3 种蚂蚁有不同的“食谱”:Eciton hamatum 主要捕食被分散的昆虫群,Eciton burchelli 主要以分散的节肢动物为食,而 Eciton rapax 有个居中的食谱。这些不同的食谱对应于不同的食物空间分布:Eciton hamatum 的食物源较稀少但量大,而 Eciton burchelli 的食物很容易找到,但每次数量很少。这些不同的空间分布能否解释图 1-12 中不同的觅食

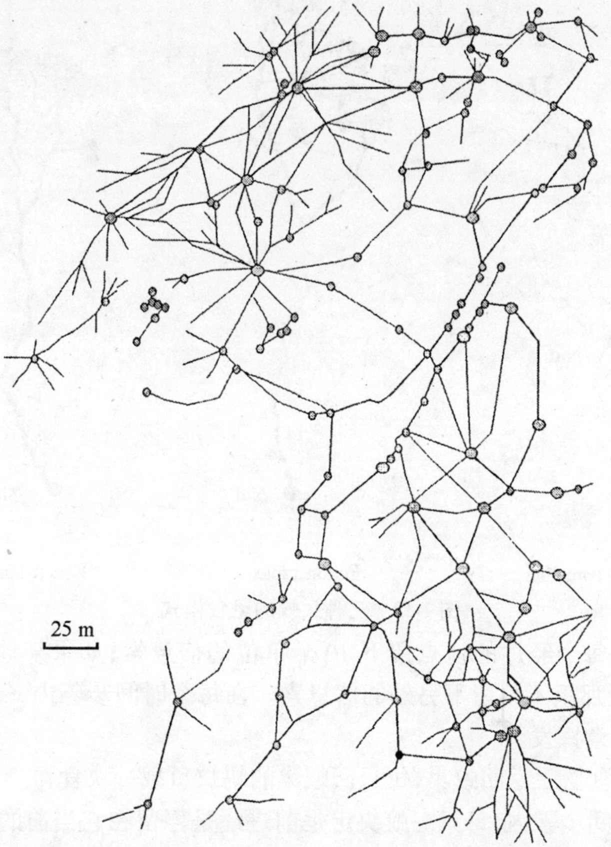

图 1-11　Formica lugubris 超级蚁群蚁巢内部的互联网络

模式？更准确地讲，能否不借助行为差别，而使用环境差别来解释 3 种兵蚁的不同觅食模式？从兵蚁的生物学来讲，这个问题很有趣：如果 3 种蚂蚁有共同的祖先，那么它们的行为就不可能不相似。而仅仅是它们的食谱有差别，因为它们适应了不少的小环境。而从解决问题的角度看，这个问题同样很有趣：它意味着相同的程序（行为的计算机科学等价物）能够解决不同的问题，或者能够适应不同的环境。

Deneubourg 等[152]的兵蚁搜捕模式的自组织模型告诉我们，以上问题的答案是肯定的。模型的假设如下：

(a) 为了便于模拟，环境用图 1-13 中显示的二维格子表示，格子的每个节点称为一个地点，系统在离散时间步骤时更新。

(b) 蚂蚁既在去往前缘的路上留下信息素踪迹，也在返回蚁巢或营地的路上留下信息素踪迹。在去前缘的路上，蚂蚁在每个单位区域内（也就是经过的每个地点）留下一个单位的信息素；如果某地点的信息量超过 1 000 个单位，那么在那里不再留下另外的信息

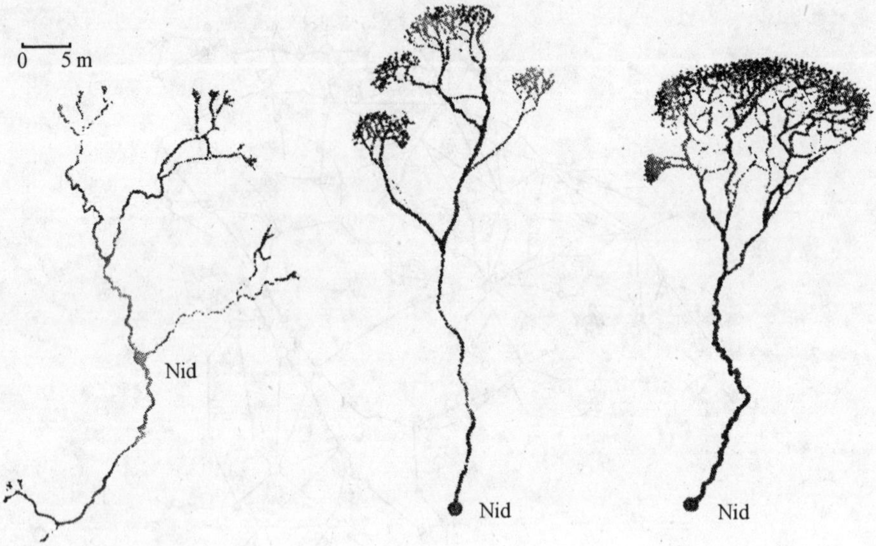

图 1-12　三种兵蚁的觅食模式

素。返回的蚂蚁在每个经过的地点留下 10 个单位的信息素；如果某地点的信息量超过 300 个单位，那么在那里不再留下另外的信息素。在每个时间步骤内，每个地点有固定比率 $e = 1/30$ 的信息素挥发。

(c) 蚂蚁找到食物后返回蚁巢，每只回蚁巢的蚂蚁负载一块食物。

(d) 在每个时间步骤内，每只蚂蚁决定是前进还是停留在它当前的位置上。设 ρ_l 和 ρ_r 分别是在左边地点和右边地点上的信息量，蚂蚁前进的概率是

$$P_m = \frac{1}{2}\left[1 + \tanh\left(\frac{\rho_l + \rho_r}{100} - 1\right)\right] \tag{1-5}$$

所以，蚂蚁前面地点上的信息量越多，蚂蚁前进的可能性越大。这和实验观察结果吻合，即当信息素的累积量增加时，蚂蚁前进得较快，而在未标记区域里，蚂蚁前进得较慢。

(e) 当蚂蚁决定前进时，它根据绝对和相对的信息素累积量，选择左边地点或者右边地点。更准确地，蚂蚁选择左边地点的概率是

$$P = \frac{(5 + \rho_l)^2}{(5 + \rho_l)^2 + (5 + \rho_r)^2} \tag{1-6}$$

这个表达式同 $n = 2, k = 5$ 的公式(1-1)类似。

(f) 每个时间步骤内，10 只蚂蚁离开蚁巢。在每个地点的蚂蚁数量不能超过 20 只。如果蚂蚁决定前进，并且选择的地点已经满了，它会向另一个地点前进；如果两个地点都满了，蚂蚁停在原地。

(g) 食物分布是用在每个地点找到食物的概率表示的。食物源可大可小,每只找到食物源的蚂蚁带着一个单位的食物回蚁巢。

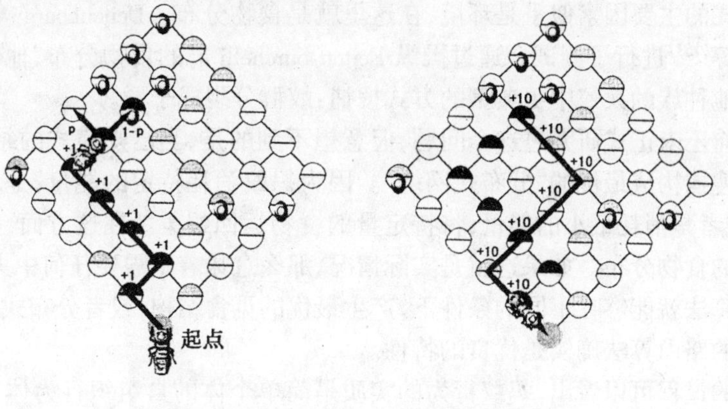

(a) (b)

图 1-13 蒙特卡洛模拟实验

图 1-13 给出了两种蒙特卡洛模拟的格子,其中(a)图表示一只蚂蚁从蚁巢出发,在每个时间步骤内,以 P_m 概率前进。当蚂蚁移动时,它以概率 P 选择左边的地点,或者以概率 $1-P$ 选择右边的地点。在每个经过的地点,蚂蚁放下一个单位的信息素。某些地点存有食物(小圆圈)。每个地点的阴影代表信息素的累积量:较深的灰色代表较高的信息量;(b)图表示一只蚂蚁从它找到食物的地点返回。它在每个经过的地点留下 10 个单位的信息素。

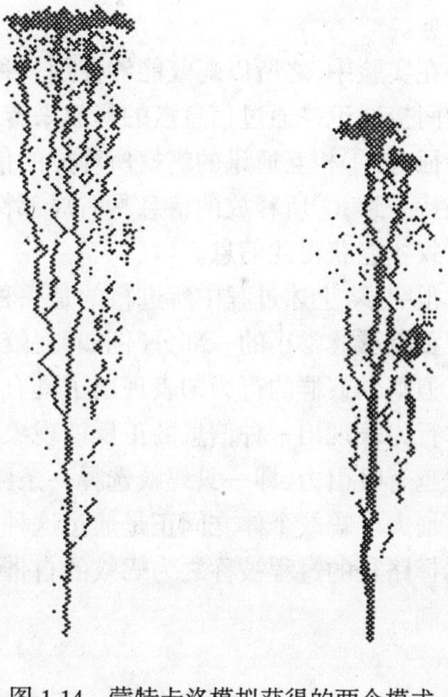

图 1-14 蒙特卡洛模拟获得的两个模式

图 1-14 是从 Deneubourg 等[152]模型的蒙特卡洛模拟获得的两个模式,两个分别有不同的食物空间分布。左边的模式以 1/2 的概率在每个地点存有 1 个单位的食物。这种分布代表 Eciton burchelli 的捕食分布。一个定义好的前缘可以供观察研究。返回的蚂蚁使中央踪迹变成分叉的支线踪迹。右边的模式以小概率(1/100)在每个地点存有大量(400)单位的食物。这种分布代表 Eciton hamatum 和 Eciton rapax 的食物分布。事实上,由模拟获得的模式与这两种蚂蚁的成群搜捕模式类似:蚁群分裂成许多小的纵队。

从图 1-14 获得的模式和从图 1-12 获得的模式之间的相似性并不理想。然而,它们之间有一些重要的共性。这些共性表明有相似行为的觅食者个体在三个种族内工作。影响群体搜捕模式的主要因素似乎是环境,在这里就是食物分布。Deneubourg 等[152]模型的预测由 Franks 等[153]进行了测试。通过操纵 Eciton burchelli 群的食物分布,他们使这些蚂蚁以一种在其他种族的兵蚁中更典型的方式搜捕:蚁群分裂成子群。

尽管目前还未正式研究过这个问题,但意想不到的是,当已知模式的结构时,可以发现蚂蚁成群搜捕构成最优的“分布式网络”。因为蚂蚁消耗特定的能量,是以获得食物量的最大化,或者是消耗最小的能量,将特定量的食物运回蚁巢。在这方面,每个模式都能够适应物种的食物分布。如果这就是实际情况,那么意味着不需要任何中央控制,一个基于自组织的算法就能够在不同的条件下,产生最优的觅食结构,或者分布式网络。这对于通信网络内的路由算法确实是优良的特性。

从以上的过程可以看出,蚂蚁行为的实质是简单个体的自组织行为体现出来的群体行为。每只蚂蚁的行为都对环境产生影响,环境的改变进而对蚁群行为产生控制压力,影响其他蚂蚁的行为。通过这种机制,简单的蚂蚁可以相互影响,相互协作,完成一些复杂的任务。

在实验中,之所以蚂蚁能够使用一种简单形式的间接通讯来执行具体的行为,是因为这种间接通讯是通过信息素的释放来传递的。蚂蚁的这种间接通讯区别于其他通讯的显著特征有:①相互通讯的蚂蚁所释放的信息素的物理特性与所经过的物理环境状态的改变保持一致;②所释放的信息具有局部特性,只有经过存有此信息的状态或者此状态领域的蚂蚁才能获得此信息。

很明显,上述过程中所进行的是一种分布式的最优化机制。蚂蚁在寻找食物源的时候只贡献了非常小的一部分(例如,在蚁穴和食物源之间找到一条路径,但不一定是最短的),但整个蚁群的行为却表现出了具有找出最短路径的能力。由大量蚂蚁组成的蚁群的集体行为表现出一种信息的正反馈现象:某一路径上走过的蚂蚁越多,该路径对后来的蚂蚁就越有吸引力,即一只蚂蚁选择一条路径的概率随着以前选择该路径的蚂蚁数量的增加而增大。蚂蚁个体之间正是通过这种物质信息的交流而达到搜索事物的目的。蚂蚁这种选择路径的过程被称之为蚂蚁的自催化行为(autocatalytic behavior),其原理是一种正反馈机制。

1.3 人工蚁群算法的基本思想

受到自然界中真实蚁群集体行为的启发,意大利学者 M.Dorigo 于 1991 年,在他的博士论文中首次系统地提出了一种基于蚂蚁种群的新型优化算法——蚁群算法(Ant Colony Optimization,ACO),并用该方法解决了一系列组合优化问题[6,7,8]。蚁群算法在解决这类问题中取得了一系列较好的实验结果，受其影响，该算法逐渐引起了许多研究者的注意，并将其应用到实际工程问题中。

在蚁群算法中，提出了人工蚁的概念。人工蚁有着双重特性，一方面，它们是真实蚂蚁行为特征的一种抽象，通过对真实蚂蚁行为的观察，将蚁群觅食行为中最关键的部分赋予了人工蚁；另一方面，由于所提出的人工蚁是为了解决一些工程实际中的优化问题，因此为了能使蚁群算法更有效，人工蚁具备了一些真实蚂蚁所不具备的本领。

1.3.1 人工蚁与真实蚂蚁的异同

人工蚁绝大部分的行为特征都源于真实蚂蚁，它们具有的共同特征主要表现如下：

1.人工蚁和真实蚂蚁一样，是一群相互合作的个体

这些个体可以通过相互的协作在全局范围内找出问题较优的解决方案。每只人工蚁都能够建立一个解决方案，但高质量的解决方案是整个蚁群合作的结果。

2.人工蚁和真实蚂蚁有着共同的任务

人工蚁和真实蚂蚁有着共同的任务，那就是寻找连接起点（蚁穴）和终点（食物源）的最短路径（最小代价）。真实蚂蚁不能跳跃，它们只能沿着相邻区域的状态行进，人工蚁也一样，只能一步一步地沿着问题的邻近状态移动。

3.人工蚁与真实蚂蚁一样也通过使用信息素进行间接通讯

人工蚁能够在全局范围释放信息素，这些信息素被局部地存于它们所经过的问题状态中。

在人工蚁群算法中信息素轨迹是通过状态变量来表示的。状态变量用一个 $n \times n$ 维信息素矩阵来表示，其中 n 表示问题规模，在旅行商问题中为城市数。矩阵中的元素 τ_{ij} 表示在节点 i 选择节点 j 作为移动方向的期望值。初始状态矩阵中的各元素设初值，也可以为零。随着蚂蚁在所经过的路径上释放信息素的增多，矩阵中的相应项也随之改变。人工蚁群算法就是通过修改矩阵中元素的代数值，来模拟自然界中的信息素轨迹更新的过程。

与真实蚂蚁的间接通讯相似，人工蚁之间的通讯也有两个主要特征：

(1)模仿真实蚂蚁信息素的释放 通过给问题状态分配合适的状态变量来模仿真实蚂蚁信息素的释放。

(2)状态变量只能被人工蚁局部到达 在人工蚁群中，人工信息素轨迹是一种分布式的数值信息。只有经过信息素轨迹的人工蚁使用相应的状态变量来表明它感受到了信息素，相反，没有经过该轨迹就不能够感受到相应的信息素。蚂蚁通过修改这些信息来反映它们在解决一个具体问题时所积累的经验。在蚁群算法中，局部的人工信息素轨迹是人工蚁进行通讯的惟一渠道。

4.人工蚁利用了真实蚂蚁觅食行为中的自催化机制——正反馈

当一些路径上通过的蚂蚁越来越多时,其留下的信息素轨迹也越来越多,使得信息素强度增大。根据蚂蚁倾向于选择信息强度大的路径的特点,后来的蚂蚁选择该路径的概率也越高,从而增加了该路径的信息素强度,这种选择过程被称为自催化过程。自催化机制利用信息作为反馈,通过对系统演化过程中较优解的自增强作用,使得问题的解向着全局最优的方向不断进化,最终能够有效地获得相对较优的解。正反馈在基于群体的优化算法中是一个强有力的机制。但在使用正反馈时,要注意避免早熟收敛(premature convergence)。在极少数个别情况下能够产生早熟收敛现象,例如,由于一个局部极优解的存在或仅仅因为最初的随机振荡,使得群体中一些不十分好的个体影响了这个群体,阻止了向全局最优的空间方向做进一步的搜索。

5.信息素的挥发机制

在蚁群算法中存在着一种挥发机制,类似于真实信息素的挥发。这种机制可以使蚂蚁逐渐忘记过去,不受过去经验的过分约束,这有利于指引蚂蚁向着新的方向进行搜索,避免早熟收敛。

6.不预测未来状态概率的状态转移策略

人工蚁和真实蚂蚁一样,应用概率的决策机制沿着邻近状态移动,从而建立问题的解决方案。人工蚁的策略只是充分利用了局部信息,而并没有利用前瞻性来预测未来的状态。因此,所应用的策略在时间和空间上是完全局部的。这个策略既是一个由问题状态所表示的信息函数,又是一个由过去的蚂蚁引起的环境局部改变的函数。

人工蚁拥有一些真实蚂蚁所不具备的行为特征,主要表现在以下五个方面:

(1) 人工蚁生活在离散的世界中,它们的移动实质上是由一个离散状态到另一个离散状态的跃迁。

(2) 人工蚁拥有一个内部的状态,这个私有的状态记忆了蚂蚁过去的行为。

(3) 人工蚁释放一定量的信息素,它是蚂蚁所建立的问题解决方案优劣程度的函数。

(4) 人工蚁释放信息素的时间可以视情况而定,而真实蚂蚁是在移动的同时释放信息素。人工蚁可以在建立了一个可行的解决方案之后再进行信息素的更新。

(5) 为了提高系统的总体性能,蚁群被赋予了很多其他的本领,如前瞻性、局部优化、原路返回等等,这些本领在真实蚂蚁中是找不到的。在许多应用中,蚁群算法中加入了局部更新规则。而到目前为止,只有 Michel 和 Middendorf 使用了一个简单的一步预测函数。除 Di Caro 和 Dorigo 使用过简单的恢复过程之外,还没有将原路返回的过程用于人工蚁群算法的例子。

1.3.2 人工蚁群算法的实现过程

在蚁群优化算法中,一个有限规模的人工蚁群体,可以相互协作地搜索用于解决优化问题的较优解。每只蚂蚁根据问题所给出的准则,从被选的初始状态出发建立一个可行解,或是解的一个组成部分。在建立蚂蚁自己的解决方案中,每只蚂蚁都搜集关于问题特征(例如,在 TSP 问题中路径的长度即为问题特征)和其自身行为(例如,蚂蚁倾向于沿着信息素强度高的路径移动)的信息。并且正如其他蚂蚁所经历的那样,蚂蚁使用这些信息来修改问题的表现形式。蚂蚁既能共同地行动,又能独立地工作,显示出了一种相互协作的行为。它们不使用直接通讯,而是用信息素指引着蚂蚁之间的信息交换。人工蚁使用一种结构上的贪婪启发法搜索可行解。根据问题的约束条件列出了一个解,作为经过问题状态的最小代价(最短路径)。每只蚂蚁都能够找出一个解,但很可能是较差解。蚁群中的个体同时建立了很多不同的解决方案,找出高质量的解是群体中所有个体之间全局相互协作的结果。

在蚁群算法中,以下四个部分对蚂蚁的搜索行为起到了决定的作用:

(1)局部搜索策略 根据所定义的领域概念(视问题而定),经过有限步的移动,每只蚂蚁都建立了一个问题的解决方案。应用随机的局部搜索策略选择移动方向。这个策略基于以下两点:①私有信息(蚂蚁的内部状态或记忆);②公开可用的信息素轨迹和具体问题的局部信息。

(2)蚂蚁的内部状态 蚂蚁的内部状态存储了关于蚂蚁过去的信息。内部状态可以携带有用的信息用于计算所生成方案的价值/优劣度和/或每个执行步的贡献。而且,它为控制解决方案的可行性奠定了基础。在一些组合优化问题中,通过利用蚂蚁的记忆可以避免将蚂蚁引入不可行的状态。例如在 TSP 问题中,利用蚂蚁的记忆可以记录蚂蚁已经走过的城市,并将它们置于一个禁忌表中,禁止蚂蚁再重复经过这些城市,进而能够满足 TSP 问题的约束条件,从而有效地避免了将蚂蚁引入不满足 TSP 问题约束条件的状态。因此,蚂蚁可以仅仅使用关于局部状态的信息和可行的局部状态行为结果的信息,就能建立可行的解决方案。

(3)信息素轨迹 局部的、公共的信息既包含了一些具体问题的启发信息,又包含了所有蚂蚁从搜索过程的初始阶段就开始积累的知识。这些知识通过编码以信息素轨迹的形式来表达。蚂蚁逐步建立了时间全局性的激素信息。这种共享的、局部的、长期的记忆信息,能够影响蚂蚁的决策。蚂蚁何时向环境中释放信息素和释放多少信息素,应由问题的特征和实施方法的设计来决定。蚂蚁可以在建立解决方案的同时释放信息素(即时地逐步地),也可以在建立了一个方案后,返回所有经过的状态(即时地延迟地),也可以两种方法一同使用。前面曾经指出,正反馈机制在蚁群优化算法运行过程中起的重要作用是:选择的蚂蚁越多,一个步得到的回报就越多(通过增加信息素),这个步对下一只蚂蚁就变得越有吸引力。总的来说,所释放信息素的量与蚂蚁建立(或正在建立的)解决方案的优劣程度成正比。这样,如果一个步为生成一个高质量的方案做出了贡献,那么它的品质因数将会增长,且正比于它的贡献。

(4)**蚂蚁决策表**　蚂蚁决策表是由信息素函数与启发信息函数共同决定的,也就是说,蚂蚁决策表是一种概率表。蚂蚁使用这个表来指导其搜索朝着搜索空间中最有吸引力的区域移动。利用移动选择决定策略中基于概率的部分和信息素挥发机制,避免了所有蚂蚁迅速地趋向于搜索空间的同一部分。当然,探寻状态空间中的新节点与利用所积累的信息,这两者之间的平衡是由策略中随机程度和信息素轨迹更新的强度所决定的。

一旦一只蚂蚁完成了它的使命,包括建立一个解决方案和释放信息素,这只蚂蚁将"死掉",也就是它将被从系统中删除。

标准的蚁群启发式优化算法除了上述的两个从局部方面起作用的组成部分(也就是蚂蚁的产生和活动,以及信息素的挥发)外,还包括一些使用全局信息的组成部分。这些信息可以使蚂蚁的搜索进程倾向于从一个非局部的角度进行。

1.4　蚁群优化算法的意义及应用

1.4.1　蚁群优化算法的意义

当今,科学技术正处于多学科相互交叉和融合的时代。特别是,计算机科学与技术的迅速发展,从根本上改变了人类的生产与生活。同时,随着人类生存空间的扩大以及认识与改造世界范围的拓展,人们对科学技术提出了新的和更高的要求,其中对高效的优化技术和智能计算的要求日益迫切。

优化技术是一种以数学为基础,用于求解各种工程问题优化解的应用技术。作为一个重要的科学分支,它一直受到人们的广泛重视,并在诸多工程领域得到迅速推广和应用,如系统控制、人工智能、模式识别、生产调度、VLSI 技术和计算机工程等。鉴于实际工程问题的复杂性、约束性、非线性、建模困难等特点,寻找一种适合于大规模并行且具有智能特征的优化算法已成为有关学科的一个主要研究目标和引人注目的研究方向。

目前,除了业已得到公认的遗传算法、模拟退火法、禁忌搜索法、人工神经网络等热门进化类方法,新加入这个行列的蚁群算法正在开始崭露头角,为复杂困难的系统优化问题提供了新的具有竞争力的求解算法。尽管一些思想尚处于萌芽时期,但人们已隐隐约约认识到,人类诞生于大自然,解决问题的灵感似乎也应该来自于大自然。这种由欧洲学者提出并加以改进的新颖系统优化思想,正在吸引着越来越多学者的关注和研究,应用范围也开始遍及到许多科学技术及工程领域。

1.4.2 蚁群算法的应用

蚁群优化算法最初用于解决旅行商问题。自从在著名的旅行商问题(TSP)[7][17]和工件排序问题[8]上取得成效以来,已经陆续渗透到其他领域中,如,图着色问题[9]、大规模集成电路设计[10]、通讯网络中的路由问题以及负载平衡问题[11]、车辆调度问题[12,13]等。蚁群算法在若干领域已经获得了成功的应用,其中最成功的是在组合优化问题中的应用。可以将这些应用分为两类:一类应用于静态组合优化问题,其典型代表有 TSP、二次分配问题(quadratic assignment problem,QAP)、车间调度问题、车辆路由问题等;另一类应用于动态组合优化问题,例如网络路由问题。

二次分配问题[14](QAP)就是将 n 个设备分配给 n 个位置,从而使得分配的代价最小化。代价是将设备分配到位置上的方式的函数。QAP 是一般化的 TSP,因此可以将蚁群算法用于解决 QAP。Maniezzo,Colorni 和 Dorigo(1994)将最小 - 最大启发信息引入蚁群算法并用于求解 QAP,因此而产生的算法 AS - QAP,在一系列标准问题上进行了测试,结果表明该方法优于其他方法。蚁群算法在车间调度问题(JSP)中的应用也得到了初步的研究。利用 JSP 的极取图模型与 TSP 问题的相似性,可用蚁群算法求解 JSP 问题,并取得了一系列较好的实验结果。D.Costa 等人在 M.Dorigo 等人研究成果的基础上,提出了一种求解分配类型问题的一般模型,并用来研究着色问题。G.Bilchev 等人[15]研究了求解连续空间优化问题的蚁群系统模型,并用来解决某些实际工程设计问题,但是蚁群优化算法在求解连续优化问题方面的优越性相对要弱一些。

蚁群算法在动态组合优化问题研究中的应用主要集中在通讯网络方面[6]。这主要是由于网络优化问题有一些特征,如内部信息和分布计算,非静态随机动态,以及异步的网络状态更新等,这些与蚁群优化算法的特征匹配得很好。蚁群优化算法已经被成功地应用到了网络路由问题上。惠普公司和英国电信公司在 20 世纪 90 年代中后期都开展了这方面的研究,他们应用了蚁群路由算法(Ant Colony Routing,ACR)。每只蚂蚁就像在蚁群优化算法中一样,根据它在网络上的经验与性能,动态更新路由表项(Routing-Table Entries)。如果一只蚂蚁因为它经过了网络中堵塞的路段而导致了比较大的延迟,那么就对相应的表项做较小的增强,如果某条路段比较顺利,那么就对该表项做较大的增强。同时应用挥发机制,可以做到系统信息的更新,从而使得那些过期的路由信息不再保留。这样,在当前最优路径出现阻塞时,ACR 算法能很快找到另一条可替代的最优路径,从而提高网络的均衡性、网络负载量以及网络的利用率。

蚁群算法的创始人 M.Dorigo 等在 2000 年的文献[26]中概述了蚁群优化算法应用情况,如表 1-1 所示。

表 1-1　蚁群优化算法的应用一览表

问题名称	作　者	算法名称	年份
旅行商问题(TSP)	Dorigo, Maniezzo and Colorni	AS	1991
	Gambardella and Dorigo	Ant-Q	1995
	Dorigo and Gambardella	ACS and ACS-3-opt	1996
	Stutzle and Hoos	MMAS	1997
	Bullnheimer, Hartl and Strauss	ASrank	1997
二次分配问题(QAP)	Maniezzo, Colorni and Dorigo	AS-QAP	1994
	Gambardella, Taillard and Dorigo	HAS-QAP	1997
	Stutzle and Hoos	MMAS-QAP	1997
	Maniezzo	ANTS-QAP	1998
	Maniezzo and Colorni	AS-QAP	1999
调度问题(JSP)	Colorni, Dorigo and Maniezzo	AS-JSP	1994
	Stutzle	AS-FSP	1997
	Bauer et al.	ACS-SMTTP	1999
	den Besten, Stutzle and Dorigo	ACS-SMTWTP	1999
车辆路线问题(VRP)	Bullnheimer, Hartl and Strauss	AS-VRP	1997
	Gambardella, Taillard and Agazzi	HAS-VRP	1999
有向连接网络路由	Schoonderwoerd et al.	ABC	1996
	White, Pagurek and Oppacher	ASGA	1998
	Di Caro and Dorigo	AntNet-FS	1998
	Bonabeau et al.	ABC-smart ants	1998
无向连接网络路由	Di Caro and Dorigo	AntNet and AntNet-FA	1997
	Subramanian, Druschel and Chen	Regular ants	1997
	Heusse et al.	CAF	1998
	van der Put and Rothkrantz	ABC-backward	1998
有序排列问题(SOP)	Gambardella and Dorigo	HAS-SOP	1997
图着色问题(GCP)	Costa and Hertz	ANTCOL	1997
最短公共父序列问题(SCS)	Michel and Middendorf	AS-SCS	1998
频率分配问题(FAP)	Maniezzo and Carbonaro	ANTS-FAP	1998
一般分配问题(GAP)	Ramalhinho Lourenco and Serra	MMAS-GAP	1998
多重背包问题(MKP)	Leguizamon and Michalewica	AS-MKP	1999
光学网络路由	Navarro Varela and Sinclair	ACO-VWP	1999
多余分配问题(RAP)	Liang and Smith	ACO-RAP	1999

1.5 蚁群算法的展望

虽然蚁群优化算法的研究刚刚起步,但是这些初步研究已显示出了蚁群优化算法在求解复杂优化问题(特别是离散优化问题)方面的优越性,证明它是一种很有发展前景的方法。

但是必须指出,蚁群优化算法是一种概率算法,从数学上对它们的正确性与可靠性的证明还是比较困难的,所做的工作也比较少。而且蚁群优化算法在解决问题的时候,算法系统的高层次的行为是需要通过低层次的蚂蚁之间的简单行为交互涌现产生的。单个蚂蚁控制的简单并不意味着整个系统设计的简单,设计者必须能够将高层次的复杂行为(也就是系统所要执行的功能,例如旅行商问题、车辆调度问题、图着色问题)映射到低层次的蚂蚁的简单行为(例如信息素的释放)上面,而这二者之间是存在较大差别的。并且在系统设计时也要保证多个个体简单行为的交互能够涌现出我们所希望看到的高层次的复杂行为。这可以说是蚁群算法乃至群集智能中一个极为困难的问题。

对蚁群算法而言,在基本原理已经明确的条件下,重要的就是开发出求解问题的算法模型,使求解问题更加切实有效。而在工程实际的应用中,算法模型的收敛性和算法的复杂度是值得深入研究的问题。

作为一种全局搜索算法,蚁群算法能够有效地避免局部极优。但同时,对大空间的多点全局搜索,却不可避免地增加搜索所需要的时间。为了使算法能够更好更快地找到问题的最优解,在其过程中加入针对具体问题的局部搜索算法不失为一种好的选择。利用蚁群算法的全局性避开了局部极优,利用局部搜索算法加快了求解的过程,寻求二者的完善结合,应该是一个值得研究的课题。另外,和其他仿生算法的结合,形成混合仿生算法模型,也会使求解问题变得更加有效。

从复杂系统和复杂性科学的角度看,蚁群系统是一个复杂系统。蚁群系统寻找从食物源到蚁穴最短路径的过程,是大量蚂蚁个体之间相互作用、相互影响、相互联系、相互协同的结果。蚁群算法本质上具有概率搜索的特征。因此,可以视蚂蚁为微观粒子,利用量子力学波函数的方法研究某时刻粒子坐标的概率振幅;可以视蚂蚁为图论中的节点,建立蚁群算法的图论模型,进而分析其收敛性以及分析其在不同应用中约束条件和它们之间的关系。对于蚁群算法理论问题的深入研究,可以为推广其应用奠定重要的理论基础。

第 2 章　蚂蚁系统——蚁群算法的原型

蚂蚁系统是最早的蚁群优化算法。它的重要性在于它是大量蚁群算法的原型。为了便于与其他启发算法进行比较，本章以求解平面上 n 个城市的旅行商问题(Traveling Salesman Problem, TSP)为例来说明蚁群系统模型。尽管该问题的结构会影响蚂蚁系统模型的准确定义，但是在后续章节将会看到同样的方法可以用来解决其他优化问题。

2.1 蚂蚁系统模型的建立

为了说明蚂蚁系统模型，首先引入旅行商问题。

旅行商问题就是指给定 n 个城市和两两城市之间的距离，要求确定一条经过各城市当且仅当一次的最短路线。其图论描述为：给定图 $G=(V,A)$，其中 V 为顶点集，A 为各顶点相互连接组成的边集，已知各顶点间的连接距离，要求确定一条长度最短的 Hamilton 回路，即遍历所有顶点当且仅当一次的最短回路。

选择旅行商问题作为测试问题的原因主要有：①它是一个最短路径问题，蚁群优化算法很容易适应这类问题；②很容易理解，不会因为有太多的术语而使得算法行为的解释难以理解；③TSP 是典型的组合优化难题，常常用来验证某一算法的有效性，便于与其他算法比较。对于其他问题，可以对此模型稍作修改便可以应用。虽然它们从形式上看略有不同，但基本原理是相同的，都是通过模拟蚁群行为达到优化的目的。

为模拟实际蚂蚁的行为，首先引入如下记号：

m—— 蚁群中蚂蚁数量；

$b_i(t)$——t 时刻位于城市 i 的蚂蚁的个数，$m=\sum_{i=1}^{n} b_i(t)$；

d_{ij}—— 两城市 i 和 j 之间的距离；

η_{ij}——边(i,j)的能见度，反映由城市 i 转移到城市 j 的启发程度，这个量在蚂蚁系统的运行中不改变；

τ_{ij}—— 边(i,j)上的信息素轨迹强度；

$\Delta\tau_{ij}^{k}$—— 蚂蚁 k 在边(i,j)上留下的单位长度轨迹信息素量；

P_{ij}^{k}—— 蚂蚁 k 的转移概率，j 是尚未访问的城市。

每只蚂蚁都是具有如下特征的简单主体：

(1) 在从城市 i 到城市 j 的运动过程中或是在完成一次循环后，蚂蚁在边(i,j)上释放

一种物质,称为信息素轨迹;

(2) 蚂蚁概率地选择下一个将要访问的城市,这个概率是两城市间距离和连接两城市的路径上存有轨迹量的函数;

(3) 为了满足问题的约束条件,在完成一次循环以前,不允许蚂蚁选择已经访问过的城市。

简单蚁群算法的流程如图 2-1 所示。

(1) 初始化 $A(t)$　　{初始化蚁群}

(2) 评价 $A(t)$　　{根据目标函数对每只蚂蚁的适应度做一评价}

(3) 释放信息素　　{根据适应度,对蚂蚁所经过的路径按一定的比例释放信息素。适应度越高,所释放的信息素越多}

(4) 蚂蚁移动　　{蚂蚁依据前面蚂蚁所留下的信息素和自己的判断选择路径}

(5) 信息素的挥发　　{信息素会随着时间不断消散}

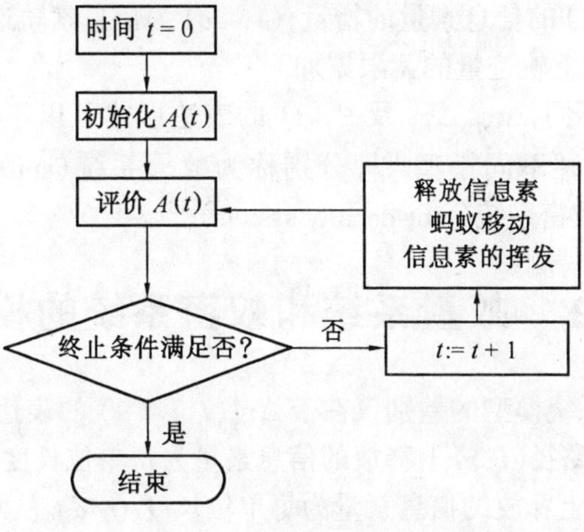

图 2-1　简单蚁群算法流程图

初始时刻,各条路径上的信息素量相等,设 $\tau_{ij}(0) = C$(C 为常数)。蚂蚁 $k(k = 1,2,\cdots,m)$ 在运动过程中根据各条路径上的信息素量决定转移方向。蚂蚁系统所使用的状态转移规则被称为随机比例规则,它给出了位于城市 i 的蚂蚁 k 选择移动到城市 j 的概率。在 t 时刻,蚂蚁 k 在城市 i 选择城市 j 的转移概率 $P_{ij}^k(t)$ 为

$$P_{ij}^k(t) = \begin{cases} \dfrac{\tau_{ij}^{\alpha}(t)\,\eta_{ij}^{\beta}(t)}{\sum\limits_{s\in \text{allowed}_k} \tau_{is}^{\alpha}(t)\,\eta_{is}^{\beta}(t)}, & j \in \text{allowed}_k \\ 0 & \text{otherwise} \end{cases} \tag{2-1}$$

其中,$\text{allowed}_k = \{0,1,\cdots,n-1\}$ 表示蚂蚁 k 下一步允许选择的城市。由上式可知,转移概率 $P_{ij}^k(t)$ 与 $\tau_{ij}^{\alpha} \cdot \eta_{ij}^{\beta}$ 成正比。η_{ij} 为能见度因数,α 和 β 为两个参数,分别反映了蚂蚁在运动

过程中所积累的信息和启发信息在蚂蚁选择路径中的相对重要性。与真实蚁群不同,人工蚁群系统具有记忆功能。为了满足蚂蚁必须经过所有 n 个不同的城市这个约束条件,为每只蚂蚁都设计了一个数据结构,称为禁忌表(tabu list)。禁忌表记录了在 t 时刻蚂蚁已经走过的城市,不允许该蚂蚁在本次循环中再经过这些城市。当本次循环结束后,禁忌表被用来计算该蚂蚁当前所建立的解决方案(即蚂蚁所经过的路径长度)。之后,禁忌表被清空,该蚂蚁又可以自由地进行选择。

经过 n 个时刻,蚂蚁完成一次循环,各路径上信息素量根据公式

$$\tau_{ij}(t+1)=\rho\cdot\tau_{ij}(t)+\Delta\tau_{ij}(t,t+1) \tag{2-2}$$

$$\Delta\tau_{ij}(t,t+1)=\sum_{k=1}^{m}\Delta\tau_{ij}^{k}(t,t+1) \tag{2-3}$$

进行调整,其中,$\Delta\tau_{ij}^{k}(t,t+1)$ 表示第 k 只蚂蚁在时刻$(t,t+1)$ 留在路径(i,j) 上的信息素量,其值视蚂蚁表现的优劣程度而定。路径越短,信息素释放的就越多;$\Delta\tau_{ij}(t,t+1)$ 表示本次循环中路径(i,j) 的信息素量的增量;$(1-\rho)$ 为信息素轨迹的衰减系数,通常设置系数$\rho<1$ 来避免路径上轨迹量的无限累加。

根据具体算法的不同,$\Delta\tau_{ij}$、$\Delta\tau_{ij}^{k}$ 及 $P_{ij}^{k}(t)$ 的表达形式可以不同,要根据具体问题而定。M. Dorigo 曾给出三种不同模型[16],分别称为蚁周系统(antcycle system)、蚁量系统(ant-quantity system)、蚁密系统(ant-density system)[13]。

2.2　蚁量系统和蚁密系统的模型

蚁密模型和蚁量系统模型的差别仅在于 $\Delta\tau_{ij}^{k}(t,t+1)$ 的表达式不同。在蚁密系统模型中,一只蚂蚁在经过路径(i,j) 上释放的信息素量为每单位长度 Q;在蚁密模型中,一只蚂蚁在经过路径(i,j) 上释放的信息素量为每单位长度 Q/d_{ij}。从而

在蚁密系统模型中

$$\Delta\tau_{ij}^{k}(t,t+1)=\begin{cases}Q & \text{若第 } k \text{ 只蚂蚁在本次循环中经过路径}(i,j)\\ 0 & \text{否则}\end{cases} \tag{2-4}$$

在蚁量系统中

$$\Delta\tau_{ij}^{k}(t,t+1)=\begin{cases}\dfrac{Q}{d_{ij}} & \text{若第 } k \text{ 只蚂蚁在本次循环中经过路径}(i,j)\\ 0 & \text{否则}\end{cases} \tag{2-5}$$

从以上定义中可以很清楚地看出,在蚁密模型中,一只蚂蚁从 i 向着 j 移动的过程中路径(i,j) 上信息素轨迹强度的增加与 d_{ij} 无关。而在蚁量模型中,它与 d_{ij} 成反比,就是说,在蚁量模型中短路径对蚂蚁将更有吸引力,因此进一步增加了方程式(2-1) 中的能见

度因数 η_{ij} 的值。

蚁密和蚁量模型的实现过程可以用伪码表示如下：

(1) 初始化过程

设 $t: = 0$;　　{t 时间计数器}

$N_c: = 0$;　　{N_c 循环次数计数器}

$\tau_{ij}(t): = C$;　　{为每条路径(i,j)设一个轨迹强度的初始值}

$\Delta\tau_{ij} = 0$;　　{轨迹强度增量的初值设为0}

η_{ij} 由某种启发式算法确定；　　{在 TSP 中，$\eta_{ij} = 1/d_{ij}$}

$tabu_k = \varnothing$;　　{在初始阶段，禁忌表为空}

将 m 只蚂蚁随机地置于 n 个节点上；

设置 $s: = 1$　　{s 为禁忌表索引，将各蚂蚁的初始城市置于当前禁忌表中}

for $k: = 1$ to n do

for $k: = 1$ to $b_i(t)$ do

$tabu_k(s) = i$

(2)重复直到禁忌表满为止　　{这一步要重复$(n-1)$次}

设置 $s: = s+1$

for $i: = 1$ to n do

for $k: = 1$ to $b_i(t)$ do

以概率 $p_{ij}^k(t)$选择城市 j;

将蚂蚁 k 移到j;

将刚刚选择的城市 j 加到 $tabu_k$ 中；

在蚁密模型中，$\Delta\tau_{ij}(t,t+1): = \Delta\tau_{ij}(t,t+1) + Q$;

或在蚁量模型中，$\Delta\tau_{ij}(t,t+1): = \Delta\tau_{ij}(t,t+1) + \frac{Q}{d_{ij}}$;

对于每一个路径(i,j)，根据方程式(2-2)计算 $\tau_{ij}(t,t+1)$;

(3)记录到目前为止的最短路径

if $N_c < N_{cmax}$

则

清空所有的禁忌表

设置 $s: = 1$

for $i: = 1$ to n do

for $k: = 1$ to $b_i(t)$ do

$tabu_k(s) = I$　　{一次循环后蚂蚁又重新回到初始位置}

设 $t:=t+1$

对于每一条路径(i,j),设置 $\Delta\tau_{ij}(t,t+1):=0$

返回步骤(2)

else

输出最短路径;

2.3 蚁周系统模型

蚁周模型与上述两种模型的差别在于 $\Delta\tau_{ij}^k$ 的表达式不同。在蚁周模型中,$\Delta\tau_{ij}^k(t,t+n)$ 表示更新蚂蚁 k 所走过的路径,$(t,t+n)$ 表示蚂蚁经过 n 步完成一次循环,具体更新值由下式给出

$$\Delta\tau_{ij}^k(t,t+n)=\begin{cases}\dfrac{Q}{L_k} & \text{如果蚂蚁 } k \text{ 在本次循环中经过路径}(i,j)\\ 0 & \text{否则}\end{cases} \tag{2-6}$$

其中,L_k 为第 k 只蚂蚁在本次循环中所走的路径长度。

在蚁密系统和蚁量系统中,蚂蚁在建立方案的同时释放信息素,利用的是局部信息;而蚁周系统是在蚂蚁已经建立了完整的轨迹后再释放信息素,利用的是整体信息。信息素轨迹根据公式

$$\tau_{ij}(t+n)=\rho_1\cdot\tau_{ij}(t)+\Delta\tau_{ij}(t,t+n) \tag{2-7}$$

$$\Delta\tau_{ij}(t,t+n)=\sum_{k=1}^{m}\Delta\tau_{ij}^k(t,t+n) \tag{2-8}$$

进行更新。式中的 ρ_1 与 ρ 不同,因为该方程式不再是在每一步都对轨迹进行更新,而是在一只蚂蚁建立了一个完整的路径(n 步)后再更新轨迹量。

蚁周模型算法的实现过程可以表示如下:

(1) 初始化过程

设 $t:=0$; {t 时间计数器}

$N_c:=0$; {N_c 循环次数计数器}

$\tau_{ij}(t):=C$; {为每条路径(i,j)设一个轨迹强度的初始值}

$\Delta\tau_{ij}=0$; {轨迹强度的增量的初值设为 0}

η_{ij} 由某种启发式算法确定; {在 TSP 中,$\eta_{ij}=1/d_{ij}$}

$\text{tabu}_k=\varnothing$; {在初始阶段,禁忌表为空}

将 m 只蚂蚁随机地置于 n 个节点上:

设置 $s:=1$ {s 为禁忌表索引,将各蚂蚁的初始城市置于当前禁忌表中}

```
for k: = 1 to n do
  for k: = 1 to b_i(t) do
    tabu_k(s) = i
(2) 重复直到禁忌表满为止          {这一步要重复(n - 1) 次}
  设置 s: = s + 1
  for i: = 1 to n do
    for k: = 1 to b_i(t) do
      以概率 P_ij^k(t) 选择城市 j;
      将蚂蚁 k 移到 j;
      将刚刚选择的城市 j 加到 tabu_k 中;
(3)for k: = 1 to m do
  根据禁忌表的记录计算 L_k;
  for s: = 1 to n - 1 do          {搜索蚂蚁 k 的禁忌表}
  设(h,l): = (tabu_k(s),tabu_k(s + 1))   {(h,l) 是在蚂蚁 k 的禁忌表中连接城市
                                          (s,s + 1) 的路径}
  Δτ_hl(t + n) = Δτ_hl(t + n) + Q/L_k
(4) 对于每一路径(i,j),根据方程式(2-7) 计算 τ_ij(t + n)
  设 t: = t + n
  对每条路径(i,j) 设 Δτ_ij(t,t + n): = 0
(5) 记录到目前为止的最短路径
  If N_c < N_cmax
  则
    清空所有的禁忌表
    设置 s: = 1
    for i: = 1 to n do
      for k: = 1 to b_i(t) do
        tabu_k(s) = i             {一次循环后蚂蚁又重新回到初始位置}
    设 t: = t + 1
      对于每一条路径(i,j),设置 Δτ_ij(t,t + 1): = 0
      返回步骤(2);
    else
      输出最短路径;
```

在一系列标准测试问题上运行的实验表明,Ant-cycle 算法的性能优于其他两种算法。

因此,对蚂蚁系统的研究正朝着更好地了解蚁周系统特征的方向发展。现在,蚁周算法模型通常被称做蚂蚁系统,而另外两种算法模型被放弃了。在第 4 章中将对这三种模型进行仿真,并得出一些结论。

由于蚁群算法是一种新型的模拟进化算法,其研究才刚刚开始,还未像遗传算法(GA)、模拟退火算法(SA)等那样形成系统的分析方法和坚实的数学基础,因此算法中的参数设定目前尚无理论上的依据,已公布的试验结果都是针对特定问题而言的。在第 4 章中将通过仿真对算法的参数进行讨论。

蚂蚁系统在解决一些小规模的 TSP 问题时的表现尚可令人满意。但随着问题规模的扩大,蚂蚁系统很难在可接受的循环次数内找出最优解来。针对蚂蚁系统的这些不足,研究者进行了大量的改进工作,使得蚁群优化算法在很多重要的问题上跻身于最好的算法行列。在后续章节中,我们将详细地介绍一些蚂蚁系统的改进算法。

第 3 章　改进的蚁群优化算法

近年来，关于蚁群优化算法的研究主要集中在如何改善蚁群算法的性能方面。这些改进算法也在 TSP 问题上进行了测试。它们主要在搜索控制的具体方面不同，但所有这些改进算法都是基于对蚂蚁所找出最优解的更强有力的开发来指导蚂蚁的搜索进程的。关于对一些组合优化问题搜索空间特征的研究表明，对于许多问题，在解的质量和最优解的距离之间存在着一定的关系。因此，将搜索集中于搜索过程中所找出的最优解的周围，是这些改进算法提高算法性能的主要方法。

本章介绍 5 种改进的蚂蚁系统，它们分别是带精英策略的蚂蚁系统（Ant System with elitist strategy，AS_{elite}），基于优化排序的蚂蚁系统（Rank-Based Version of Ant System，AS_{rank}），蚁群系统（Ant Colony System，ACS），最大 - 最小蚂蚁系统（Max-Min Ant System，MMAS）以及作者提出的最优 - 最差蚂蚁系统（Best-Worst Ant System，BWAS）。

3.1　带精英策略的蚂蚁系统

带精英策略的蚂蚁系统[17]（Ant System with elitist strategy，AS_{elite}）是最早的改进蚂蚁系统。之所以用精英策略这个词，是因为在某些方面它类似于遗传算法中所使用的精英策略。总的来说，在遗传算法中，如果应用选择（selection）、重组（recombination）和突变（mutation）这些遗传算子，一代中的最适应个体（一次循环中的最优解）有可能不会被保留在下一代中。在这种情况下，那个最适应个体的遗传信息将会丢失。因此，在遗传算法中，精英策略的思想就是为了保留住一代中的最适应个体。类似地，在 AS_{elite} 中，为了使到目前为止所找出的最优解在下一循环中对蚂蚁更有吸引力，在每次循环之后给予最优解以额外的信息素量。这样的解被称为全局最优解（global-best solution），找出这个解的蚂蚁被称为精英蚂蚁（elitist ants）。信息素量根据公式

$$\tau_{ij}(t+1) = \rho\tau_{ij}(t) + \Delta\tau_{ij} + \Delta\tau_{ij}^{*} \tag{3-1}$$

进行更新，其中

$$\Delta\tau_{ij} = \sum_{k=1}^{m} \Delta\tau_{ij}^{k}$$

$$\Delta\tau_{ij}^{k} = \begin{cases} \dfrac{Q}{L_k} & \text{如果蚂蚁 } k \text{ 在本次循环中经过路径}(i,j) \\ 0 & \text{否则} \end{cases} \tag{3-2}$$

$$\Delta\tau^* = \begin{cases} \sigma \cdot \dfrac{Q}{L^*} & \text{如果边}(i,j)\text{是所找出的最优解的一部分} \\ 0 & \text{否则} \end{cases} \tag{3-3}$$

其中 $\Delta\tau_{ij}^*$ 表示精英蚂蚁引起的路径(i,j)上的信息素量的增加;σ 是精英蚂蚁的个数;L^* 为所找出的最优解的路径长度。

文献[17]中给出的结果表明,使用精英策略可以使蚂蚁系统找出更优的解,并且在运行过程的更早阶段就能找出这些解。但是,如果所使用的精英蚂蚁过多,搜索会很快地集中在极优值周围,从而导致搜索早熟收敛。上面我们已经提到,早熟收敛就是指所有蚂蚁都沿着同一条路径移动,重复地建立相同的解决方案,从而不能找出更好的解来。因此,需要恰当地选择精英蚂蚁的数量。

3.2　基于优化排序的蚂蚁系统

和蚂蚁系统一样,带精英策略的蚂蚁系统有一个缺点:若在进化过程中,解的总质量提高了,解元素之间的差异减小了,导致选择概率的差异也随之减小,使得搜索过程不会集中在到目前为止所找出的最优解附近,从而阻止了对更优解的进一步搜索。当路径长度变得非常接近,特别是当很多蚂蚁沿着局部极优的路径行进时,则对短路径的增强作用被削弱了。

在遗传算法中,为了解决这种维持选择压力(selection pressure)的问题,一个可行的选择机制是排序,首先根据适应度对种群进行分类,然后被选择的概率取决于个体的排序。适应度越高表明该个体越优,个体在种群中的排名越靠前,则被选择的概率就越高。

将遗传算法中排序的概念可以扩展应用到蚂蚁系统中,称之为基于优化排序的蚂蚁系统[14](Rank-Based Version of Ant System, AS_{rank})。具体实施如下:当每只蚂蚁都生成一条路径后,蚂蚁按路径长度排序($L_1 \leqslant L_2 \leqslant \cdots \leqslant L_m$),蚂蚁对激素轨迹量更新的贡献根据该蚂蚁的排名 μ 的位次进行加权。此外,只考虑 μ 只最好的蚂蚁。因此,要以有效避免上述的某些局部极优路径被很多蚂蚁过分重视的情况发生。因为 σ 为到目前为止所找出的最优路径上轨迹贡献的权值,所以这不会被其他任何权值所超过。在排列中,前 $\sigma-1$ 只蚂蚁中的一只所经过的边获得一定量的信息素,其量正比于该蚂蚁的排名位次。此外,到目前为止找出最优路径的蚂蚁所经过的边也将获得额外的激素量(这相当于带精英策略的蚂蚁系统中精英蚂蚁的激素更新)。在这样一个带精英和排序混合策略的设置中,轨迹量根据公式

$$\tau_{ij}(t+1) = \rho\tau_{ij}(t) + \Delta\tau_{ij} + \Delta\tau_{ij}^* \tag{3-4}$$

进行更新,其中　$\Delta\tau_{ij} = \sum\limits_{\mu=1}^{\sigma-1}\Delta\tau_{ij}^{\mu}$,表示 $\sigma-1$ 只蚂蚁在城市(i,j)之间根据排名对信息素轨

迹量的更新;

$$\Delta\tau_{ij}^{\mu}=\begin{cases}(\sigma-\mu)\dfrac{Q}{L^{\mu}} & \text{如果第 }\mu\text{ 只最好的蚂蚁经过路径}(i,j)\\ 0 & \text{否则}\end{cases} \tag{3-5}$$

$$\Delta\tau_{ij}^{*}=\begin{cases}\sigma\cdot\dfrac{Q}{L^{*}} & \text{如果边}(i,j)\text{是所找出的最优解的一部分}\\ 0 & \text{否则}\end{cases} \tag{3-6}$$

其中,μ 为最好蚂蚁排列的顺序号;$\Delta\tau_{ij}^{\mu}$ 表示由第 μ 只最好蚂蚁引起的路径(i,j)上的信息素量的增加;L_{μ} 是第 μ 只最优蚂蚁的路径长度;$\Delta\tau_{ij}^{*}$ 表示由精英蚂蚁引起的路径(i,j)上的信息素量的增加;σ 为精英蚂蚁的数量;L^{*} 是所找出的最优解的路径长度。

3.3 蚁群系统

蚁群系统[18](Ant Colony System, ACS)是由 Dorigo 和 Gambardella 在 1996 年提出的,用于改善蚂蚁系统的性能。蚂蚁系统能够在一个合适的时间里找到好的解决方案,但仅限于小规模的问题。

蚁群系统在蚂蚁系统的基础上主要做了三个方面的改进:

(1)状态转移规则为更好更合理地利用新路径和利用关于问题的先验知识提供了方法　在蚂蚁系统中,蚂蚁完全依赖概率进行路径选择,使用的是随机比例规则,有倾向性地对新路径进行探索。而在蚁群系统中,蚂蚁使用了不同的决策规则,称为伪随机比例规则。这个决策规则具有双重功率:决策规则既可以利用关于问题的先验知识,也就是关于城市之间距离长度的启发信息以及以信息素形式存储已经获得的信息。又可以进行有倾向性的探索,相当于蚂蚁系统中的表达式(2-1)。调整蚁群系统中引入的一个参数 q_0,可以调节探索新路径的程度和是否使蚂蚁的搜索活动集中于最优解的空间邻域内。

(2)全局更新规则只应用于最优的蚂蚁路径上　在蚁群系统中全局更新规则对系统中的所有蚂蚁都进行更新,这就降低了搜索最优路径的效率,使得蚂蚁的搜索行为不能很快集中在最优路径的领域内。而在蚁群系统中,每次循环后只对最优蚂蚁所走过的路径进行信息素的增强,其他路径由于挥发机制信息素会逐渐减少,这就增大了最优路径和最差路径在信息素上的差异,使得蚂蚁更倾向于选择最优路径中的边,从而使其搜索行为能够很快地集中到最优路径附近,提高了算法的搜索效率。

(3)在建立问题解决方案的过程中,应用局部信息素更新规则　在蚂蚁系统中,只在每次循环后对所有路径进行一次全局更新。在蚁群系统中,蚂蚁在构造路径的同时进行局部更新,类似于蚁密和蚁量模型中的更新规则,而在每次循环后再对路径进行一次全局的更新。

蚁群系统的工作过程可以表述如下，根据一些初始化规则(例如，随机地)，m 只蚂蚁在初始阶段被随机地置于 n 个城市上。每只蚂蚁通过重复地应用状态转移规则(此时相当于随机贪婪搜索)建立一个路径(即 TSP 的一个可行解)。在建立路径的过程中，蚂蚁也通过应用局部更新规则来修改已访问路径上的信息素量。一旦所有蚂蚁都完成了它们的路径，应用全局更新规则再次对路径上的信息轨迹量进行修改。与蚂蚁系统一样，在建立路径时，蚂蚁受启发信息(它们更倾向于选择短路径)和激素信息的指导，信息素强度高的边对蚂蚁更有吸引力。设计激素更新规则就是为了能够让更好的边会有更多的蚂蚁选择。

蚁群系统的实现过程如下：

初始化

循环/＊在这里一次循环称为一次迭代＊/；

　每只蚂蚁都被置于一个起始节点上；

　循环/＊在这里一次循环称为一步＊/；

　　每只蚂蚁应用一个状态转移规则来建立一个问题的解决方案，并应用局部信息素更新规则；

　直到所有的蚂蚁都建立了完整的解决方案；

　应用全局信息素更新规则；

直到满足终止条件为止

其过程的流程图如图 3-1 所示。

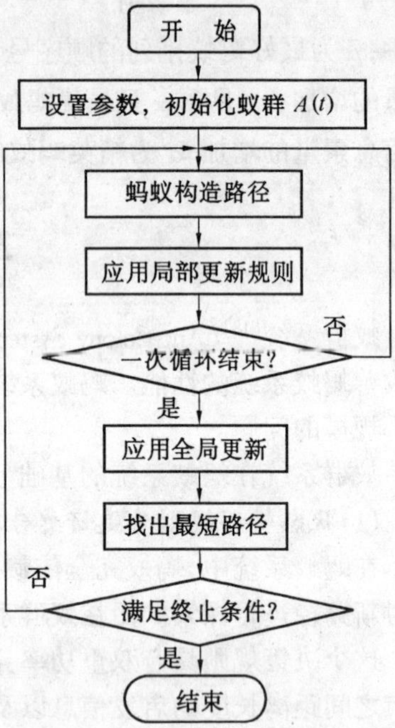

图 3-1　用于 TSP 问题的蚁群系统流程图

3.3.1　蚁群系统状态转移规则

在蚁群系统中状态转移规则如下，一只位于节点 r 的蚂蚁通过应用方程式(3-7)给出的规则选择下一个将要移动到的城市 s。

$$s=\begin{cases}\arg\max\limits_{u\in \text{allowed}_k}\{[\tau(r,u)]^{\alpha}\cdot[\eta(r,u)]^{\beta}\} & \text{如果 } q\leqslant q_0 \text{ 按先验知识选择路径}\\ S & \text{否则按式(2-1)进行概率式搜索}\end{cases}\tag{3-7}$$

其中，q 是在[0,1]区间均匀分布的随机数，q_0 是一个参数($0\leqslant q_0\leqslant 1$)，$S$ 为根据方程式(2-1)给出的概率分布所选出的一个随机变量。

由表达式(2-1)和(3-7)产生的状态转移规则被称为伪随机比例规则。这个状态转移规则，和前面所述的随机比例规则一样，都倾向于选择短的且有着大量信息素的边作为移动方向。参数 q_0 的大小决定了利用先验知识与探索新路径之间的相对重要性：每当一只位于城市 r 的蚂蚁选择下一个将要到达的城市 s 时，它选取一个随机数 $0 \leqslant q \leqslant 1$。如果 $q \leqslant q_0$，则根据先验知识(根据式(3-7)) 选择最好的边，否则按式(2-1) 概率地选择一条边。

3.3.2　蚁群系统全局更新规则

在蚁群系统中，只有全局最优的蚂蚁才被允许释放信息素。这种选择，以及伪随机比例规则的使用，其目的都是为了使搜索过程更具有指导性：蚂蚁的搜索主要集中在当前循环为止所找出的最好路径的领域内。全局更新在所有蚂蚁都完成它们的路径之后执行，应用式(3-8) 对所建立的路径进行更新

$$\tau(r,s) \leftarrow (1-\alpha)\cdot\tau(r,s)+\alpha\cdot\Delta\tau(r,s) \tag{3-8}$$

$$\Delta\tau(r,s)=\begin{cases}(L_{\mathrm{gb}})^{-1} & \text{如果}(r,s)\in\text{全局最优路径}\\ 0 & \text{否则}\end{cases}$$

其中，α 为信息素挥发参数，$0 < \alpha < 1$；L_{gb} 为到目前为止找出的全局最优路径。式(3-8) 规定，只有那些属于全局最优路径的边上的信息素才会得到增强。全局更新规则的另一个类型称为迭代最优(iteration-best)，它不同于上述的全局最优(global-best)。在迭代最优中，用 L_{ib} 代替式(3-8) 中的 L_{gb}，L_{ib} 为当前迭代(循环) 中的最优路径长度。并且，只有属于当前迭代中的最优路径才会得到激素增强。实验表明，这两种类型对蚁群系统性能的影响差别很小，全局最优的性能要稍微好一些。

3.3.3　蚁群系统局部更新规则

在建立一个解决方案的过程中，蚂蚁应用式(3-9) 的局部更新规则对它们所经过的边进行激素更新，即

$$\tau(r,s) \leftarrow (1-\rho)\cdot\tau(r,s)+\rho\cdot\Delta\tau(r,s) \tag{3-9}$$

其中，ρ 为一个参数，$0 < \rho < 1$。

由实验发现，设置 $\tau_0 = (nL_{\mathrm{nn}})^{-1}$ 可以产生好的结果，其中 n 是城市的数量，L_{nn} 是由最近的邻域启发产生的一个路径长度。一只蚂蚁从城市 i 向城市 j 移动时，局部更新规则的应用使得相应的信息素轨迹量逐渐减少。实验表明，局部更新规则可以有效地避免蚂蚁收敛到同一路径。

3.3.4　候选集合策略

为了说明蚁群算法搜索时间的问题，首先引入时间复杂性概念。

算法或问题的复杂性一般表示为问题规模 n(如 TSP 问题中的城市数) 的函数,时间复杂性记为 $T(n)$,空间复杂性记为 $S(n)$。在算法分析和设计中,一般都沿用实用性强的复杂性概念,即把求解问题的关键操作,如加、减、乘、比较等运算指定为基本操作,算法执行基本操作的次数则定义为算法的**时间复杂性**,算法执行期间占用的存储单元则定义为算法的**空间复杂性**。在分析复杂性时,可以求出算法的复杂性函数 $p(n)$,也可用复杂性函数主要项的阶 $O(p(n))$ 来表示。在下文中时间复杂性用 $O(p(n))$ 来表示。

由于蚁群优化算法是一种结构上的启发算法,在每一步,蚂蚁在选择一个城市之前都要考虑所有可能的城市集合,其时间复杂性为 $O(n^2)$。因此,蚁群算法的大部分运行时间都用于评估可达城市的效用。所以如果不构造合适的城市子集使得蚂蚁可以从子集中选择将要访问的城市,蚁群算法将需要很长的搜索时间。为了提高蚁群算法的搜索效率,特别是对于较大规模的实际问题,一种方法就是将选择城市的数量限制在一个合适的子集或候选表内,因此这种方法被称为候选集合策略(candidate set strategies)。

将候选集合策略应用于蚁群系统中,可以提高蚁群系统的搜索效率。在 ACS 中,当一只蚂蚁在城市 i 时,它会选择候选表中的城市作为移动方向,而不是检查所有的未被访问过的城市 i 的领域。只有当候选表中的城市都处在已经被访问过的状态时,其他城市才被检测。一个城市的候选表包括了 cl 个按递增的距离排序的城市(cl 是一个参数),表被按顺序检测,并且根据蚂蚁禁忌表避免访问已经经过的城市。

对于较大规模的实际问题,带候选表的蚁群系统的优势更加明显。实验表明,该方法能够在 1 500 个城市以上的旅行商问题中找出好的解决方案[19]。生成一个解决方案所需的时间随着城市数量增加呈稍微大于线性的增长,这比没有候选表而呈二次增长所需的时间要少得多。

在一些情况下,候选表中的候选城市数少于 10 个就足够包括最优解决方案中的所有连接。但是,候选列表技术主要应用于问题中的元素与元素之间有一定关系的问题上,比如旅行商问题。而元素之间没有很强的关系问题,例如在二次分配问题(QAP)中,设备与位置之间有关系,但是和其他设备没有关系,候选列表技术很难应用到这类问题上。

上述的这些技术都是使用先验知识产生的静态候选集合,也就是说这些候选表在应用蚁群算法以前得到,在运行过程中不被更新或改变。相反,动态候选表策略需要表在搜索过程中不断被修改。蚂蚁算法的优势来自于自适应记忆的使用(信息素轨迹),因此,使用动态候选列表策略能够进一步提高解的质量和计算运行时间。动态方法更容易适用于不同的问题类型,因此它较静态候选表策略更多地应用于解决复杂问题[19]。

3.4　最大-最小蚂蚁系统

通过对蚁群算法的研究表明,将蚂蚁的搜索行为集中到最优解的附近可以提高解的质量和收敛速度,从而改进算法的性能。但这种搜索方式会使早熟收敛行为更容易发生。因此可以想象,若能将这种搜索方式和一种能够有效避免早熟收敛的机制结合在一起,将能够获得最优性能的蚁群算法。最大-最小蚂蚁系统[135](Max-Min Ant System, MMAS)的提出满足了上述要求。

MMAS 与 AS 主要有三个方面不同:

(1)与蚁群系统相似,为了充分利用循环最优解和到目前为止找出的最优解,在每次循环之后,只有一只蚂蚁进行信息素更新。这只蚂蚁可能是找出当前循环中最优解的蚂蚁(迭代最优的蚂蚁,iteration-best ant),也可能是找出从实验开始以来最优解的蚂蚁(全局最优的蚂蚁,global-best ant)。而在蚂蚁系统中,对所有蚂蚁走过的路径都进行信息素更新。

(2)为避免搜索的停滞,在每个解的元素(在 TSP 中是每条边)上的信息素轨迹量的值域范围被限制在 $[\tau_{\min}, \tau_{\max}]$ 区间内。而在蚂蚁系统中信息素轨迹量不被限制,使得一些路径上的轨迹量远高于其他边,从而蚂蚁都沿着同条路径移动,阻止了进一步搜索更优解的行为。

(3) 为使蚂蚁在算法的初始阶段能够更多地搜索新的解决方案,将信息素轨迹初始化为 $\tau_{\max}$,而在蚂蚁系统中没有这样的设置。

3.4.1　信息素轨迹更新

在 MMAS 中只有一只蚂蚁用于在每次循环后更新信息轨迹。因此,经修改的轨迹更新规则为

$$\tau_{ij}(t+1) = \rho\tau_{ij}(t) + \Delta\tau_{ij}^{\text{best}} \tag{3-10}$$

其中,$\Delta\tau_{ij}^{\text{best}} = 1/f(s^{\text{best}})$,$f(s^{\text{best}})$ 表示迭代最优解(s^{ib})或全局最优解(s^{gb})的值。使用一只蚂蚁进行轨迹更新在蚁群系统中也提出过。在蚁群系统中主要使用 s^{gb}(虽然在一些有限制的实验中也使用 s^{ib}),而在 MMAS 中则主要使用迭代最优解。

只对一个解 s^{gb} 或 s^{ib} 进行轨迹更新是 MMAS 中开发搜索过程最重要的手段。通过这个选择,频繁地在最优解中出现的解元素将得到大量的信息素增强。当仅使用 s^{gb} 时,搜索可能会过快地集中到这个解的周围,从而限制了对更优解的进一步搜索,有陷于差质量解的危险。而选择进行信息素更新可以减少这样的危险。因为迭代最优解在每个循环都会有很大的不同,更多数量的解元素都有机会获得信息素增强。当然,也可以使用混合策略,如默认使用 s^{ib} 进行信息素更新,而只在每固定循环次数使用 s^{gb}。事实上,当使用带局部搜

索的 MMAS 来解决更大规模的 TSP 问题时，最好的策略是使用一个动态的混合策略，也就是在搜索的过程中增加使用 s^{gb} 进行信息素更新的频率。

3.4.2 信息素轨迹的限制

不管是选择迭代最优还是全局最优蚂蚁来进行信息素更新，都可能导致搜索的停滞。若在每个选择点上一个选择的信息素轨迹量明显高于其他的选择，停滞现象就会发生。在 TSP 中，这意味着对于每一个城市，一条引出边上的信息素量远高于其他边。在这种情况下，根据公式(2-1)的概率选择，蚂蚁将更倾向于选择这个解元素，正反馈机制使得该解元素上的信息素量进一步增强，从而蚂蚁将重复地建立同一个解，对搜索空间的探索将停止。

很明显，这一停滞状态可以避免。一种方法就是影响用来选择下一解元素的概率，它直接依赖于信息素轨迹和启发信息。启发信息是依问题而定的，在整个算法运行过程中是不变的。但通过限制信息素轨迹的影响，可以很容易地避免在算法运行过程中各信息素轨迹之间的差异过大。为了达到这一目的，MMAS 对信息素轨迹的最小值和最大值分别施加了 $\tau_{\min}$ 和 $\tau_{\max}$ 限制，从而使得对所有信息素轨迹 $\tau_{ij}(t)$，有 $\tau_{\min} \leqslant \tau_{ij}(t) \leqslant \tau_{\max}$。在每一次循环后，必须确保轨迹量遵从这一限制。若有 $\tau_{ij}(t) > \tau_{\max}$，则设置 $\tau_{ij}(t) = \tau_{\max}$；若 $\tau_{\mathrm{ij}}(t) < \tau_{\min}$，则设置 $\tau_{ij}(t) = \tau_{\min}$。

当然，选择合适的信息素轨迹界限也是很重要的。首先对最大 - 最小蚂蚁系统引入收敛的概念。若在每个选择点上，其中一个解元素上的轨迹量为 $\tau_{\max}$，而所有其他可选择的解元素上的轨迹量为 $\tau_{\min}$，则称 MMAS 收敛。若 MMAS 收敛，通过始终选择信息素量最大的解元素所构造的解将与算法找出的最优解相一致。MMAS 收敛的概念与停滞的概念有一点不同。停滞是指所有的蚂蚁都沿着同一路径行进，而 MMAS 收敛由于信息素轨迹量的限制，蚂蚁可能沿着一部分相同的边行进，但不会沿着同一条路径移动。

定理 4.1 对于任意 τ_{ij}，则有

$$\lim_{t \to \infty} \tau_{ij}(t) = \tau_{ij} \leqslant \frac{1}{1-\rho} \cdot \frac{1}{f(s^{\mathrm{opt}})} \tag{3-11}$$

证明 在任意循环后可能增加的最大信息素量为 $1/f(s^{\mathrm{opt}})$，其中 $f(s^{\mathrm{opt}})$ 为对于一个具体问题的最优解。因此，根据公式(3-10)到第 t 次循环为止信息素挥发后所剩轨迹量至多为

$$\tau_{\max_{ij}}(t) = \sum_{i=1}^{t} \rho^{t-i} \frac{1}{f(s^{\mathrm{opt}})} + \rho^{t} \tau_{ij}(0) \tag{3-12}$$

由于 $\rho < 1$，这个和渐进地收敛到 $\frac{1}{1-\rho} \cdot \frac{1}{f(s^{\mathrm{opt}})}$，故定理得证。

在 MMAS 中，将最大轨迹量 $\tau_{\max}$ 设置为渐进的最大值估计，这通过使用 $f(s^{gb})$ 代替公式(3-11)中的 $f(s^{\mathrm{opt}})$ 来实现。每次找出一个新的最优解，$\tau_{\max}$ 都被更新，导致了一个动态变化的 $\tau_{\max}(t)$ 值。

为了给 $\tau_{\min}$ 确定合适的值，做如下假设：

(1) 最优解在搜索停滞发生之前不久被找出。在这种情况下，在一次算法循环中重新构造全局最优解的概率远大于零。更好的解可能在最优解附近被找出。

(2) 对解构造的主要影响是由信息素轨迹的上限与下限之间的相对差异决定的，而并非是由启发信息的相对差异决定。

注意，第一个假设的有效性完全依赖于问题搜索空间的特征，它意味着在较优解附近找出最优群的可能性是合理的。有关搜索空间的特征将在下面讨论。第二个假设的提出是因为在接下来设置 $\tau_{\min}$ 的一个系统方法的推导中，将忽略启发信息对公式(2-1)所给出的概率影响。若将参数 β 设的非常低或根本不使用启发信息，启发信息的影响就会非常低或没有影响，因此忽略其影响是合理的。

根据这些假设，合适的 $\tau_{\min}$ 值的选取可以通过将算法的收敛与最小轨迹量的限制联系在一起。当 MMAS 收敛时，蚂蚁以明显高于 0.5 的概率 P_{best} 选择解元素，构造出最优解。在这种情况下，若蚂蚁在每个选择点上的决策都是"正确"的，并且选择有着最大信息素轨迹量 $\tau_{\max}$ 的解元素，则这只蚂蚁在构造最优解。事实上，在一个选择点上选择相应解元素的概率 P_{dec} 直接取决于 $\tau_{\min}$ 和 $\tau_{\max}$。为简单起见，假设 P_{dec} 在所有决策点上都是常数。然后，蚂蚁需作 n 次"正确"的决策，因此，它将以概率 P_{dec}^n 构造最优解。

设 $P_{\text{dec}}^n = P_{\text{best}}$，则 $P_{\text{dec}} = \sqrt[n]{P_{\text{best}}}$。

从而，已知一个 P_{best} 值，就可以为 $\tau_{\min}$ 设置合适的值。平均起来，在每个选择点上蚂蚁需在 $\text{avg} = n/2$ 个解元素中进行选择。根据方程式(2-1) 做出正确决策的概率 P_{dec} 可以由式

$$P_{\text{dec}} = \frac{\tau_{\max}}{\tau_{\max} + (\text{avg} - 1)\tau_{\min}} \tag{3-13}$$

计算，解方程得

$$\tau_{\min} = \frac{\tau_{\max}(1 - P_{\text{dec}})}{(\text{avg} - 1)P_{\text{dec}}} = \frac{\tau_{\max}(1 - \sqrt[n]{P_{\text{best}}})}{(\text{avg} - 1)\sqrt[n]{P_{\text{best}}}} \tag{3-14}$$

若 $p_{\text{best}} = 1$，则 $\tau_{\min} = 0$。如果 P_{best} 过小，可能会有 $\tau_{\min} > \tau_{\max}$。在这种情况下设 $\tau_{\min} = \tau_{\max}$，这与在解构造中只使用启发信息相一致。根据方程式(3-14)，已知一个 P_{best} 值可以确定 $\tau_{\min}$。选择 P_{best} 值与最大 - 最小蚂蚁系统收敛时探测新解的数量有直接关系。因此，P_{best} 为研究信息素轨迹量下限对最大 - 最小蚂蚁系统性能的影响提供了一个很好的方法。

3.4.3　信息素轨迹的初始化

在 MMAS 中，信息素轨迹的初始化是在第一次循环后所有信息素轨迹与 $\tau_{\max}(1)$ 相一

致。通过将 $\tau(0)$ 设为某个高值这一点可以很容易达到。在 MMAS 的第一次循环后，轨迹量将会在指定的界限内被赋值，特别地，它们将被设为 $\tau_{max}(1)$。通过选择这种类型的轨迹初始化来增加在算法的第一次循环期间对新解的探索。为了说明这一事实，考虑如下例子：由于轨迹的挥发（由参数 ρ 决定），在第一次循环后，解元素上的信息素轨迹之间的相对差异至多为 ρ 的比率，第二次循环后为 ρ^2，以此类推。相反，若信息素轨迹被初始化为它的下限 τ_{min}，信息素轨迹之间的相对差异将增加得更剧烈；因此，当将信息素轨迹初始化为 τ_{max} 时，方程式(2-1) 的选择概率将增加得更加缓慢，从而使蚂蚁倾向于探索新的解。实验表明，将初始值设为 $\tau(1) = \tau_{max}$ 可以改善最大 - 最小蚂蚁系统的性能。

3.4.4 信息素轨迹的平滑化

一种信息素轨迹平滑化（pheromone trail smoothing）机制可用于提高 MMAS 的性能。当 MMAS 已经收敛或非常接近于收敛时，这种机制可以增加信息素轨迹量，该量正比于它们与最大信息素轨迹限制的差异，即

$$\tau_{ij}^*(t) = \tau_{ij}(t) + \delta(\tau_{max}(t) - \tau_{ij}(t)) \tag{3-15}$$

其中，$0 < \delta < 1$；$\tau_{ij}(t)$ 和 $\tau_{ij}^*(t)$ 分别为平滑化之前和之后的信息素轨迹量。平滑机制的基本思想是，通过增加选择有着低强度信息素轨迹量解元素的概率以提高探索新解的能力。它的优点是对于 $\delta < 1$，在算法运行过程中所积累的信息不会完全被丢失，而仅仅是被削弱；对于 $\delta = 1$，该机制相当于信息素轨迹的重新初始化；而对于 $\delta = 0$，相当于该机制被关闭。

平滑机制有助于对搜索空间进行更有效的探索。同时，这个机制可以使得 MMAS 对信息素轨迹下限的敏感程度更小。在第 4 章的实验中，通过将最大 - 最小蚂蚁系统与其他改进算法进行了对比。结果表明，在所有 TSP 问题上最大 - 最小蚂蚁系统的性能都是最好的。

3.5 最优 - 最差蚂蚁系统

3.5.1 最优 - 最差蚂蚁系统的基本思想

由前面对蚁群算法的介绍可知，蚁群算法在运算过程中，蚁群的转移是由各条路径上留下的信息量强度和城市间的距离来引导的。蚁群运动的路径总是趋近于信息量最大的路径。通过对蚁群以及蚁群算法的研究表明，不论是真实蚁群还是人工蚁群系统，通常情况下，信息量最强的路径与所需要的最优路径比较接近。

然而，信息量最强的路径不是所需要的最优路径的情况仍然存在，而且在人工蚁群系统中，这种现象经常出现。这是由于在人工蚁群系统中，路径上的初始信息量是相同的，蚁群创建的第一条路径所获得的信息主要是城市之间的距离信息。这时，蚁群算法等价于贪婪算法。第一次循环中蚁群在所经过的路径上留下的信息不一定能反映出最优路径的方

向，特别是蚁群中个体数目少或者所计算的路径组合较多时，就更不能保证蚁群创建的第一条路径能引导蚁群走向全局最优路径。第一次循环后，蚁群留下的信息会因正反馈作用使这条不是最优，而且可能是离最优解相差很远的路径上的信息得到不应有的增强，阻碍以后的蚂蚁发现更好的全局最优解。

不仅是第一次循环所建立的路径可能对蚁群产生误导，任何一次循环，只要这次循环所利用的信息较平均地分布在各个方向上，这次循环所释放的信息素就可能会对以后蚁群的决策产生误导。因此，蚁群所找出的解需要通过一定的方法来增强，使蚁群所释放的信息素尽可能地不对以后的蚁群产生误导。

鉴于蚂蚁系统搜索效率低和质量差的缺点，我们提出了最优 - 最差 蚂蚁系统(Best-Worst Ant System, BWAS)。[4] 该改进算法在蚁群算法的基础上进一步增强了搜索过程的指导性，使得蚂蚁的搜索更集中于到当前循环为止所找出的最好路径的邻域内。蚁群算法的任务就是引导问题的解向着全局最优的方向不断进化。这种引导机制建立的基础是，一个解决方案越好，越可能在它的附近找出更优的解。因此，将搜索集中于所找出的最优解附近是合理的。

该算法的思想就是对最优解进行更大限度的增强，而对最差解进行削弱，使得属于最优路径的边与属于最差路径的边之间的信息素量差异进一步增大，从而使蚂蚁的搜索行为更集中于最优解的附近。

3.5.2　最优 - 最差蚂蚁系统的工作过程

该改进算法主要修改了蚁群系统中的全局更新公式。当所有蚂蚁完成一次循环后，增加对最差蚂蚁所经过的路径信息素的更新。若(r,s)为最差蚂蚁路径中的一条边，且不是最优蚂蚁路径中的边，则该边上的信息素量按下式调整

$$\tau(r,s) = (1-\rho)\cdot\tau(r,s) - \varepsilon\cdot\frac{L_{\text{worst}}}{L_{\text{best}}} \tag{3-16}$$

其中，ε 为该算法中引入的一个参数，L_{worst} 表示当前循环中最差蚂蚁的路径长度，L_{best} 表示当前循环中最优蚂蚁的路径长度；$\tau(r,s)$ 表示城市 r 和城市 s 之间的信息素轨迹量。

算法的具体步骤如下：

(1) 初始化；

(2) 根据公式(2-1)、公式(2-7) 为每只蚂蚁选择路径；

(3) 每生成一只蚂蚁的路径就按公式(3-9) 进行一次局部更新规则；

(4) 循环执行步骤(2)、(3) 直到每只蚂蚁都生成一条路径；

(5) 评选出最优和最差蚂蚁；

(6) 对最优蚂蚁按公式(3-8) 执行全局更新规则；

(7) 对最差蚂蚁按公式(3-16) 执行全局更新规则。

循环执行步骤(2) ~ (7) 直到执行次数达到指定数目或连续若干代内没有更好的解出现。

同样,也可以将式(3-16) 应用到最大 - 最小蚂蚁系统中,可以有效地抑止由于最优与最差路径信息量之间差距加剧而引起的停滞现象。

第 4 章　蚁群优化算法的仿真研究

本书中使用的 TSP 问题均取自 TSP 的标准问题库 TSPLIB[136]，这些例子已经被用于许多其他的研究当中，其中一部分源于 TSP 工程方面的应用。

本章使用 Visual C++6.0 和 Visual Basic6.0 对蚂蚁系统的三类模型、蚁群系统、最大－最小蚂蚁系统以及最优－最差蚂蚁系统进行了系统设计。为使程序方便阅读，给予其以模块化设计，其流程如图 4-1 所示。

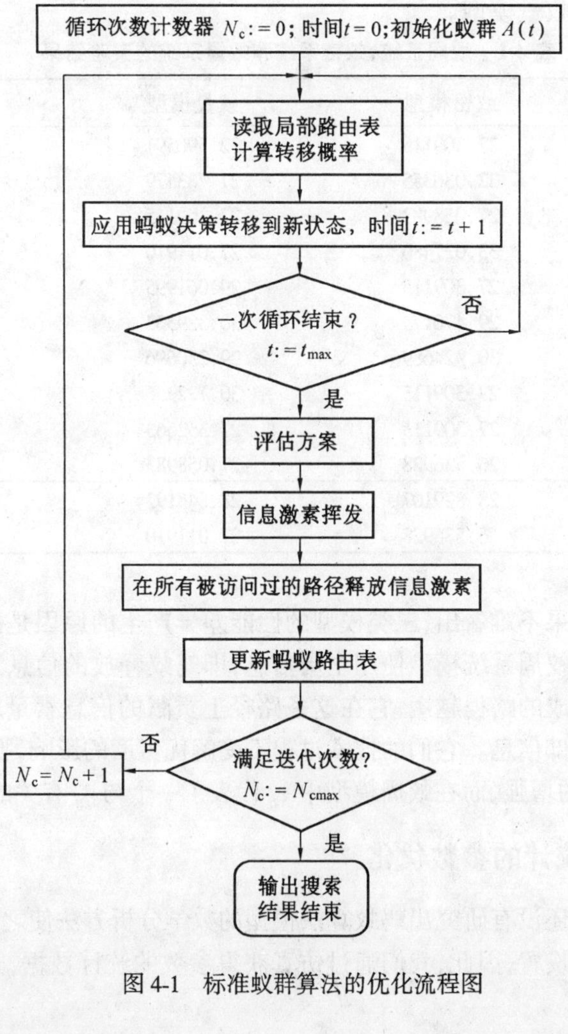

图 4-1　标准蚁群算法的优化流程图

4.1 蚂蚁系统三类模型的仿真研究

4.1.1 三类模型性能的比较

在本章中我们对蚂蚁系统的蚁周、蚁密和蚁量三类模型进行了对比,并且通过仿真研究了它们的优缺点。实验选取 20 个城市的 TSP 问题为测试问题,具体的数据列于附录 3。所有的实验都进行 3 000 次循环,蚂蚁的数量取与城市数相同 $M = 20$。参数的默认值设为 $\alpha = 1, \beta = 2, \rho = 0.1, Q = 100$。实验进行 10 次取平均值。

表 4-1 为蚁周,蚁密和蚁量模型的 10 次实验结果,黑体为最短长度。结果表明,蚁周模型明显优于蚁密和蚁量模型。

表 4-1 蚁周系统,蚁密系统和蚁量系统的实验结果

实验次数	蚁密模型	蚁量模型	蚁周模型
1	27.309115	32.590591	25.636521
2	32.036355	27.783479	26.046876
3	27.058983	27.309115	25.549314
4	33.027480	27.011910	25.875535
5	27.309115	29.061995	26.393461
6	29.470175	30.329533	25.438884
7	30.924689	29.230696	26.966875
8	27.309115	30.722956	27.015036
9	27.309115	27.352663	25.845561
10	26.536928	27.058983	24.845561
平均长度	28.829107	28.845192	**25.965634**
最优长度	26.536928	27.011910	**24.888273**

分析上述实验结果不难看出,三类模型的性能差异产生的原因是指导搜索过程的反馈信息的类型不同。蚁周系统模型使用全局信息,即蚂蚁释放的信息素量正比于所生成解的优劣度。蚂蚁生成的路程越短,它在这条路径上贡献的信息素量就越多。而蚁密和蚁量模型使用的是局部信息。它们的搜索过程不受解优劣度的影响,换句话说,它们中的启发信息 τ_{ij} 只是 η_{ij} 的增强,而在蚁周模型中 τ_{ij} 代表了一个与 η_{ij} 有关的信息的不同类型。

4.2.2 基于统计的参数优化

由于到目前为止还没有研究出蚂蚁算法模型的数学分析方法使之能够在每个情况下都能生成最优的参数设置,因此,我们通过仿真获得参数的统计数据,进而研究参数对算法的影响。

这里考虑那些直接或间接影响公式(2-1) 中概率计算的参数:

(1) α 表示信息素轨迹的相对重要性, $\alpha \geqslant 0$;

(2) β 表示能见度的相对重要性, $\beta \geqslant 0$;

(3) ρ 表示信息素轨迹的持久性, $0 \leqslant \rho < 1$($1-\rho$ 表示轨迹的挥发系数);

(4) Q 表示与蚂蚁释放的信息素量有关的常数,见式(2-4),(2-5),(2-6)。

为每个参数设置一组值,同时其他所有参数保持不变,并且为了避免偶然情况为每个参数设置进行 10 次仿真,然后取平均值。参数的默认值设为 $\alpha = 1, \beta = 2, \rho = 0.1, Q = 100$。每次实验只有一个参数被改变,被测试的值为: $\alpha \in \{0, 0.5, 1, 5\}$, $\beta \in \{0, 1, 2, 5, 10, 20\}$, $\rho \in \{0.3, 0.5, 0.7, 0.9\}$, $Q \in \{1, 100, 10000\}$。

表 4-2　蚁密系统基于统计的参数优化结果

β	0	1	2	5	10	20
平均长度	65.831 446	31.435 510	31.167 734	30.197 583	31.671 672	31.418 389
α	0	0.5	1	5		
平均长度	31.831 228	30.553 600	30.431 619	30.928 047		
ρ	0.3	0.5	0.7	0.9		
平均长度	30.971 989	30.933 745	30.578 699	30.404 309		

仿真结果表明, β 在 5 附近最优, α 的最优值在 1 附近,而 ρ 应设的越高越好。参数优化结果如表 4-2 所示。从 $\beta = 5$ 开始该系统中的蚂蚁出现了沿着同一路径行进的行为,而且这种行为总是发生在前 200 ~ 300 次循环内。

表 4-3　蚁量系统基于统计的参数优化结果

β	0	1	2	5	10
平均长度	60.067 708	30.880 473	29.307 753	32.581 95	32.746 723
α	0	0.5	1	5	
平均长度	33.776 340	30.919 424	29.606 220	31.871 179	
ρ	0.3	0.5	0.7	0.9	
平均长度	32.692 654	30.302 191	29.318 239	26.240 740	

对蚁量系统的仿真结果表明, β 在 2 附近最优,在 2 之前单调递减,而在 2 之后开始增加。α 的最优值在 1 附近。参数优化结果如表 4-3 所示。在蚁量系统中蚂蚁比在蚁密

系统中更倾向于收敛到同一条路径上，在 $\beta \geqslant 1, \alpha \geqslant 1$ 之后就可以观察到这一行为，而 ρ 的值和蚁密系统一样应设的越高越好。

对蚁周系统的仿真结果表明，β 在 5～10 之间最优，α 的最优值在 1 附近，ρ 的最优值在 0.7 附近。参数优化结果如表 4-4 所示。而只有在 $\alpha \geqslant 5$ 才能观察到蚂蚁收敛到同一路径的行为，在其他情况下蚂蚁总是在搜索不同的路径，甚至在 5 000 次循环之后。而 Q 值在三个模型中对系统影响都很小。

表 4-4　蚁周系统基于统计的参数优化结果

β	0	0.5	1	2	5	10
平均长度	58.517 606	28.313 728	28.107 878	27.795 475	24.067 234	24.476 210
α	0	0.5	1	5		
平均长度	30.047 345	25.990 097	23.459 689	27.519 220		
ρ	0.3	0.5	0.7	0.9		
平均长度	28.928 391	23.646 991	23.303189	24.336 637		

综合上述仿真结果不难看出，三类模型对参数表现出了不同的敏感程度。但只有 ρ 明显不同，在蚁密和蚁量模型中是越高越好，在蚁周模型中是 0.7 左右。对于这种差异可以做如下解释：在计算选择概率的早期阶段，三类模型主要都是使用贪婪启发来引导搜索的，但只有蚁周模型在概率计算时能够利用轨迹 τ_{ij} 值中存有的全局信息。之所以 $\rho = 0.7$ 是因为该算法需要忘记过去获得的一部分经验，避免蚂蚁过早地收敛到一个局部极优解，使得蚂蚁可以更好地探索新引入的全局信息。而在蚁密和蚁量模型中这种忘记的能力既没有必要也没有用处，因为它们在搜索路径的同时释放信息素，搜索过程根本没有第二个阶段，即利用全局信息这个阶段，而只是一直使用相同的贪婪启发策略。

如果 α 的值很高，则意味着信息素轨迹量非常重要，从而蚂蚁倾向于选择其他蚂蚁所经过的边。而若 β 也变得很高，则尽管一条边上的信息素量很多，但蚂蚁总会以很高的概率选择更近的城市。如果 $\alpha = 0$，选择最近城市的可能性更大，这相当于经典随机贪婪算法。相反，如果 $\beta = 0$，将只有信息素起作用，只是一个正反馈过程。我们在第 1 章曾经提过，这种方法将导致早熟收敛，并因此产生局部较优的路径，而不是全局最优解，因此实验中 $\beta = 0$ 所得到的解质量很差。总之，启发信息与信息素轨迹强度的结合是十分必要的。

由于蚁周模型的性能远好于其他两个模型，因此我们将对该模型做更深入的研究。实际上，国外学者在研究蚂蚁系统的时候也是将主要研究活动放在了蚁周模型上，而放弃了其他两类模型。

下面我们用实验得出的一组最优参数（$\alpha = 1, \beta = 5, \rho = 0.7$）求解上述 20 个城市的

TSP 问题,共运行 3 000 次循环。最优路径在 367 次循环中找到,长度为 25.028 060,如图 4-2,图中的小圆圈表示城市。图 4-3 为各路径的信息浓度图,路径颜色越浓表示浓度越大。图 4-4 为蚂蚁最优路径演化图,可以看出该算法能够很快地找出较优的解,而且不易陷入早熟收敛。图 4-5 为平均路径演化图,其中横坐标为实验运行的循环次数,纵坐标为路径长度。在初始阶段,轨迹量被均匀分布在各条边上,搜索只由能见度指导。随后较优路径边得到了信息量增强,而差路径中的边上的信息量被完全挥发掉。结果最差路径上的边被从问题图上删除,从而使得搜索空间减小。

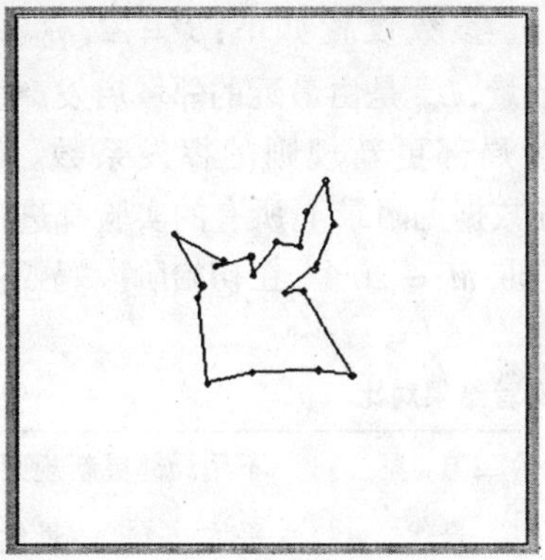

图 4-2　20 个城市 TSP 的最短路径示意图

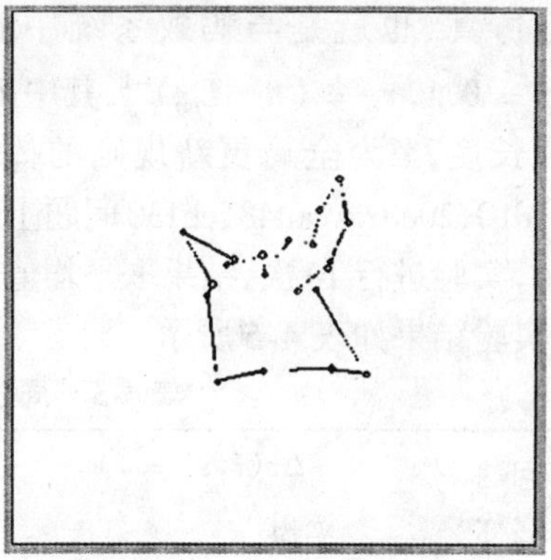

图 4-3　各路径信息量浓度图

从上述实验我们概括蚁周算法模型的主要优点如下:

(1)在参数最优的范围之内该算法对所有被检测的问题都能找出非常好的解;

(2)该算法能够快速地找出较优的解决方案(如图 4-4,4-5 所示),但是却没有出现停滞行为;

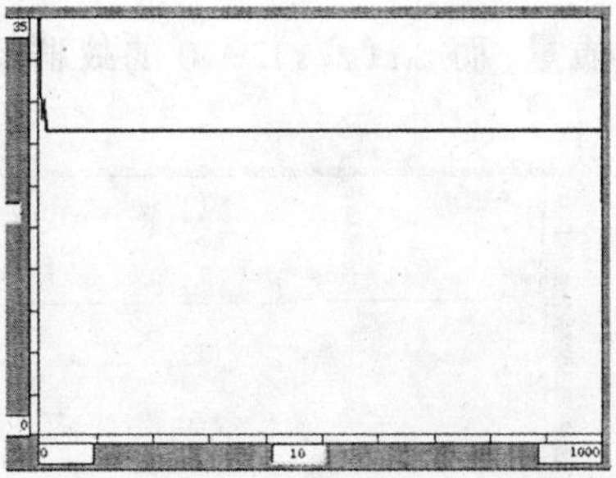

图 4-4　蚂蚁最优路径的演化图

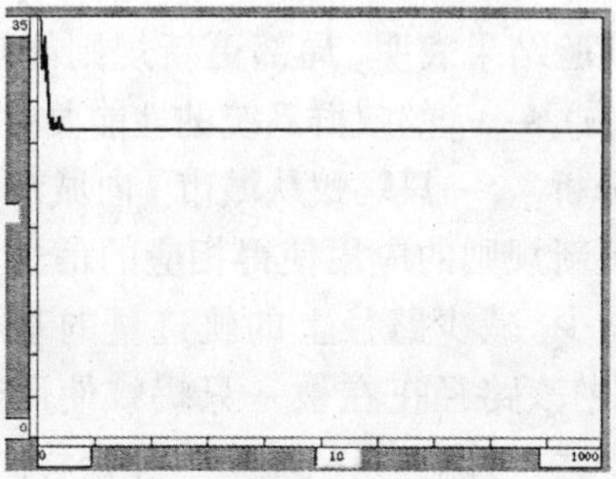

图 4-5　蚂蚁平均路径演化图

(3)随着问题规模的扩大,参数值对问题规模变化的敏感度非常低,也就是说该算法有着非常好的鲁棒性。

4.2　基于蚁群系统模型的仿真研究

4.2.1　局部优化算法的有效性

为了研究局部优化算法的有效性,用两个值对 $\Delta\tau(r,s)$ 项进行了实验:(i) 设 $\Delta\tau(r,s)=\tau_0$,τ_0 为初始信息素量;(ii) 设 $\Delta\tau(r,s)=0$。最后,对不应用局部更新规则的蚁群系统进行仿真(也就是与蚂蚁系统中的情况相同)。参数设置如下:$\beta=2,q_0=0.9,\alpha=\rho=0.1,\tau_0=(n\cdot L_{nn})^{-1}$,其中 n 是城市的数量,L_{nn} 是由最近的邻域启发产生的一个路径长度,α 为全局更新规则的挥发系数,ρ 为局部更新规则的挥发系数。实验在Hopfield10、20cities、att48、ch130问题上进行,具体的数据见附录4。所有的实验都进行3000次循环,实验进行10次,结果取平均值,蚂蚁的数量取 $M=20$ 个,在初始阶段蚂蚁被随机分布。实验结果如表4-5所示。

表4-5　局部更新规则的实验结果对比

问题名称	$\Delta\tau(r,s)=\tau_0$ 平均	$\Delta\tau(r,s)=\tau_0$ 最优	$\Delta\tau(r,s)=0$ 平均	$\Delta\tau(r,s)=0$ 最优	不用局部更新规则 平均	不用局部更新规则 最优
Hop10	2.668	2.463	2.697	2.463	2.695	2.507
20cities	24.494	22.853	24.582	22.853	24.677	22.795
Att48	33632.209	31486.672	33753.947	31501.328	4062.856	32350.542
CH130	6527.945	6260.932	6590.017	6278.487	6632.749	6360.590

实验结果表明,局部更新规则能够提高解的质量,而 $\Delta\tau(r,s)=0$ 的蚁群系统比 $\Delta\tau(r,s)=\tau_0$ 的蚁群系统的性能要差。

分析　一只蚂蚁从城市 i 向城市 j 移动时,局部更新规则的应用使得相应的信息素轨迹量逐渐减少。减少路径上的轨迹量的基本原理如下,其中该路径正在被一只蚂蚁使用建立一个解决方案:考虑一只从城市2开始移向城市3、4等的蚂蚁 k_2 和一只从城市1开始并选择城市2作为移动的首选城市的蚂蚁 k_1。蚂蚁 k_1 将有很大的可能性一步延迟地跟随蚂蚁 k_2。应用局部更新规则得到的轨迹量逐渐减小的效果减小了

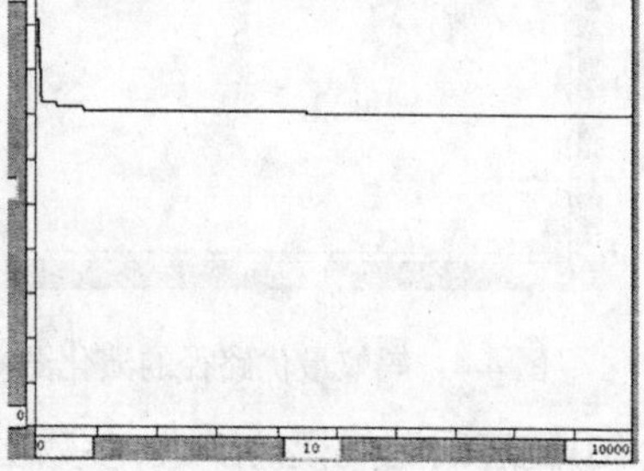

图4-6　蚁群系统用于求解20城市TSP问题的最优路径演化图

出现这种情况的可能性。换句话说，ACS 局部更新规则有这样的效果，它可以使得曾经被访问过的路径在被蚂蚁访问的时候越来越缺乏吸引力，间接地使蚂蚁更倾向于搜索还未访问过的路径。从而，蚂蚁不会收敛到同一路径上（从图 4-6 中可以观察到蚁群系统具有比蚂蚁系统更强的搜索新路径的能力）。由实验观察到的这个事实是一个很重要的性质：如果蚂蚁探索不同的路径，那么比起它们全部都收敛到同一路径的情况（这将使得 m 个蚂蚁没有意义）来看，蚁群中的某只蚂蚁将会有更高的概率找到一个更优的解。通过这种方法蚂蚁可以更好地利用信息素。若没有局部更新，所有的蚂蚁都将在以前所找出的最优路径的狭小邻域内进行搜索，从而阻止了对更优解的进一步搜索。因此，应用局部更新规则的蚁群系统所找出解的质量优于没有局部更新的蚁群系统（在这种情况下相当于蚂蚁系统）。

4.2.2　蚁群系统与其他启发算法的比较

为了说明蚁群系统的优点与不足，我们给出用基本蚁群算法求解 Oliver30TSP 的典型实验结果（表 4-6），该实验中除蚁群系统（ACS）外的其他结果均来源于文献[137]，取 10 次实验的平均值。进行对比的优化算法有：模拟退火法（Simulated Annealing，SA）、神经网络（Neural Nets，NN），这里以弹性网络（Elastic Net，EN）和自组织映射（Self Organizing Map，SOM）为代表，进化计算（Evolutionary Programming，EP），这里以遗传算法（Genetic Algorithm，GA）和进化规划为代表，以及一个模拟退火法与遗传算法相结合的混合算法（AG）。蚁群系统的参数设为 $M = 10, \beta = 2, q_0 = 0.9, \alpha = \rho = 0.1, \tau_0 = (n \cdot L_{nn})^{-1}$。

表 4-6　TSP 问题的多种优化算法对比

标准问题名称	ACS	GA	EP	SA	AG	Optimum
Oliver30	420	421	420	424	420	420
(30 城市)	(420.371)	(N/A)	(423.74)	(N/A)	(N/A)	(420.371)
迭代次数	[1470]	[3200]	[40000]	[24617]	[12620]	
Ei150	432	428	426	443	436	426
(50 城市)	(432.172)	(N/A)	(427.86)	(N/A)	(N/A)	(427.86)
迭代次数	[2412]	[25000]	[100000]	[68512]	[28111]	
Ei175	540	545	542	580	561	540
(75 城市)	(540.384)	(N/A)	(549.18)	(N/A)	(N/A)	(540.384)
迭代次数	[4393]	[80000]	[325000]	[173250]	[95506]	

表 4-6 中迭代代数指获得最优解所需的代数，圆括号内数据为非整数最优解。

实验表明，蚁群算法几乎在所有问题上的性能都是最好的。从这一系列实验结果我们可以发现，蚁群系统具有很强的发现较优解的能力，不容易陷入局部最优。这是因为该算法不仅利用了正反馈原理,在一定程度上可以加快进化过程,而且是一种本质并行的算法,个体间不断进行信息交流和传递,有利于发现较好解。单个个体容易收敛于局部最优,多个个体通过合作,很快收敛于解空间的某一子集,有利于对解空间的进一步探索,从而不容易陷入局部最优,有利于发现较好解。但这种算法也存在一些缺陷,如需要较长的搜索时间。虽然计算机计算速度的提高和蚁群算法本质的并行性在一定程度上可以缓解这个问题,但是对于大规模优化问题,这还是一个不小的障碍。

4.3 最大 - 最小蚂蚁系统的仿真研究

4.3.1 信息素轨迹初始化研究

在最大 - 最小蚂蚁系统中轨迹被初始化为它们轨迹量的上限。为了说明所提出的轨迹初始化的有用性,我们将它与初始化为轨迹量下限的最大 - 最小蚂蚁系统进行对比,计算结果列在表 4-7 中。设置 $\alpha = 1, \beta = 2, \rho = 0.98, m = n, \tau_{\max} = 10, \tau_{\min} = 0.01$。

表 4-7 信息素初始化为轨迹量上限和下限的对比结果

问题名称	$\tau(1) = \tau_{\max}$	$\tau(1) = \tau_{\min}$
ei151	438.572	429.407
ch130	6257.445	6294.331
tsp225	4367.687	4524.356

我们发现,对于小规模的旅行商问题,轨迹量初始化为上限与下限相比显示不出明显的优势,但是在大规模的旅行商问题上,将轨迹量初始化为上限所找出的解的质量明显比初始化为下限的好,而且这个差异随着问题规模的增加而增大。因此,将初始值设为 $\tau(1) = \tau_{\max}$ 可以改善最大 - 最小蚂蚁系统的性能。

当初始化为 $\tau(1) = \tau_{\max} = 10$ 时,以 ei151TSP 问题为例,在蚂蚁搜索的初始阶段各路径信息量浓度如图 4-7 所示。由于在 MMAS 中只有一只蚂蚁被用于在每次循环后更新信息轨迹,因此随着信息素的挥发,一些对蚂蚁吸引力小的边上的信息量将逐渐减小。图 4-8 表示在第 100 代时各路径上信息量的浓度图,图中两城市之间没有印迹的路径是那些已经被蚂蚁遗忘的相应的最短路径示意图。图 4-11 是当初始化为 $\tau(1) = \tau_{\min} = 0.01$ 时初始阶段的各路径信息量浓度图。

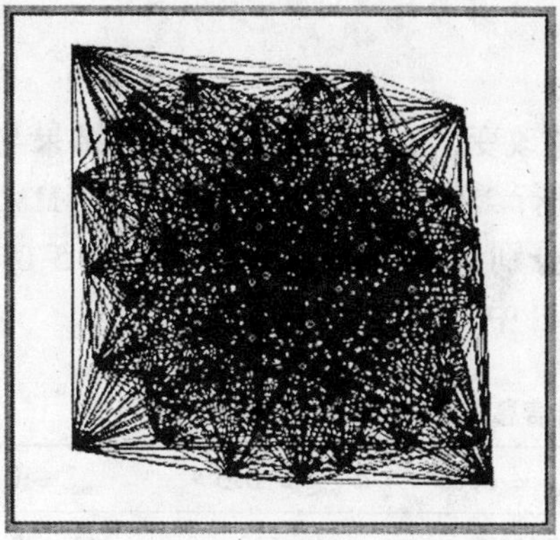

图 4-7　初始阶段各路径信息量浓度图

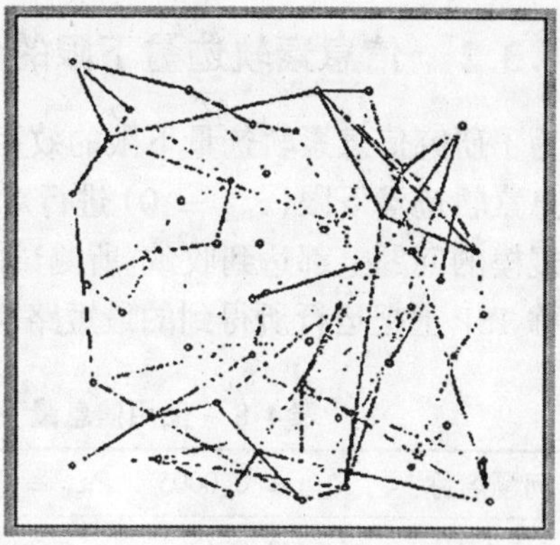

图 4-8　第 100 代时各路径信息量浓度图

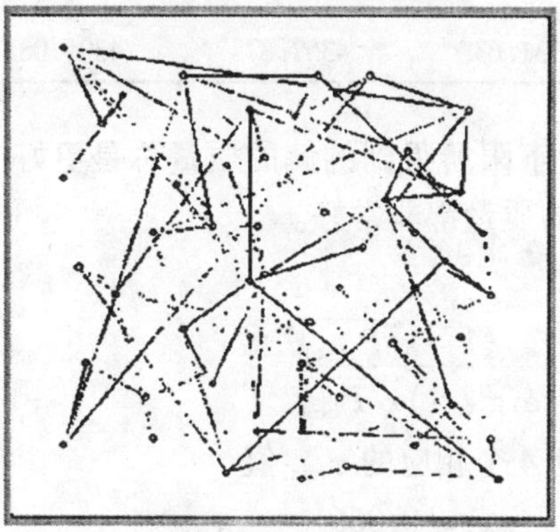

图 4-9　3 000 次循环结束时各路径信息量浓度图

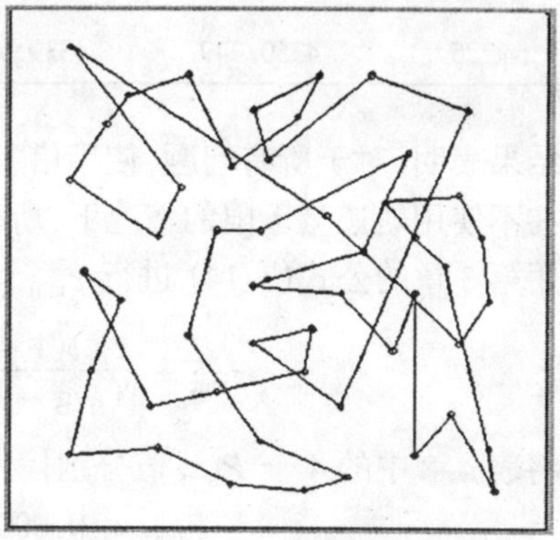

图 4-10　最短路径示意图

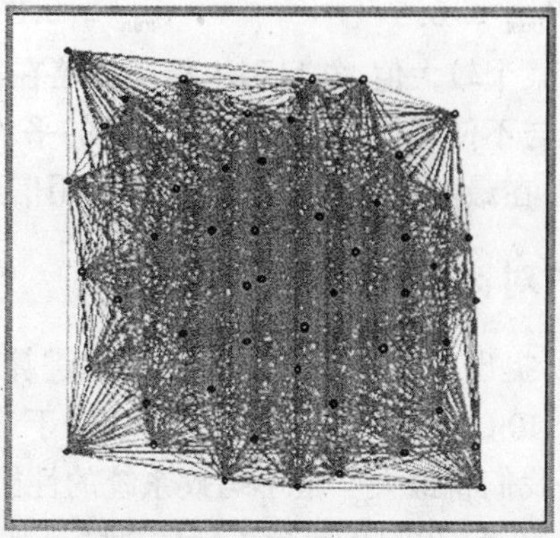

图 4-11　初始阶段各路径信息量浓度图

4.3.2 信息素轨迹量下限的作用

为了研究信息素轨迹量下限的效用,我们通过改变 P_{best} 对所获得的实验结果与不使用信息素轨迹量下限($\tau_{min}=0$) 进行对比。实验进行 2500n 次循环,这可能保证 MMAS 在任何规模的问题上都达到收敛。所测试的 P_{best} 值分别为{0.0005,0.005,0.05,0.5,0}。在 3 个对称 TSP 上把运行所得到的最短路径列于表 4-8 中。

表 4-8 使用信息量下限与不使用信息量下限的对比结果

问题名称	$P_{best}=0.0005$	$P_{best}=0.005$	$P_{best}=0.05$	$P_{best}=0.5$	$\tau_{min}=0$
Ei151	443.094	435.977	454.480	440.528	443.142
Ch130	6357.463	6370.455	6395.372	6373.670	6406.259
tsp225	4350.349	4339.946	4331.638	4357.878	4395.081

结果表明,对于所有问题,使用信息素轨迹量下限所得到的解的质量总是更好一些。甚至在不使用轨迹量下限的情况下,所得到的解的质量都非常好。

用第 3 章的公式(3-14) 进行 τ_{min} 计算

$$\tau_{min}=\frac{\tau_{max}(1-P_{dec})}{(avg-1)P_{dec}}=\frac{\tau_{max}(1-\sqrt[n]{P_{best}})}{(avg-1)\sqrt[n]{P_{best}}}$$

将表 4-8 中的 4 个 P_{best} 值分别代入上式得到 4 个相应的 τ_{min} 值

$$P_{best}=0.0005 \qquad \tau_{min}=0.066$$
$$P_{best}=0.005 \qquad \tau_{min}=0.045$$
$$P_{best}=0.05 \qquad \tau_{min}=0.025$$
$$P_{best}=0.5 \qquad \tau_{min}=0.005$$

因此,通过将 ρ 设置为某个较大值,并且引入精英策略在实际情况下非常有效。但是,必须指出,使用信息量下限与不使用信息量下限所获得的平均解质量之间的差异随着问题规模的增大而增大。因此,在最大 - 最小蚂蚁系统中使用信息量下限是非常有利的。

4.3.3 蚁群算法的对比

这一小节我们对比了所提出的蚂蚁系统及其上述改进算法的性能。对所有算法都运行相同的循环次数,即 n 个 10 000 次,n 为城市的数量。对于最大 - 最小蚂蚁系统,其参数设置的默认值如上所描述。我们将最大 - 最小蚂蚁系统的性能与蚂蚁系统、蚁群系统进行了对比,结果如表 4-9 所示。此外,我们还运行了带信息轨迹平滑机制的最大 - 最小蚂蚁系统,设 δ 值为 0.5。表中 pts 表示信息量平滑机制。

表 4-9　蚁群算法的对比结果

问题名称	MMAS + pts	MMAS	ACS	AS
Att48	31407.147	31425.640	31486.846	32158.618
Ei151	432.379	435.977	449.204	463.514
Ch130	6157.374	614.582	6260.932	6410.067
Tsp225	4119.030	4140.779	4156.372	4312.839

实验结果表明,最大 - 最小蚂蚁算法能够获得最优解,其所获得的平均解的质量甚至比蚁群系统的最优解还要好,而且也可以看出蚂蚁系统与其他算法相比性能较差。信息量平滑机制对于提高解的质量非常有效。

4.4　最优 - 最差蚂蚁系统的仿真研究

4.4.1　参数 ε 的设置

为了研究最优 - 最差蚂蚁系统对每个循环中最差蚂蚁所执行全局更新公式的效用,我们通过改变参数 ε 的设置对所获得的仿真结果与不使用上述更新公式所获得的结果进行比较。通过改变 ε 值可以对最差蚂蚁所经过的路径进行不同程度的削弱。ε 值越大则削弱的越多。所测试的 ε 值分别为{0,0.2,0.5,1.0,5.0,20.0,100.0}。其中当 ε 设置为 0 时最优 - 最差蚂蚁系统还原为蚁群系统。实验在 20 个城市上进行,运行 10 000 次循环,对 5 次实验结果取平均值,仿真结果列于表 4-10 中。

表 4-10　ε 设置为不同值的最优 - 最差蚂蚁系统仿真结果

参数 ε	0	0.2	0.5	1.0	5.0	20.0	100.0
最优长度	24.753	24.712	24.522	24.522	24.522	24.522	24.613
迭代次数	[4457]	[375]	[2743]	[1759]	[3544]	[2025]	[1406]

实验表明,应用对每个循环中最差蚂蚁所执行的全局更新公式可以改善算法的性能。从而使得最优 - 最差蚂蚁系统的收敛速度要比蚁群系统快(如图 4-12)。这一点可以做如下解释:由于每个循环中,按这种方式进行轨迹更新,最差路径上的信息量被进一步削弱,使得在下一个循环中属于最差路径的边对蚂蚁越来越缺乏吸引力,它们更倾向于选择属于上一个循环中最优路径的边,从而蚂蚁以很高的概率在循环最优路径附近搜索新路径。总之,更强有力地将搜索集中于所找出的最优解的附近,是最优 – 最差蚂蚁系统能够快

速收敛的原因。

由对算法收敛速度的分析同样可以知道，蚂蚁循环最大次数的选择，在于保证足够大的问题搜索空间，使最优解的获得成为可能。因此，当问题规模扩大时，蚂蚁循环最大次数应该适当扩大，但不应太大以保证程序的可执行性。

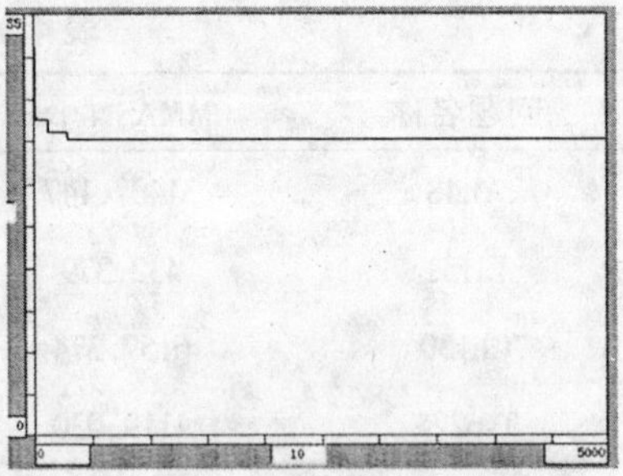

图 4-12　ε = 0.2 时最优 - 最差蚂蚁系统的最优路径演化图

4.4.2　几种改进的蚁群算法比较

这一节我们将最优 - 最差蚂蚁系统及其改进算法与其他改进的蚁群算法进行比较。进行比较的改进算法有最优 - 最差蚂蚁系统、蚁群系统以及最大 - 最小蚂蚁系统。其中 BWAS + W 表示最大 - 最小蚂蚁系统加上最差蚂蚁全局更新公式。比较结果列于表 4-11 中。

表 4-11　改进的蚁群算法对比结果

问题名称	BWAS	BWAS + W	MMAS	ACS	AS
Ei151	429.530	429.460	435.977	449.204	463.514
Ch130	6210.472	6190.864	6194.582	6260.932	6410.067
Tsp225	4148.926	4129.090	4140.779	4156.372	4312.839

实验结果表明，在算法中加入对最差蚂蚁的全局更新规则是行之有效的。

第 5 章　蚁群算法与遗传、模拟退火算法的对比

本章的前半部分简要介绍遗传算法和免疫算法的结构以及相关的机理，后半部分以 TSP 问题为测试平台将蚁群算法与遗传算法、免疫算法进行对比。

5.1　遗传算法

遗传算法(Genetic Algorithm，GA)是一类借鉴生物界的进化规律(适者生存，优胜劣汰遗传机制)演化而来的随机化搜索方法。它是由美国的 J. Holland 教授 1975 年首先提出的，其主要特点是直接对结构对象进行操作，不存在求导和函数连续性的限定；具有内在的隐并行性和更好的全局寻优能力；采用概率化的寻优方法，能自动获取和指导优化的搜索空间，自适应地调整搜索方向，不需要确定的规则。遗传算法的这些性质，已被人们广泛地应用于组合优化、机器学习、信号处理、自适应控制和人工生命等领域。它已经成为智能计算中的关键技术之一。

5.1.1　遗传算法与自然选择

达尔文的自然选择学说是一种被人们广泛接受的生物进化学说。这种学说认为，生物要生存下去，就必须进行生存斗争。生存斗争包括种内斗争、种间斗争以及生物跟无机环境之间的斗争三个方面。在生存斗争中，具有有利变异的个体容易存活下来，并且有更多的机会将有利变异传给后代；具有不利变异的个体就容易被淘汰，产生后代的机会也少得多。因此，凡是在生存斗争中获胜的个体都是对环境适应性比较强的。达尔文把这种在生存斗争中适者生存，不适者淘汰的过程叫做自然选择。它表明，遗传和变异是决定生物进化的内在因素。自然界中的多种生物之所以能够适应环境而得以生存进化，是和遗传和变异生命现象分不开的。正是生物的这种遗传特性，使生物界的物种能够保持相对的稳定；而生物的变异特性，使生物个体产生新的性状，以至于形成新的物种，推动了生物的进化和发展。

遗传算法是模拟达尔文的遗传选择和自然淘汰的生物进化过程的计算模型。它的思想源于生物遗传学和适者生存的自然规律，是具有“生存 + 检测”迭代过程的搜索算法。遗传算法以一种群体中的所有个体为对象，并利用随机化技术指导一个被编码的参数空间进行高效搜索。其中，选择、交叉和变异构成了遗传算法的遗传操作；参数编码、初始群

体的设定、适应度函数的设计、遗传操作的设计、控制参数的设定,这 5 个要素组成了遗传算法的核心内容。作为一种新的全局优化搜索算法,遗传算法以其简单、鲁棒性强、适于并行处理,以及高效、实用等显著特点,在各个领域得到了广泛的应用,取得了良好的效果,并逐渐成为重要的智能算法之一。

5.1.2　遗传算法的基本步骤

通常习惯上把 Holland 1975 年提出的 GA 称为传统的 GA,它所包含的主要操作如下:

编码　GA 在进行搜索之前先将解空间的解数据表示成遗传空间的基因型串结构数据,这些串结构数据的不同组合便构成了不同的点。

初始群体的生成　随机产生 N 个初始串结构数据,每个串结构数据称为一个个体,N 个个体构成了一个群体。GA 以 N 个串结构数据作为初始点开始迭代。

适应性值评估检测　适应性函数表明个体或解的优劣性。不同的问题,适应性函数的定义方式也不同。

选择　选择的目的是为了从当前群体中选出优良的个体,使它们有机会作为父代为

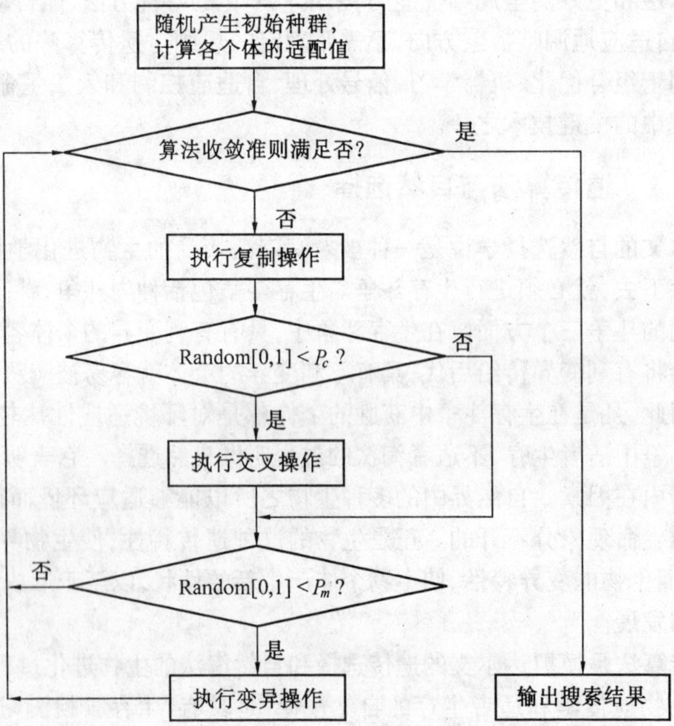

图 5-1　标准遗传算法的流程图

下一代繁殖子孙。遗传算法通过选择过程体现这一思想,进行选择的原则是适应性强的个体为下一代贡献一个或多个后代的概率大。选择实现了达尔文的适者生存原则。

交叉　交叉操作是遗传算法中最主要的遗传操作。通过交叉操作可以得到新一代个体,新个体组合了其父辈个体的特性。交叉体现了信息交换的思想。

变异　变异首先在群体中随机选择一个个体,对于选中的个体以一定的概率随机地改变串结构数据中某个串的值。同生物界一样,GA 中变异发生的概率很低,通常取值在 0.001~0.01 之间。变异为新个体的产生提供了机会。

标准遗传算法的主要步骤可描述如下:

(1)随机产生一组初始个体构成初始种群,并评价每一个体的适配值(适应度);

(2)判断算法的收敛准则是否满足,若满足则输出搜索结果;否则执行以下步骤;

(3)根据适配值大小以一定方式执行复制操作;

(4)按交叉概率 P_c 执行交叉操作;

(5)按变异概率 P_m 执行变异操作;

(6)返回步骤(2)。

标准遗传算法的流程如图 5-1 所示。

5.1.3　旅行商问题的遗传算法实现

下面我们结合 TSP 问题介绍遗传算法的一种实现。

1.编码方案

我们采用可能是对一个旅行最自然的表达——路径表达的编码方案。例如,一个旅行 5—1—7—8—9—4—6—2—3 可以简单地被表达成(5 1 7 8 9 4 6 2 3)。

遗传算法的运算步骤:

{

随机初始化种群 $P(0)$, $t=0$;

计算 $P(0)$中个体的适应度;

while(不满足中止条件)

}

for($k=0$; $k<N$; $k+=2$)//设 N 能被 2 整除

{

随机从 $P(t)$中产生两个父体交叉操作后产生两个后代;

把这两个后代加入中间群体 $P'(t)$中;

}

对中间群体 $P'(t)$中的每个个体进行变异操作;

从 $P(t)$和 $P'(t)$中进行选择操作得到 N 个个体并赋予新群体 $P(t+1)$中;

计算 $P(t+1)$ 中每个个体的适应度；

t + + ;

}

}

根据实测结果，我们仅从众多的遗传算子中选择几个性能较好的算子。

2. 交叉算子

采用由 Davis 提出的 OX 算子——通过从一个亲体中挑选一个子序列旅行并保存另一个亲体的城市相对次序来构造后代。例如，两个亲体（切割点以“|”标记）

$p_1 = (1\ 2\ 3|4\ 5\ 6\ 7|8\ 9)$

$P_2 = (4\ 5\ 2|1\ 8\ 7\ 6|9\ 3)$

将按照下面的方式产生后代。首先，切割点之间的片段被拷贝到后代里

$o_1 = (x\ x\ x|4\ 5\ 6\ 7|x\ x)$

$o_2 = (x\ x\ x|1\ 8\ 7\ 6|x\ x)$

为了得到 o_1，我们只需要移走 P_2 中已在 o_1 中的城市 4、5、6 和 7 后，得到

2—1—8—9—3

该序列顺次放在 o_1 中

$o_1 = (2\ 1\ 8|4\ 5\ 6\ 7|9\ 3)$

相似地，我们可以得到另一个后代

$o_2 = (2\ 3\ 4|1\ 8\ 7\ 6|5\ 9)$

OX 交叉开拓了路径表达的一个特性，即城市的次序（不是它们的位置）是重要的，即两个旅行

5—1—7—8—9—4—6—2—3

8—9—4—6—2—3—5—1—7

实际上是相同的。

注　本算子由命名空间 TSP 中的类 Ga 中的公共成员函数 CrossOX()来实现。

3. 变异算子

对于变异算子我们采用倒置变异。倒置变异是在染色体上随机地选择两点，将两点间的子串反转。说明如下：

原个体：(1 2 3 4 5 6 7 8 9)

随机选择两点：(1 2|3 4 5 6|7 8 9)

倒置后的个体：(1 2|6 5 4 3|7 8 9)

注　本算子由命名空间 TSP 中的类 Ga 中的公共成员函数 MutateReverse()来实现。

4.选择算子

对于选择算子采用锦标赛选择算子。选择时,随机地在群体中选择 k 个个体进行比较,适应度最好的个体将被选择复制到下一代,参数 k 称为竞赛规模,常取 $k=2$。

注　本算子由命名空间 TSP 中的类 Ga 中的公共成员函数 SelectMatch()来实现。

5.2　模拟退火算法

模拟退火算法[33](Simulated annealing,SA)的思想最早是由 Metropolis 等提出的。其出发点是基于物理中固体物质的退火过程与一般组合优化问题之间的相似性。模拟退火法是一种通用的优化算法,目前已在工程中得到了广泛的应用。

5.2.1　物理退火过程和 Metropolis 准则

物理退火过程由以下三个部分组成:

(1)加温过程　其目的是增强粒子的热运动,使其偏离平衡位置。当温度足够高时,固体将溶解为液体,从而消除系统原先可能存在的非均匀态,使随后进行的冷却过程以某一平衡态为起点。溶解过程与系统的熵增过程相联系,系统能量也随温度的升高而增大。

(2)等温过程　物理学的知识告诉我们,对于与周围环境交换热量而温度不变的封闭系统,系统状态的自发变化总是朝自由能减少的方向进行,当自由能达到最小时,系统达到平衡态。

(3)冷却过程　其目的是使粒子的热运动减弱并渐趋有序,系统能量逐渐下降,从而得到低能的晶体结构。

固体在恒定温度下达到热平衡的过程可以用 Monte Carlo 方法加以模拟。虽然该方法简单,但必须大量采样才能得到比较精确的结果,因而计算量很大。鉴于物理系统倾向于能量较低的状态,而热运动又妨碍它准确地落到最低状态,采样时着重取那些有重要贡献的状态则可较快地达到较好的结果。因此,Metropolis 等在 1953 年提出了重要的采样法,即以概率接受新状态。具体而言,在温度 t,由当前状态 i 产生新状态 j,两者的能量分别为 E_i 和 E_j,若 $E_i < E_j$ 则接受新状态 j 为当前状态;否则,若概率 $P_r = \exp[-(E_j - E_i)/kt]$ 大于[0,1]区间内的随机数则仍旧接受新状态 j 为当前状态,若不成立则保留状态 i 为当前状态,其中 k 为 Boltzmann 常数。当这种过程多次重复,即经过大量迁移后,系统将趋于能量较低的平衡态,各状态的概率分布将趋于某种正则分布,如 Gibbs 正则分布。同时我们也看到,这种重要性采样过程在高温下可接受与当前状态能量差巨大的新状态,而在低温下基本只接受与当前能量差较小的新状态,与不同温度下热运动的影响完全一致,而且当温度趋于零时,就不能接受比当前状态能量高的新状态。这种接受准则通常称为 Metropolis 准则,它的计算量比 Montte Carlo 方法显著减少。

5.2.2 模拟退火法的基本原理

模拟退火法(Simulated annealing,SA)是模拟热力学中经典粒子系统的降温过程,来求解规划问题的极值。当孤立粒子系统的温度以足够慢的速度下降时,系统近似处于热力学平衡状态,最后系统将达到本身的最低能量状态,即基态,这相当于能量函数的全局极小点。由于模拟退火法能够有效地解决大规模的组合优化问题,且对规划问题的要求极小,因此引起研究人员的极大兴趣。

模拟退火法的基本过程如下:

(1) 给定初始温度 T_0 及初始点,计算该点的函数值 $f(x)$;

(2) 计算函数差值 $\Delta f = f(x') - f(x)$;

(3) 若 $\Delta f \leqslant 0$,则接受新点作为下一次模拟的初始点;

(4) 若 $\Delta f > 0$,则计算新接受概率:$P(\Delta f) = \exp(-\frac{\Delta f}{K \cdot T})$,产生[0,1]区间上均匀分布的伪随机数 $r, r \in [0,1]$,如果 $P(\Delta f) \geqslant r$,则接受新点为下一次模拟的初始点;否则放弃新点,仍取原来的点为下一次模拟的初始点。

以上步骤称为 Metropolis 过程。按照一定的退火方案逐渐降低温度,重复 Metropolis 过程,就构成了模拟退火优化算法,简称模拟退火法。当系统温度足够低时,认为达到了全局最优状态。按照热力学分子运动理论,粒子做无规则运行时,它具有的能量带有随机性。温度较高时,系统的内能较大,但是对某个粒子而言,它所具有的能量可能较小。因此,SA 算法要记录整个退火过程中出现的能量较小的点。

在模拟退火优化算法中,降温的方式对算法有很大影响。如果温度下降过快,可能会丢失极值点;如果温度下降过慢,算法的收敛速度又大大降低。为了提高模拟退火优化算法的有效性,许多学者提出了多种退火方案,有代表性的有 $T(t) = \frac{T_0}{\ln(1+t)}$。

(1) 经典退火方式　降温公式为 $T(t) = \frac{T_0}{\ln(1+t)}$;特点是温度下降很缓慢,因此,算法的收敛速度也很慢。

(2) 快速退火方式　降温公式为 $T(t) = \frac{T_0}{1+\alpha t}$;这种退火方式的特点是在高温区,温度的下降比较快,而在低温区,降温的速率较小。这符合热力学分子运动理论中,某粒子在高温时所具有的较低能量的概率要比在低温时小得多。因此,寻优的重点应在低温区,式中 α 用以改善退火曲线的形态。

5.3　蚁群算法与遗传算法、模拟退火算法的比较

5.3.1　三种算法的优化质量比较

在这里我们用蚁群系统作为蚁群算法的代表，与遗传算法以及模拟退火算法进行比较。考虑两组实验：第1组由5个随机产生的50个城市TSP问题组成；第2组包括3个在50和100个城市之间的几何问题。在这两组TSP测试问题上进行实验是很重要的，因为这两组问题具有结构上的不同，这使得它们对于一个算法实现起来很困难，而同时对于另一个算法却很简单，保证了对比的公平性。

表5-1给出了在随机问题上运行的结果，黑体数字为已知解，SA结果引自文献[137]。

表5-1　三种算法在5组随机城市上的仿真结果

问题名称	ACS	GA	SA
城市设置1	**5.88**	5.91	5.89
城市设置2	6.05	**5.82**	5.87
城市设置3	**5.58**	5.74	5.78
城市设置4	**5.74**	6.13	6.10
城市设置5	**6.18**	6.23	6.54

实验结果表明，蚁群算法所找出的解的质量最高，遗传算法其次，而模拟退火法最低。

5.3.2　三种算法收敛速度比较

收敛速度是评价一种算法性能好坏的重要方面，因此，在这一小节中我们对三种算法的收敛速度进行比较。表5-2给出了三种算法在三组几何问题上的仿真结果。

从表5-2中我们可以看出，在同规模的测试问题上三种算法收敛到最优解的迭代次数相差很大。在Oliver30中，蚁群系统收敛到最优解是在第1 470代，遗传算法是在第3 200代，而模拟退火法是24 617代。随着城市规模的增大，差距也随之增大。在Ei175中，蚁群系统收敛到最优解是在第4 393代，遗传算法是在第80 000代，而模拟退火法的收敛速度最慢，在第173 250代才收敛到最优解。在KroA100中，模拟退火法在可以接受的循环次数内无法收敛到最优解。以上结果表明，蚁群算法的收敛速度最快。

表 5-2 三种算法在 3 组几何问题上的仿真结果

问题名称	ACS	GA	SA	Optimum
Oliver30	**420**	421	424	**420**
(30 城市)	**(420.371)**	(N/A)	(N/A)	**(420.371)**
迭代次数	[1470]	[3200]	[24617]	
Ei150	432	**428**	443	**428**
(50 城市)	(432.172)	**(N/A)**	(N/A)	**(N/A)**
迭代次数	[2412]	[25000]	[68512]	
Ei175	**540**	545	580	**540**
(75 城市)	**(540.384)**	(N/A)	(N/A)	**(540.384)**
迭代次数	[4393]	[80000]	[173250]	

表中迭代代数指获得最优解所需的代数;圆括号内数据为非整数最优解,黑体数字为最优解。

通过分析模拟退火法的基本原理可知,模拟退火法在一系列递减温度下产生的点列,从理论上讲,可以看做是一系列的马尔可夫链(Markov Chains)。在某一温度下多次重复 Metropolis 过程,目标函数值的分布规律将满足玻尔兹曼分布规律。如果系统温度以足够慢的速率下降,玻尔兹曼分布就趋向收敛于全局最小状态的均匀分布。也就是说,若按照一定的条件产生无限长的马尔可夫链,模拟退火法就能保证以概率 1.0 收敛于全局极小点。在某一温度下,只要计算时间足够长,也就是马尔可夫链足够长,其起始点的函数值将以很高的概率低于终止点的函数值,即求得全局最小点。因此,模拟退火法需要一个相当长的优化过程,这也是该算法最大的缺点。此外,尽管理论上只要计算时间足够长,模拟退火法就可以保证以概率 1 收敛于全局最优点。但是在算法的实现过程中,由于计算速度和时间的限制,在优化效果和计算时间二者之间存在矛盾,因而难以保证计算结果为全局最优点,优化效果不甚理想。蚁群算法之所以能够快速收敛到全局最优解,是因为该算法中的个体之间不断进行信息交流和传递。单个个体容易收敛于局部最优,多个个体通过合作,可以很快地收敛于解空间的最优解的附近。

5.3.3　三种算法的特点与比较分析

1.蚁群优化算法的特点

(1) 蚁群优化算法是一种结合了分布式计算、正反馈机制和贪婪式搜索的算法,具有很强的搜索较优解的能力。正反馈能够快速地发现较优解,分布式计算避免了早熟收敛,而贪婪式搜索有助于在搜索过程中早期找出可接受的解决方案,缩短了搜索时间。

(2) 蚁群算法具有很强的并行性。

(3) 可以不通过个体之间直接通信而是通过信息素进行合作,这样的系统具有更好的可扩充性(Scalability)。由于随着系统中个体增加而增加的系统通信开销在这里将非常小。

该算法也存在一些缺点:

(1) 该算法一般需要较长的搜索时间。蚁群中各个个体的运动是随机的,虽然通过信息交换能够向着最优路径进化,但是当群体规模较大时,很难在较短的时间内从大量杂乱无章的路径中找出一条较好的路径。这是因为在进化的初级阶段,各个路径上信息量相差不明显。通过的信息正反馈,使得较好路径上的信息量逐渐增大,经过较长一段时间,才能使得较好路径上的信息量明显高于其他路径上的信息量,随着这一过程的进行,差别越来越明显,从而最终收敛于较好的路径。这一过程一般需要较长的时间。

(2) 该算法容易出现停滞现象(stagnation behavior),即搜索进行到一定程度后,所有个体所发现的解完全一致,不能对解空间进一步进行搜索,不利于发现更好的解。

2.遗传算法的特点

遗传算法作为一种快捷、简便、容错性强的算法,在各类结构对象的优化过程中显示出明显的优势。

与传统的搜索方法相比,遗传算法具有如下特点:

(1) 搜索过程不直接作用在变量上,而是在参数集进行了编码的个体。此编码操作,使得遗传算法可直接对结构对象(集合、序列、矩阵、树、图、链和表)进行操作。

(2) 搜索过程是从一组解迭代到另一组解,采用同时处理群体中多个个体的方法,具有本质的并行性。

(3) 遗传算法利用概率转移规则,可以在一个具有不确定性的空间上寻优。与一般的随机型优化方法相比,遗传算法不是从一点出发沿一条线寻优,而是在整个解空间同时开始寻优搜索,因此可以有效地避免陷入局部极小点,具备全局最优搜索性。

(4) 对搜索空间没有任何特殊要求(如连通性、凸性等),只以决策变量的编码作为运算对象。在优化过程中借鉴生物学中染色体和基因等概念,模拟自然界中生物的遗传和进化等机理,应用遗传操作,不需要导数等其他辅助信息,可用于求解无数值概念或很难有数值概念的优化问题,适应范围更广。

(5) 遗传算法有极强的容错能力。遗传算法的初始串集本身就带有大量的与最优解甚远的信息;通过选择、交叉、变异操作能迅速排除与最优解相差极大的串;这是一个强烈的滤波过程;并且是一个并行滤波机制。因而,遗传算法具有很高的容错能力。

(6) 遗传算法中的选择、交叉和变异都是随机操作,而不是确定的精确规则。这说明遗传算法是采用随机方法进行最优解搜索,选择体现了向最优解的迫近,交叉体现了最优解的产生,变异体现了全局最优解的覆盖。

除上述特点之外,遗传算法还有一些问题亟待解决:

① 算法本身的参数优化问题;

② 如何避免过早收敛;

③ 如何改进操作手段或引入新的操作来提高算法的效率;

④ 遗传算法与其他优化算法的融合问题。

3. 模拟退火法的特点

模拟退火法的实验性能具有质量高、初始鲁棒性能强、通用易实现的特点。但同时通过上面的分析可以看出,模拟退火法也存在一些不足:

(1) 尽管理论上只要计算时间足够长,模拟退火法就可以保证以概率 1 收敛于全局最优点。但是在实际算法的实现过程中,由于计算速度和时间的限制,在优化效果和计算时间二者之间存在矛盾,因而难以保证计算结果为全局最优点,优化效果不甚理想。

(2) 在每一温度下很难判定是否达到了平衡状态,即马尔可夫链的长度不易控制,反映到算法上,就是 Metropolis 过程的次数不易控制。

(3) 模拟退火算法中的两种退火方式,T 始终按照优化前给定的规律变化而没有修正,这是不科学的。

4. 三种算法的比较分析

通过总结三种算法的特点,可以得出它们的共同特征:

(1) 较强的鲁棒性 对三种算法模型稍加修改,就可以应用于其他问题中;没有中心的控制与数据,不会由于某一个或者某几个个体的故障而影响整个问题的求解;

(2) 分布式计算 这是蚁群算法与遗传算法的相同点。这两种算法都是基于种群的进化算法,具有本质并行性,易于并行实现;

(3) 易于与其他方法融合 三种算法可以相互融合,而且很容易与多种启发式算法融合以改善算法的性能。

5. 结 论

从文献[38]中的实验结果对比显示,ACS 算法在求解节点数为 50 ~ 100 的组合优化问题上,选用合适的参数,其优化结果普遍好于遗传算法(GA)、进化计算(EP)和模拟退火算法(SA)。

第6章　蚁群算法与遗传、免疫算法的融合

蚁群算法作为一种新型的智能优化方法具有许多优点,但也存在一些不足,为此将蚁群算法与其他智能优化算法相融合,形成优势互补,是改进和完善蚁群优化算法的重要途径。本章重点介绍了国内外在这方面的一些研究成果。

6.1　遗传算法与蚂蚁算法融合的 GAAA 算法

6.1.1　遗传算法与蚂蚁算法融合的基本思想

遗传算法具有快速全局搜索能力,但对于系统中的反馈信息却没有利用,往往导致无为的冗余迭代,求解效率低。蚂蚁算法是通过信息素的累积和更新而收敛于最优路径,具有分布、并行、全局收敛能力。但初期信息素匮乏、导致算法速度慢。

为了克服两种算法各自的缺陷,形成优势互补,为此首先利用遗传算法的随机搜索、快速性、全局收敛性产生有关问题的初始信息素分布。然后,充分利用蚂蚁算法的并行性、正反馈机制以及求解效率高等特性。这样融合后的算法,在时间效率上优于蚂蚁算法,在求解效率上优于遗传算法,形成了一种时间效率和求解效率都比较好的启发式算法。将这种遗传算法(GA)与蚂蚁算法(ang algorithm,AA)融合的算法称为 GAAA 算法[20]。图 6-1 给出了 GAAA 算法的总体流程框图。

6.1.2　GAAA 算法中遗传算法的结构原理

(1)编码与适应值函数　结合解决的具体问题,采用十进制实数编码,适应值函数结合目标函数而定。如 TSP 问题,以城市的遍历次序作为遗传算法的编码,适应度函数取为哈密顿圈的长度的倒数。

(2)种群生成与染色体选择　利用 rand 函数随机生成一定数量的十进制实数编码种群,根据适应值函数选择准备进行交配的一对染色体父串。

(3)交叉算子　采用 Davis 提出的顺序交叉方法,先进行常规的双点交叉,再进行维持原有相对访问顺序的巡回路线修改,具体交叉如下:

① 随机在父串上选择一个交配区域,如两父串选定为

old1 = 1 2|3 4 5 6|7 8 9

old2 = 9 8|7 6 5 4|3 2 1

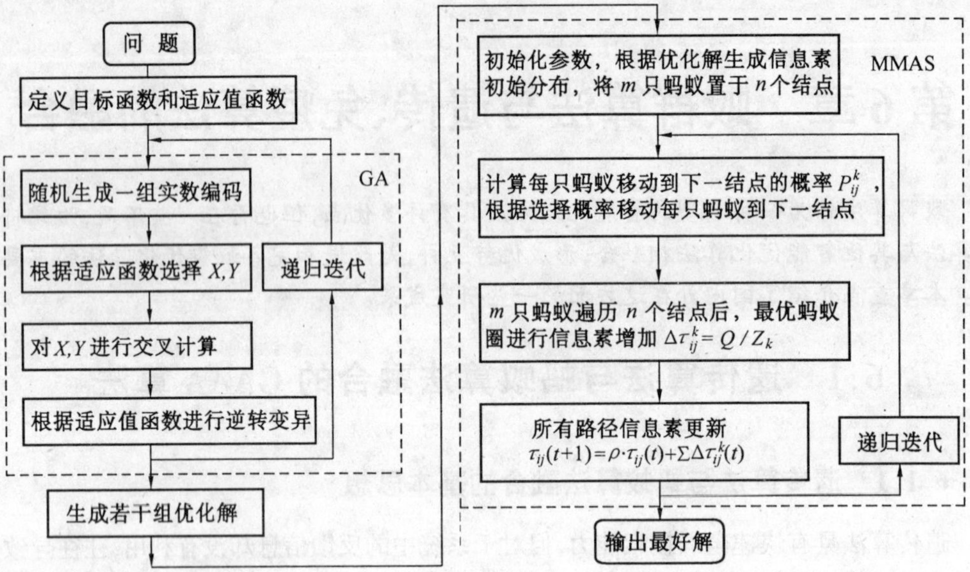

图 6-1 遗传算法与蚂蚁算法融合的 GAAA 算法流程图

② 将 old2 的交配区域加到 old1 前面，将 old1 的交配区域加到 old2 的前面

old1′ = 7 6 5 4|1 2 3 4 5 6 7 8 9

old2′ = 3 4 5 6|9 8 7 6 5 4 3 2 1

③ 依次删除 old1′，old2′中与交配区相同的数码，得到最终的两子串

new1 = 7 6 5 4 1 2 3 8 9

new2 = 3 4 5 6 9 8 7 2 1

(4) 变异算子 采用逆转变异方法，所谓“逆转”，如染色体(1—2—3—4—5—6)在区间 2—3 和区间 5—6 处发生断裂，断裂片段又以反向顺序插入，于是逆转后的染色体变为(1—2—5—4—3—6)。这里的“进化”，是指逆转算子的单方向性，只有经过逆转后，适应值有提高的才被接受下来，否则逆转无效。

6.1.3 GAAA 算法中蚂蚁算法的设计

在 GAAA 算法中，蚂蚁算法采用最大 - 最小蚂蚁系统 MMAS 算法，这种算法在防止算法过早停滞及有效性方面较蚂蚁系统 AS 算法有较大的改进。考虑到将 MMAS 与 GA 算法的衔接，对信息素的初始设置及信息素更新做以下处理。

(1) 信息素的初值设置 MMAS 是把各路径信息素初值设为最大值 τ_{max}，这里通过遗传算法得到了一定的路径信息素，所以把信息素的初值设置为

$$\tau_S = \tau_C + \tau_G \tag{6-1}$$

其中，τ_C 是一个根据具体求解问题规模给定的一个信息素常数，相当于 MMAS 算法中的 τ_{min}，τ_G 是遗传算法求解结果转换的信息素值。

(2) **信息素更新模型**　采用蚁周模型进行信息素更新，即一周中只有最短路径的蚂蚁才进行信息素修改增加，而所有路径的轨迹更新方程均采用

$$\tau_{ij}(t+1) = \rho \cdot \tau_{ij}(t) + \sum \Delta\tau_{ij}^{k}(t) \tag{6-2}$$

其中 $\tau_{ij}(t)$ 为路径 (i,j) 在 t 时刻的信息素轨迹强度；$\Delta\tau_{ij}^{k}(t)$ 为蚂蚁 k 在路径 (i,j) 上留下的单位长度轨迹信息素数量；ρ 表示轨迹的持久性，$0 \leqslant \rho < 1$，将 $(1-\rho)$ 理解为轨迹衰减度。

6.1.4　GAAA 算法对 TSP 问题的仿真结果

文献[20]将GAAA算法用于30个城市TSP问题进行仿真实验。具体参数设置如下：遗传算法迭代次数设定为30代(固定)，蚂蚁算法中各路径信息素初值 τ_C 设为60，遗传算法求解结果转换的信息素值是经过路径加 2，轨迹更新中 $\rho = 0.8$，$Q = 1\,000$。

表 6-1 反映 GAAA 算法优化解数据逼近过程，图 6-2 形象说明了 GAAA 算法中经过遗传算法求解结果在信息素初值设置的表现。从中可以看出该算法是一个逐步收敛的过程，从均值和分布来看，其求精确解的精度非常高。图 6-3 是应用 GAAA 算法得到的最优解，和目前得到的最好解一致。

表 6-1　GAAA 算法优化解数据逼近过程

GAAA 过程	优化解分布	最大值	最小值	平均值
初始随机生成的一组优化解	1309 1333 1181 1119 1271 1256 1401 1216 1275 1293	1500	1046	1298.8
	1046 1385 1302 1263 1309 1347 1448 1227 1288 1283			
	1181 1289 1500 1387 1460 1364 1206 1217 1441 1303			
遗传算法后生成的一组优化解	961 918 993 888 938 939 922 838 834 868	987	817	912.3
	924 892 816 901 941 987 926 916 871 918			
	949 947 908 912 926 975 825 919 989 817			
蚂蚁算法后生成的一组优化解	436 430 431 439 426 437 433 429 434 439	452	424	433.7
	426 438 424 426 425 446 449 426 424 443			
	434 427 452 436 426 425 448 431 440 430			

从图 6-4 ~ 6-7 中找到的解与最优解非常接近，是其他算法容易陷入局部最优的几个值，GAAA 算法因为在遗传阶段采用随机产生的种群，因而有效地避免陷入局部最优。

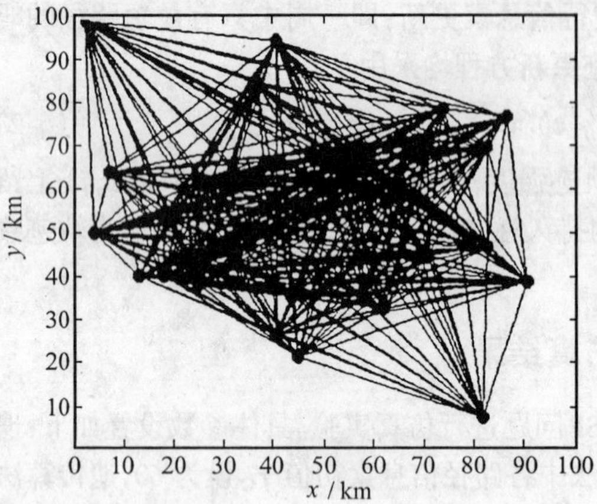

图 6-2　GAAA 算法一次随机遗传变异后产生的信息素分布

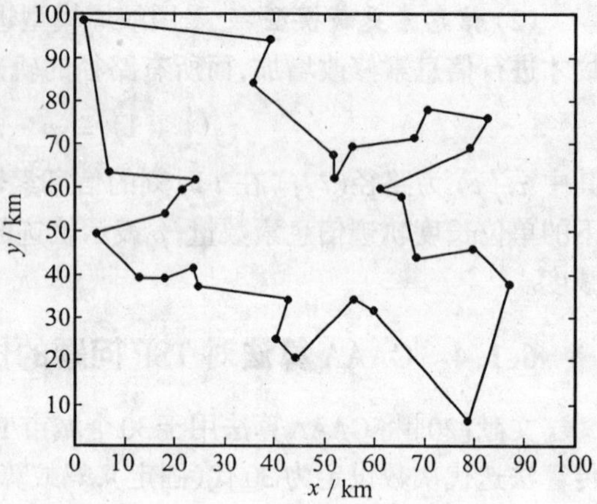

图 6-3　GAAA 算法找到的最优路径（d^{+} = 423.74）

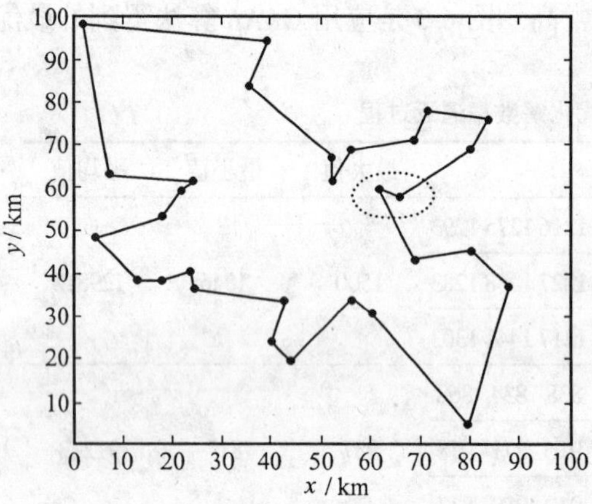

图 6-4　GAAA 算法一次随机迭代求得的最好结果（d = 424.46）

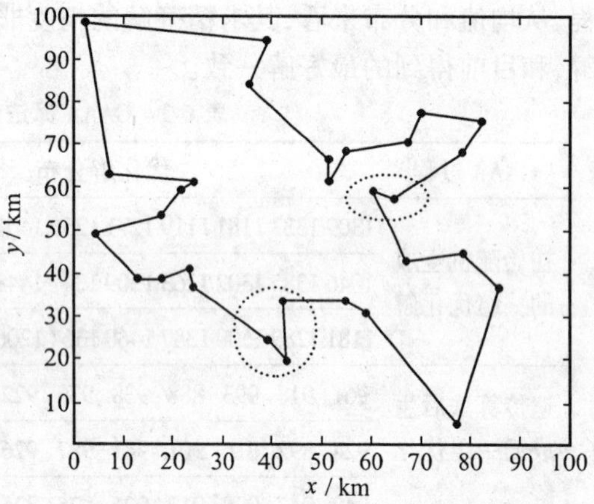

图 6-5　GAAA 算法一次随机迭代求得的最好结果（d = 424.67）

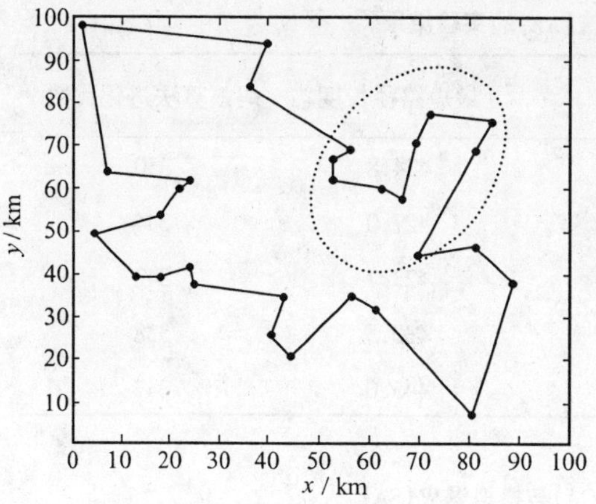

图 6-6　GAAA 算法一次随机迭代求得的最好结果($d = 424.69$)

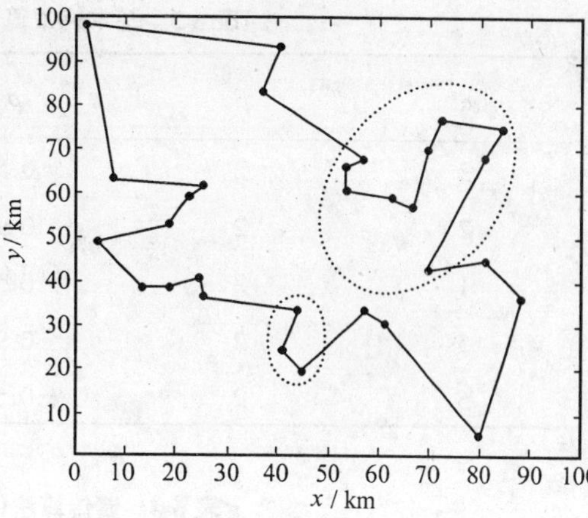

图 6-7　GAAA 算法一次随机迭代求得的最好结果($d = 424.90$)

表 6-2 是 GAAA 算法的实验结果,它和表 6-3 基本蚂蚁算法(AA)的实验结果相比,不仅进化代数大大减少,而且在 ρ 固定的情况下,可以反复迭代,不会陷入局部最优,并且求解精度也会大大提高。GAAA 算法和表 6-4 遗传算法(GA)与模拟退火算法(SA)相比,求解效率更是大大提高。

表 6-2　GAAA 算法的实验结果

α	β	ρ	最短路径长度	GAAA 进化代数 遗传算法 + 蚂蚁算法
1	1	0.8	426.60	30 + 11
1	2	0.8	424.69	30 + 10
2	1	0.8	424.46	30 + 16
2	2	0.8	423.74	30 + 13
2	3	0.8	424.67	30 + 21
3	3	0.8	425.65	30 + 19
3	2	0.8	425.52	30 + 13
5	2	0.8	424.90	30 + 9
5	3	0.8	426.90	30 + 11
3	5	0.8	429.79	30 + 9
5	5	0.8	429.79	30 + 9

表 6-3 基本蚂蚁算法(AA)的实验结果[22]

α	β	ρ	最短路径长度	蚂蚁算法进化代数
2	2	0.5	424.8	350
2	2	0.9	427.0	344
1	2	0.5	423.7	342
5	2	0.9	430.5	338
5	2	0.5	445.0	347

表 6-4 遗传算法(GA)与模拟退火(SA)

GA	收敛最优解平均进化代数	404
SA	同上	1018
GASA 混合	同上	554
(并行 P)SA	同上	1012

从上述仿真结果可以得到如下结论：

(1) GAAA 算法无论是优化性能还是时间性能，都取得了很好的效果；

(2) GAAA 算法由于在遗传算法中使用随机生成种群，不仅加快了蚂蚁算法的速度，而且避免求精确解阶段陷入局部最优；

(3) 遗传算法与蚂蚁算法的融合，对于蚂蚁算法中的参数调整大大减低，大大减少了盲目的实验次数；

(4) GAAA 算法对 TSP 问题进行的仿真应用表明，对于其他 NP 问题也同样适用。

6.2 同遗传算法整合的蚂蚁系统 ASGA

对蚂蚁系统(AS)的改进也可以通过对控制参数自我调节的方法来实现，把遗传算法(GA)与蚂蚁系统相结合可以实现自适应地控制参数。基于这样的思想，加拿大卡尔顿大学 T. White 等人提出了一种通过与遗传算法整合改进的蚂蚁系统——ASGA[21]。

6.2.1 ASGA 系统

Dorigo 用蚂蚁寻找食物的行为来比喻一种问题的解决方法，在 AS 中，问题的解决可以看成是在网络中找到一条优化的路径。实际上，AS 通过一系列控制参数来刻画其行为，比如算法的迭代层数，以及在每一次迭代时蚂蚁的个数，在网络中对连接维持代价的敏感度，对信息素浓度的敏感度。在搜索算法运行的过程中，ASGA 系统允许用参数来控制连接维持代价的敏感度以及信息素浓度敏感度的改变。

ASGA 把遗传算法与蚁群系统相结合试图来控制适应过程。在 ASGA 中的每一个蚂蚁把对连接维持代价的敏感度和对信息素浓度的敏感度这两种敏感度进行编码。ASGA 系统算法可以用下面的伪码来描述

```
Procedure ASGA
Begin
  lnitialize Population
  For n: = 1 to numter Oflterations do:
  Begin
    For k: = 1 to population Size do:
      Use Agent To Solve Problem(k)
    For k: = 1 to population Size do:
      Reinforce Path Followed By Agent(k)
    Generate Agent Parameters
  End
End
```

蚂蚁的数目在 ASGA 中是保持不变的，在利用 AS 算法时，每一个成员都是用来解决问题的。每一个蚂蚁拥有一个与问题的解决方法相关的合理值，比方说，在网络中寻找一条最简单的路径问题或是旅行商问题中，这个值就应该是寻找路径所花费代价的逆序。

种群初始化操作随机生成信息素的数量和代价敏感度被分派到每一个蚂蚁，也就是蚂蚁第一次迭代的构造。产生蚂蚁参数的操作用来为下一次迭代产生代价和信息素敏感度的值，这个操作遵循着标准遗传算法的机制。最初一代(P)的蚂蚁作为样本，通过替换，产生中间代(Q)的蚂蚁。中间代的蚂蚁接下来利用遗传操作中的交叉和突变产生次一代的中间代(R)。最后，将 P,Q,R 这三代合并起来生成下一代蚂蚁(S)。应用蚂蚁系统求解问题的操作，即通过典型的 AS 移植算法，在网络中蚂蚁从一个节点移动到另外的一个节点，可以应用如下的移植决策函数

$$P_k(i,j) = [T(i,j)]^{\alpha_k}[C(i,j,u)]^{-\beta_k}/N_k$$
$$N_k = \sum_{j\in S_k(i)}[T(i,j)^{\alpha_k}][C(i,j,u)]^{-\beta_k} \tag{6-3}$$

其中：

i 和 j 是节点的索引；

$u(i,j)$ 是连接节点 i,j 之间的负载；

$T(i,j)$ 是在连接节点 i 和节点 j 的路径上信息素的数量;

$C(i,j,u)$ 是连接节点 i 和节点 j 并建立 $u(i,j)$ 这样的负载所花费的代价;

$S_k(i)$ 指的是还没有被第 k 个蚂蚁访问,但是可以从第 i 个节点到达的那些节点的集合;

$P_k(i,j)$ 是第 k 个蚂蚁选择从节点 i 到节点 j 的边作为下一步的概率;

α_k 是蚂蚁 k 对信息素浓度的敏感度;

β_k 是蚂蚁 k 对维持网络连接代价的敏感度。

为了能够不断地迭代,α_k 和 β_k 的值被遗传地编码到蚂蚁的描述信息中。

一旦所有的蚂蚁在一次迭代中经过了某一路线,增强蚂蚁搜索路径的功能则以这些蚂蚁所寻找到的路线来更新 $T(i,j)$ 的值,其更新公式如下

$$T(i,j) \leftarrow T(i,j) + \sum_k \Delta T_k(i,j) \tag{6-4}$$

$$\Delta T_k(i,j) = \begin{cases} f(\mathrm{cost}_k) & (i,j) \in R_k \\ 0 & \text{其他} \end{cases} \tag{6-5}$$

其中,R_k 是蚂蚁 k 找到的路径;

cost_k 是蚂蚁 k 找到这条路径的代价;

$f(\mathrm{cost}_k)$ 是通过对蚂蚁 k 的计算,来更新路径上信息素浓度的函数。

6.2.2 利用 ASGA 的寻径方法

ASGA 系统可以用来解决三类问题,这三类问题全部与网络中的路由相关。

第一类问题,在网络中寻找连接两个节点的最短路径的问题已经解决了。对于寻找一条单一的路径来说,这并不是一个很难的问题,利用 Dijkstra 算法就可以很好地解决这个问题;但是一旦要考虑到多路径和网络的负载平衡时,问题就变得很难复杂。图 6-8 用粗线条表示出了从节点 n1 到 n5 的一条单一最短路径。

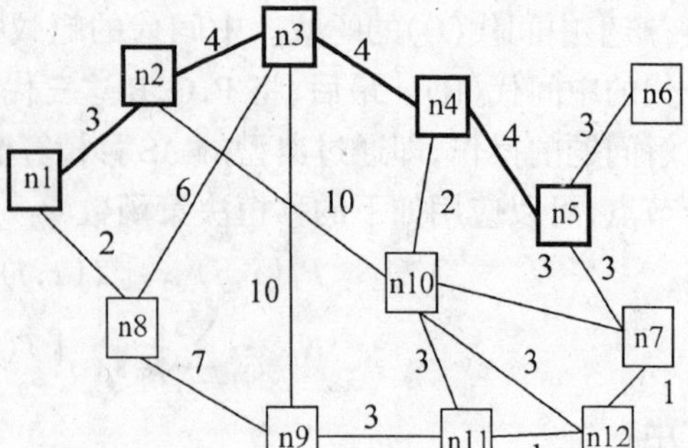

图 6-8 一条单一最短路径示例

第二类问题,在网络中求出使网络节点子集相连通的优化连接问题也已经解决了。这个问题需要计算生成树,这个生成树能够连接网络节点子集,这些节点子集中的节点就分布在这个生成树上。在这个问题中,算法需要识别出关键节点,这些节点与其相连接的其他节点包含在最小生成树中,那些关键节点在一对多的路由中起到了广播节点的作用。这是一个 NP 难问题,已有研究应用遗传算法来

解决这个问题。在上面描述的工作中,遗传算法识别出广播节点(即判断一个节点是不是广播节点),然后应用 Prim-Kruskal 算法计算出最小生成树。直到有效地通过利用强化蚁群算法直接计算出最小生成树,而并没有进一步地应用其他算法。图 6-9 展示了可能的路线连接节点{n1,n10,n4,n7}。在这个例子中,节点 n2 和 n3 是关键节点。

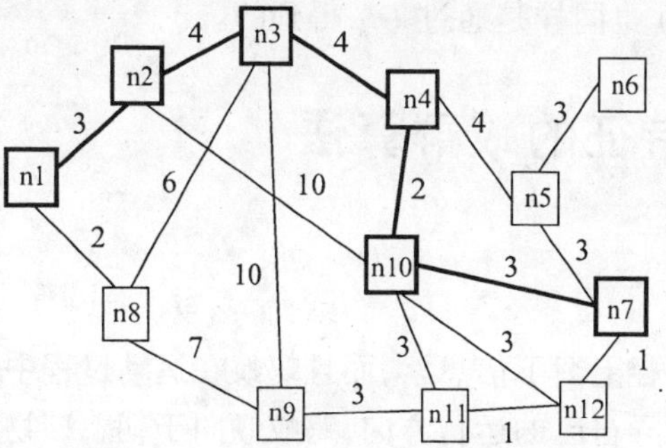

图 6-9　一条指定连接节点的路径示例

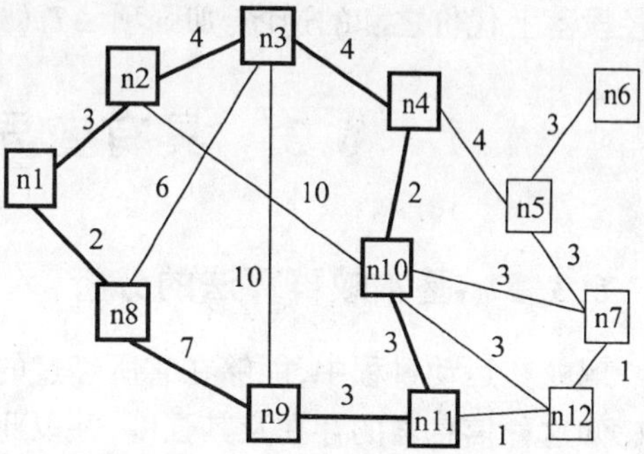

图 6-10　一条循环路径示例

第三类问题,在网络中的两个节点寻找距离最短的环路问题也已经得到了解决。在这类问题中,算法需要从源节点到目的节点找到两条独立的路径,并且在所有可能的路径当中,这两条路径的代价之和是最小的。这一类问题可以描述成为确定一个关键节点是不是被包含在这个环中,同时计算出可能的距离最小环。显然,这一类问题与 TSP 问题相关,通过对问题的描述可以知道,这一类问题是 NP 完全问题,图 6-10 描述了节点 n1 和 n10 之间通过计算得出的最小环。

6.2.3　寻径问题的 AS 解决方法

下面阐述利用 AS 通过移植算法以及加强条件来解决上面三类网络中的寻径问题。

问题 1　点对点寻径

在解决这类问题的时候,蚂蚁从源节点开始出发,利用公式(6-3)中的移植决策函数,从源节点向目的节点进行移动。通过蚂蚁寻找到路径的合适度 (f_k),就是从源节点到目的节点路径上的代价之和的逆序。公式(6-4)的加强条件 $\Delta T_k(i,j)$ 是由作为 Qf_k 的第 k 个蚂蚁计算出的边数,其中 Q 为常数。

问题 2　一对多寻径

考虑连接 $m+1$ 个节点的情况,例如从 1 个源节点和 m 个目的节点,这可以被看做是同时进行 m 个点对点的连接问题。公式(6-3)中的移植决策函数也用来判定从一个节点向另一个节点移动。但是所寻找路径的合适度变成为边的代价之和的逆序,这里每一条边只能计算一次。公式(6-4)的加强条件 $\Delta T_k(i,j)$ 指的是通过作为 Qf_k 的蚂蚁所计算出的所有边。

问题3　环路寻径

环路寻径与点对点寻径十分相似,差别在于,还要找到一条从目的节点返回到源节点的一条路径。公式(6-3) 中的移植决策函数仍然用来判定蚂蚁从一个节点向另一个节点移动。通过蚂蚁所寻找到路径的合适度,即从源节点到目的节点与从目的节点到源节点的路径段落上代价之和的逆序。加强项 $\Delta T_k(i,j)$ 也同样是通过 Qf_k 得到的。

6.3　具有变异特征的蚁群算法

6.3.1　基本蚁群算法的分析

蚂蚁在运动过程中,能够在它所经过的路径上留下信息素,而且蚂蚁在运动过程中能够感知这种信息素的存在及其强度,并以此指导自己的运行方向,蚂蚁倾向于朝着该物质强度高的方向移动。因此,由大量蚂蚁组成蚁群的集体行为便表现出一种信息正反馈现象:某一路径上走过的蚂蚁越多,则后来者选择该路径的概率就越大,蚂蚁个体之间就是通过这种信息的交流达到搜索食物的目的。

蚁群中每一个体的运动是随机的,虽然通过信息交换能够向着最优路径进化,但是当群体规模较大时,很难在较短的时间内从大量杂乱无章的路径中找出一条较好的路径。这是因为在进化的初级阶段,各个路径上信息量相差不明显,通过信息正反馈,使得较好路径上的信息量逐渐增大。经过较长一段时间,才能使得较好路径上的信息量明显高于其他路径上的信息量。随着这一过程的进行,差别越来越明显,从而最终收敛于较好的路径,这一过程一般需要较长的时间。

一系列实验结果表明,蚁群算法具有很强的发现较好解的能力,不容易陷入局部最优。这是因为该算法不仅利用了正反馈原理,在一定程度上可以加快进化过程,而且是一种本质并行的算法,个体之间不断进行信息交流和传递,有利于发现较好解。单个个体容易收敛于局部最优,多个个体通过合作,很快收敛于解空间的某一子集,有利于对解空间的进一步探索,从而不容易陷入局部最优,有利于发现较好解。但是,这种算法存在搜索时间较长的缺陷。

6.3.2　具有变异特征的蚁群算法

为了克服蚁群算法求解时间较长的缺陷,受到遗传算法中变异操作的启发,文献[22]提了一种新的蚁群进化算法 —— 具有变异特征的蚁群算法。通过采用逆转变异方式,设某个个体所走路径为:$i_0 i_1 i_2 \cdots i_{(n-1)}$,($i_0, i_1, \cdots, i_{n-1} \in \{0,1,2,\cdots,n-1\}$),如果满足

$$d[i_{S_1}][i_{S_2}] + d[i_{(S_1+1)\%n}][i_{(S_2+1)\%n}] < d[i_{S_1}][i_{(S_1+1)\%n}] + d[i_{S_2}][i_{(S_2+1)\%n}] \tag{6-6}$$

其中，$s_1, s_2 \in \{0,1,\cdots,n-1\}$，符号%表示整除符号。进行操作：inversion(s_1, s_2, solution$_i$)，函数 inversion()的功能是把个体 solution$_i$ 的 s_1+1 和 s_2 这一段颠倒过来，如

$$\text{inversion}(2,5,0123456)=0125436$$

其中，变异的次数是随机的。这一过程涉及到的运算比蚁群算法中的循环过程要简单得多，因此只需较短的时间便可完成相同次数的运算。另一方面，经过这种变异算子作用后，这一代解的性能会有明显改善，从而也能改善整个群体的性能，减少计算时间。大量实验结果表明这种方法是很有效的。

具有变异特征的蚁群算法可以用伪码表示为

```
begin
初始化过程：
ncycle: = 0;
bestcycle: = 0;
τij: = C;
Δτij = 0;
ηij由某种启发式算法确定；
tabuk = ∅;
while (not te rm in ation condition)
{ncycle: = ncycle + 1;
for (index = 0;index < n;index + + )
/'index 表示已走城市的个数'/
{for(k = 0;k < m;k + + )}
{以概率 P^k_[tabu[k][index-1]][i] 选择城市 j;
j∈{0,1,…,n-1} - tabuk
}
把所选择的城市序号加到 tabuk 中
/(动态调整集合 tabuk);/
}
计算 Δτ^k_ij(index), τij(index + n)
确定本次循环中找到的最佳路径
}
输出最佳路径及最佳结果
end
```

6.3.3　具有变异特征的蚁群算法实验结果

为了检验具有变异特征的蚁群算法的性能，文献[22]选用 Oliver30 TSP 作为实验例子进行实验。一方面是因为 M.Dorigo 曾经选用该例子，从而便于比较；另一方面，TSP 问题是典型的 NP-hard 问题，常常用来验证某一算法的有效性。在 PC 机上用 C 语言编程实现该算法，实验结果是 10 次实验的平均结果。表 6-4 给出了具有变异特征的改进算法在不同参数下的实验结果，图 6-11～6-13 分别为最好解、最差解及最优路径进化曲线。

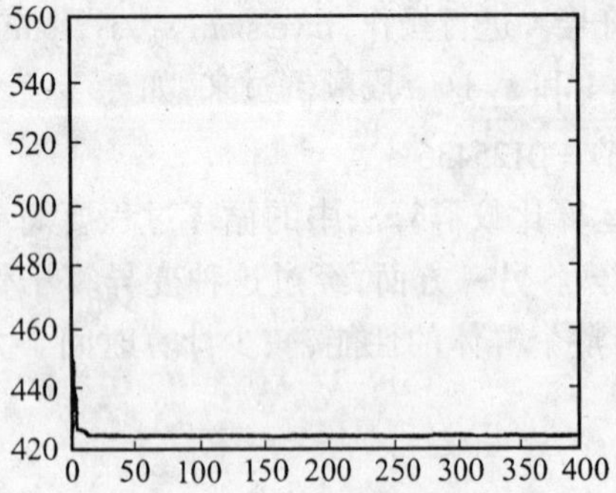

图 6-11 最好解进化曲线图

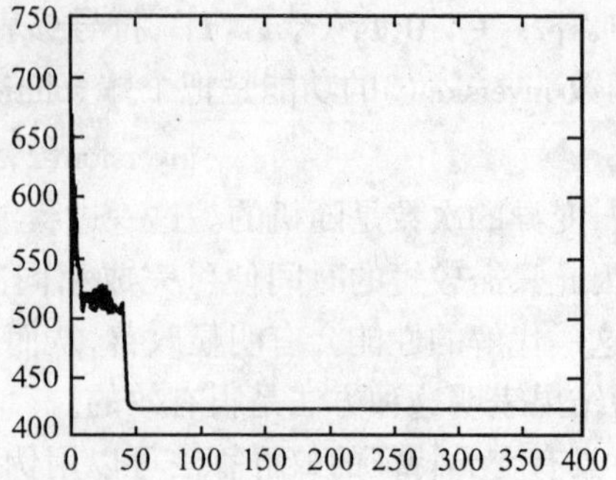

图 6-12 最差解进化曲线图

表 6-4 改进算法在不同参数下的实验结果

α	β	ρ	最短路径的长度	收敛所需进化代数
2	2	0.5	424	56
2	2	0.9	424.8	50
1	2	0.5	428.2	62
5	2	0.9	423.7	49
5	2	0.5	423.8	44

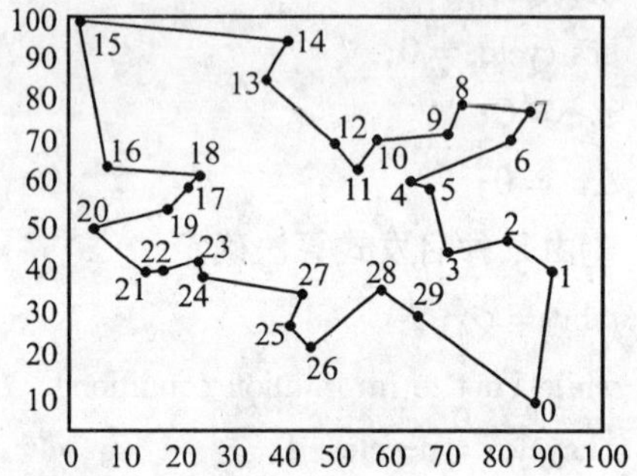

图 6-13 所找到的最优路径

为了便于与基本蚁群算法(指最初提出的蚁群算法)性能进行比较,表 6-5、图 6-14 及图 6-15 给出了基本蚁群算法的实验结果,而表 6-6 给出了 48 个城市 TSP 问题两种算法实验结果的对比情况。

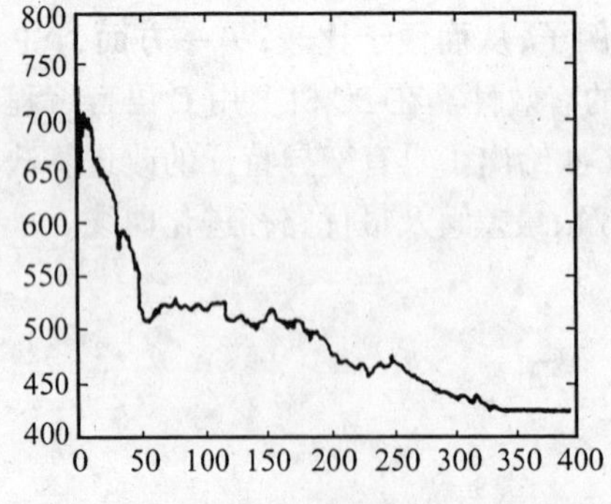

图 6-14 基本算法的最好解进化曲线图

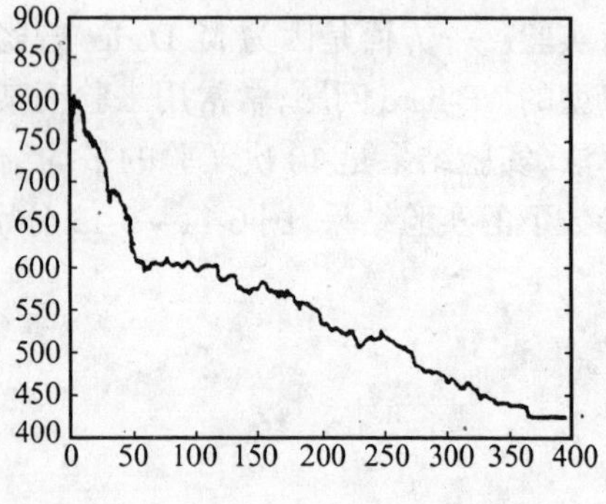

图 6-15 基本算法的最差解进化曲线图

表6-5　基本蚁群算法的实验结果

α	β	ρ	最短路径长度	收敛所需进化代数
2	2	0.5	424.8	350
2	2	0.9	427	344
1	2	0.5	423.7	342
5	2	0.9	430.5	338
5	2	0.5	445	347

表6-6　48个城市TSP的实验结果

算法	α	β	ρ	最短路径长度	收敛所需进化代数
基本算法	2	2	0.5	74.3	390
基本算法	1	2	0.9	75.4	357
基本算法	5	2	0.5	73.7	347
改进算法	1	2	0.5	71.4	43
改进算法	5	2	0.9	72.7	47
改进算法	2	2	0.5	71.1	40

从上述实验结果不难看出，由于在蚁群算法中引入了变异算子，经过较少的进化代数就可以找到相同的较好解，显著地节省计算时间，便于应用在大规模组合优化问题中。

6.4　基于免疫的蚁群优化算法

6.4.1　蚁群优化算法

蚁群优化(ant colony optimiztion，ACO)算法是受到真实蚂蚁群体的启发，成功地用来解决不同优化问题的算法。普通的ACO算法可以用如下伪码表示：

```
Procedure:ACO algorithm
  Begin
    While(ACO has not been stopped)do
      Schedule activities
        Ant's generation and activity;(蚂蚁的产生和行为)
        Pheromone evaporation;(信息素的挥发)
        Daemon actions;(守护行为)
      End schedule activities
    End;
  End;
```

ACO算法的过程掌管着三个行为：蚂蚁的产生和行为、信息素的挥发和守护行为。一个普通的ACO应用就是蚁群系统(ant colony system，ACS)。在ACS的"蚂蚁的产生和行为"这一过程中，蚂蚁 k 根据公式(6-7)的规则在时刻 t 由节点 r 移动到下一个节点 s。

$$s = \begin{cases} \arg\{\max x_u = \text{allowed}_k(t)[\tau_{ru}(t)\eta_{ru}^{\beta}]\} & q \leqslant q_0 \\ S & \text{其他} \end{cases} \tag{6-7}$$

其中 $\tau_{ru}(t)$ 是在 t 时刻的信息素轨迹，η_{ru} 是特定问题的启发信息，β 是描述启发信息重要性的参数，q 是一个均匀分布在[0,1] 区间上的随机数，q_0 是预先确定的参数($0 \leqslant q_0 \leqslant 1$)，$\text{allowed}_k(t)$ 代表了那些在 t 时刻没有被分配到蚂蚁 k 的那些可用节点，S 是从 $\text{allowed}_k(t)$ 中挑选出来的节点的索引，$\text{allowed}_k(t)$ 通过下面公式确定的概率分布函数来挑选节点

$$P_{rs}^k(t) = \begin{cases} \dfrac{\tau_{rs}(t)\eta_{rs}^{\beta}}{\sum_{u \in \text{allowed}_k(t)} \tau_{ru}(t)\eta_{ru}^{\beta}} & S \in \text{allowed}_k(t) \\ 0 & \text{其他} \end{cases} \tag{6-8}$$

在寻找可用解的时候，蚂蚁逐步地通过下面的公式(6-9) 对信息素进行实时(在线)地更新

$$\tau_{ij}(t+1) \leftarrow (1-\Psi)\tau_{ij}(t) + \Psi\tau_0 \tag{6-9}$$

其中，$0 < \Psi \leqslant 1$ 是一个常数，$\tau_0 = (mF_{nn})^{-1}$ 是信息素轨迹的初始值，m 是蚂蚁的数量，F_{nn} 是由最近距离启发算法计算出来的适合值。在计算式(6-9) 中，信息素更新的规则具有“如果蚂蚁不再次访问路径的话，那些路径上的信息素对蚂蚁的吸引能力将越来越小”这样的性质，这就是信息素挥发的过程。最后，守护行为起到了更新信息素的作用。它为了改进由蚂蚁生成的解而刺激局部搜索的过程，同时也起到了对信息素轨迹离线进行更新的作用。下面的公式(6-10) 给出了当最优解找到的时候信息素轨迹的更新规则

$$\tau_{ij}(t+1) = (1-\rho)\tau_{ij}(t) + \rho\Delta\tau_{ij}(t) \tag{6-10}$$

其中，$0 < \rho \leqslant 1$ 是控制信息素衰减过程的一个参数，$\Delta\tau_{ij}(t) = 1/F^{\text{elitist}}$，$F^{\text{elitist}}$ 是在搜索过程开始时的最优值。

6.4.2 局部搜索和模拟退火算法

在 ACS 算法中局部搜索过程同样是用来改进生成解的，局部搜索过程是根据局部方式来寻找比较好的解的方法。事实上，局部搜索常常用于各种搜索算法来提高搜索效率。在局部方式中，局部搜索可以对邻居进行调查研究，尝试去提高解的恰当值。普通的局部搜索过程如下：

```
Procedure: general local search
  Begin
    While(General local search has not been stopped) do
      Generate a neighborhood solution π′
      If F(π′) < F(π) then π = π′
```

```
    End;
  End;
```

普通的局部搜索先从当前解开始，然后通过局部交换不断地尝试改进当前解。传统上的局部交换是随机的。如果找到了一个更好的解，那么就用这个更好的解来替换原先的解，然后算法在这个新解上重新进行搜索计算。除非达到一个判定标准，否则这些步骤将不断地重复执行，通常这个判定标准是局部交换的次数 M_g，$M_g(>W)$是一个随机生成的数。

模拟退火算法(SA)利用了一种搜索策略，这种搜索策略在搜索过程中代价衰减(cost-deteriorating)的邻居解可能被用作候选解。在SA算法中，除了接受较好适当度的邻居，同时对那些较差适当度的邻居根据概率度来进行接受，这种概率度随着搜索的过程而逐渐减小。SA算法可以使优化解渐进地收敛，所以广泛地应用于解决最优化问题。SA算法描述如下：

Procedure: SA algorithm

```
  Begin
    Define the initial temperature T_1 and the Coefficient γ(0<γ<1);
    Randomly generate an initial solution as the current state:
    λ←1;
    While (SA has not been frozen) do
      σ ← 0; ϕ ← 0:
      While (equilibrium is not approached sufficiently closely) do
        Generate new solution from the current solution:
        ΔF = fithess value of new solution - fitness value of current soluton;
        P_τ = exp(-ΔF/T_λ);
        If P_τ ≥ random[0,1] then
          Accept new solution: current solution←solution;
          ϕ ← ϕ + 1;
        End:
        σ ← σ + 1;
      End;
      Update the maximum and minimum fitness values;
      T_{λ+1} ← T_λ * γ
      λ ← λ + 1
    End;
  End;
```

在实现中,初始温度被设置为

$$T_{\lambda=1} = \ln\left(\frac{F^{\text{elitist}}}{\lambda+1}\right) \tag{6-11}$$

生成新解的方法是在当前解中随机选出两个位置,并将这两个位置倒置(inverse)。在这个算法中,只有当 $\exp(-\Delta F/T_\lambda) \geqslant \text{random}[0,1]$时,新生成的解才会被认为是下一个解,其中 random[0,1]是在[0,1]区间内均匀分布的随机数。易见,新生成的解的适当度比生成解的适当度要好,ΔF 是一个负数,$\exp(-\Delta F/T_\lambda)$始终比 1 大,所以解是不断更新的。如果一个新的解没有他的祖先好,这个解也可以在随机方式下替换他的祖先。这样的过程将重复地进行直到充分接近一个平衡状态,这个平衡状态定义如下

$$\begin{cases} \sigma \geqslant \Gamma, & \text{or } \phi \geqslant \Phi \\ \Gamma = 1.5\text{ W}, & \Phi = W \end{cases} \tag{6-12}$$

其中,σ 是新生成解的个数,ϕ 是被接受的新解的数目,Γ 是产生解的最大数目,Φ 是被接受解的最大数目。算法将一直重复进行直到下列状态

$$\frac{F^{\max} - F^{\min}}{F^{\max}} \leqslant \varepsilon \quad \text{or} \quad T_\lambda \leqslant \varepsilon_1 \tag{6-13}$$

其中,$F^{\max}$ 和 $F^{\min}$ 是适合度的最大值和最小值,ε 和ε_1 是我们预先设定的常数(在实现中 $\varepsilon = 0.001, \varepsilon_1 = 0.005$)。

6.4.3 基于免疫的蚁群优化算法

自然界中的免疫系统是一个非常复杂的系统,它通过多种机制来抵抗致病的生物体。然而这种自然界的免疫系统却成为解决寻找最优解问题的灵感来源之一。从信息处理的角度来看,免疫系统是一个复杂的自适应系统,在计算领域的许多方面具有重要作用。当与进化算法协同工作时,免疫系统在进化过程中能够提高搜索能力。因此可以通过一个特别设计的免疫系统来提高 ACO 在局部搜索时的效率。

生物学上,免疫系统的作用就是保护身体不受到抗原的侵害。有几种不同类型的免疫性,例如抗感染免疫性、自身免疫性以及特殊免疫性。从自身免疫的角度来看,身体中有很多抗体与同一抗源做斗争。它们对于消除衰老和变质的局部组织起到了帮助,并且它们并不损害健康的组织。从自身免疫的观念出发,一个免疫系统的新模型可以成为将启发式嵌入到遗传算法中来解决旅行商问题。这种创新包含着两个主要特性。第一个特性是用疫苗的接种来减少当前适合度的值。它通过启发式来修补当前解的一些比特位,从而获得具有更好适合度的可能解;另一个特性就是用来预防变质的免疫选择,它包括两个步骤。第一个步骤叫做免疫测试,第二个步骤叫做退火选择。免疫测试用来检验接种疫苗的比特位,退火选择则根据它们的适合度所确定的概率来选择接受那些比特位。

把上述的免疫思想引入到 ACO 中,就构成了基于免疫的蚁群优化算法。这种算法综

合了 ACO 和免疫系统的优点。ACO 算法是通过一个人工蚂蚁的群体,相互协同工作来寻找良好的解,同时能完成全局的搜索并避免局部的最优化。免疫系统则利用特定问题的启发式来指导局部搜索,而且能在解空间内进行微调。文献[23]把基于免疫的蚁群优化算法用于解决 WTA 问题。

WTA(Weapon - target assignment,WTA)问题是找出一个合适的武器打击目标的分配方案,使得己方火力所受到的消耗预期最小。通常,对于战场规划者来说,面对着各种具有威胁的打击目标做出一个正确的 WTA 决策是一件很困难的任务。于是,一个 WTA 问题辅助决策系统在战场规划者做出正确决策的训练中能够起到非常重要的作用。设想有 W 件武器和 T 个打击目标,为了用公式表述 WTA 问题,第一个假设,所有的武器都必须分配给打击目标。第二个假设,对于所有的 i 和 j 来说,武器 j 对打击目标 i 进行打击时命中的独立概率(K_{ij}) 已知,这个概率说明了武器 j 对打击目标 i 进行摧毁时的效率。打击目标 i 整体上所受到的打击命中概率(PK) 可以由如下公式进行计算

$$\mathrm{PK}(i) = 1 - \prod_{j=1}^{W}(1 - K_{ij})^{X_{ij}} \tag{6-14}$$

其中,X_{ij} 是一个布尔值,用来判断目标 i 是不是分配给了武器j,如果目标 i 分配给了武器 j,则 $X_{ij} = 1$。仔细考虑后可以发现,WTA 问题就是要使下面的对应函数的值最小化

$$F(\pi) = \sum_{i=1}^{T} \mathrm{EDV}(i) \times \mathrm{PK}(i) \tag{6-15}$$

由于每一件武器都必须分配到目标,于是有

$$\sum_{i=1}^{T} X_{ij} = 1, \qquad j = 1,2,\cdots,W \tag{6-16}$$

其中,EDV(i) 是在打击目标 i 时所消耗的火力资源的值,π 是合理的 ETA 列表,$\pi(j) = 1$ 表明将目标 i 分配给武器j。

基于免疫的蚁群优化算法用于求解 WTA 问题的流程如图 6-16 所示。

在这种算法中,与传统的 ACO 相像,首先利用“蚂蚁的生成和活动”来生成可行的 WTA 列表。在这个过程中,每一个蚂蚁随机的选择一件武器,陆续地将打击目标分配给这些武器,直到所有的武器都被分配完毕。蚂蚁 k 将目标 i 分配给武器 j 的规则如下

$$\pi(j) = \begin{cases} \arg\{\max_{i=\mathrm{allowed}_k(t)}[\tau_{ij}(t)\eta_{ij}^{\beta}]\}, & q \le q_0 \\ S, & \text{其他} \end{cases} \tag{6-17}$$

启发式信息(η_{ij}) 被设置成为 $K_{ij} \times \mathrm{EDV}(i)$ 的最大值。其后,实时信息素更新规则的使用则根据公式(6-9),因为第 i 次选择的目标已经分配给了第 j 件武器,所以已选择目标的 EDV(i) 值应该被 EDV(i) × (1 - K_{ij}) 替换。在生成所有的分配列表之后,如果找到了新的最优越的解,则启动公式(6-10) 所确定的信息素更新规则。在另一方面,免疫算法用来指

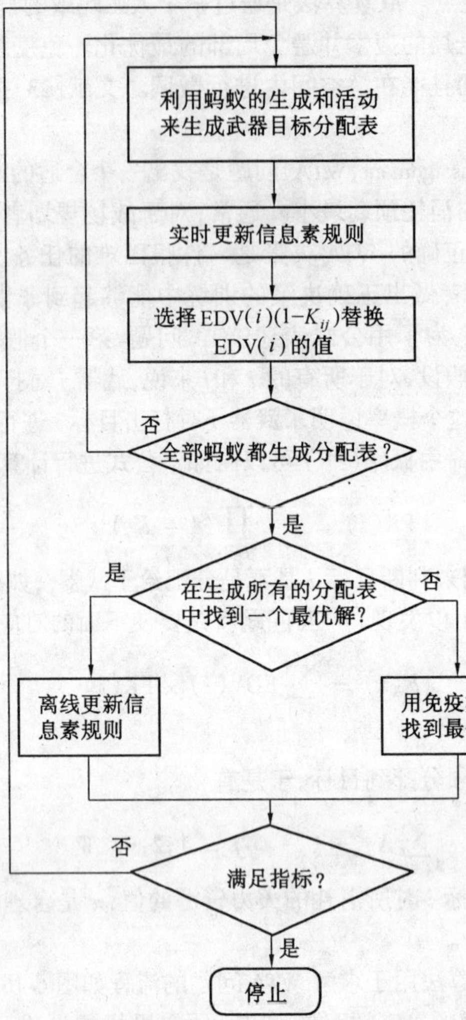

图 6-16　基于免疫的蚁群优化算法流程图

导寻找一个更好的解，其流程如图 6-17 所示。

首先，从所有的分配列表中选择出一个最好的分配列表。然后，应用疫苗接种和免疫选择的方法从最好的分配列表中选出最优解。在分配列表中武器与目标的配对越合理，能找出最优解的可能性就越大。如果在所有 i 中，武器 j 的目标分配方案所对应的 $K_{ij} \times \text{EDV}(i)$ 是最高的，则称第 j 个比特位已经足够好了。如果某一比特位并非足够好，则它将通过从 1 到 T 之间的随机整数来修补。在免疫测试中，具有更好的适合度的修补后比特位被接受，根据退火选择，那些修补以后但是适合度并不好的比特位同样也可能被接受。在

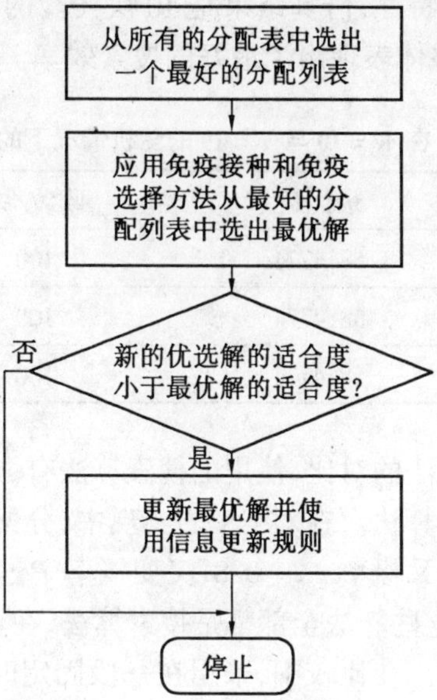

图6-17 免疫算法流程图

退火选择中,第 j 个修补后的比特位能够被接受的概率为

$$P^j = \frac{e^{-F_\lambda^{ij}/T_\lambda}}{\sum_{j=1}^{W} e^{-F_\lambda^{ij}/T_\lambda}} \tag{6-18}$$

其中 F_λ^{ij} 是 $K_{ij} \times \mathrm{EDV}(i)$ 的值,表示在迭代 λ 下,武器 j 分配给目标 i 的适合度。随后,如果找到了一个优越解,则它将会被更新,并且信息素轨迹的更新规则也相应地被使用。这些步骤重复地执行一直达到一个终止条件被满足,例如执行了数目足够多的迭代或者已经完成了固定的运行时间。

6.4.4 在解决武器目标分配问题中的应用

将ACO与免疫系统(IS)的优点结合在一起,ACO具有协作探索搜索空间的能力,并且避免了在搜索早期的趋同现象,IS具有在较小的搜索空间内快速地找到好的解的能力。

文献[23]将基于免疫系统的蚁群优化算法用于解决武器目标分配问题,通过仿真并与其他多种优化算法对比表明,这种算法非常有效。

在仿真实现中,下列参数使用了如下的默认值:$\rho=0.1$,$\Psi=0.1$,$q_0=0.8$,$\beta=2$,m 为武器数量和目标数量的最大值。在第一种情景中,用10件武器与10个打击目标来测试在ACO中运用不同的局部搜索机制的表现。仿真结果在表6-7中给出。需要注意的是,为了在平滑模拟中引入随机特性,仿真结果是 10 次实验的平均值。尽管如此,具有作为局部搜索免疫系统的 ACO 整体表现出了最好的搜索效率。

表 6-7 在 $W=10$ 与 $T=10$ 的随机情况下的仿真结果

算法名称	最优解	收敛/%	CPU time/s
ACO(具有一般局部搜索)	58.4774	100	21.4808
ACO(具有 SA 做局部搜索)	58.4774	100	28.7341
ACO(具有免疫局部搜索)	58.4774	100	20.1665

下面考虑与其他优化算法的对比,使用的搜索算法有 ACO、SA 和遗传算法(GA)。GA 是一种基于自然选择的搜索算法。在对 GA 的实现中,分配方案用染色体上的基因来表示。在这种实现中,GA 的交叉概率 $P_c=0.8$,突变概率 $P_m=0.4$;在 SA 中 $\gamma=0.5$。仿真同样采用 10 次实验。由于这些算法全部都是搜索算法,在算法中找到一个公平的基点来停止他们的计算是不容易的。在比较中,采用在一段固定时间的运行后简单地停止了这些算法的计算。实验是建立在 PⅢ 1 GHz 处理器的 PC 机上,经过两个小时的运行后停止搜索。平均最好适应值、标准差的结果在表 6-8 中给出。通过对比可以看出,在所有的算法当中具有免疫的蚁群优化算法搜索效率最高。

表 6-8 多种优化算法平均最好适应度标准差的比较

算法名称	$W=50, T=50$	$W=80, T=80$	$W=100, T=100$	$W=120, T=80$
SA	290.4569(50.8541)	392.5413(50.8137)	290.564(43.8612)	175.631(35.1352)
GA	282.65(47.6715)	351.7641(52.9217)	279.558(50.4279)	140.1381(38.2817)
GA(具有一般局部搜索)	226.335(30.7316)	348.4352(60.7415)	197.8655(37.1495)	106.4778(12.9815)
GA(用免疫做局部搜索)	171.8513(25.8734)	282.2294(30.2742)	161.3612(19.0139)	98.8892(8.1775)
ACS(有一般局部搜索)	193.0035(10.2913)	277.2656(15.8872)	169.6705(9.0167)	70.2907(6.2714)
ACS(用 SA 做局部搜索)	148.5712(6.8915)	204.2938(7.9671)	103.8276(5.8216)	63.8636(5.3581)
ACO(用免疫做局部搜索)	139.2332(5.6347)	195.2245(7.8912)	96.9271(5.3867)	52.2157(4.1579)

为了进一步检验与比较收敛性能,选用了 $W=120$ 件武器和 $T=100$ 个打击目标所产生的随机数据。通过仿真研究试图搞清楚什么时候这个算法可以收敛到一个最优解。寻找的最好适应值以及算法的时间周期由表 6-9 给出。同时,通过迭代而得到的适应度曲线在图 6-18 中给出。需要注意的是,在不同的算法中,每一代所需要的计算时间是不相同的。显然,在仿真中那些曲线很相似,并且汇合于一个相同的固定值。因为这些算法都

使用了相同的 ACS 构架。从表 6-9 中可以看出,在所有的算法当中具有免疫的 ACO 算法收敛到最优解的时间最少。尽管这种时间上的差距并不明显,但是从表 6-8 中的结果来看,这种算法的搜索效率仍然是很显著的。

表 6-9　在 $W = 120$ 与 $T = 100$ 的随机情况下的仿真结果

算法名称	最优解	CPU time/min
GA(具有一般局部搜索)	173.3241	335.3
GA(具有免疫局部搜索)	173.3241	285.4
ACS(具有 SA 局部搜索)	173.3241	273.4
ACS(用 SA 做局部搜索)	173.3241	139.3
ACO(用免疫做局部搜索)	173.3241	136.3

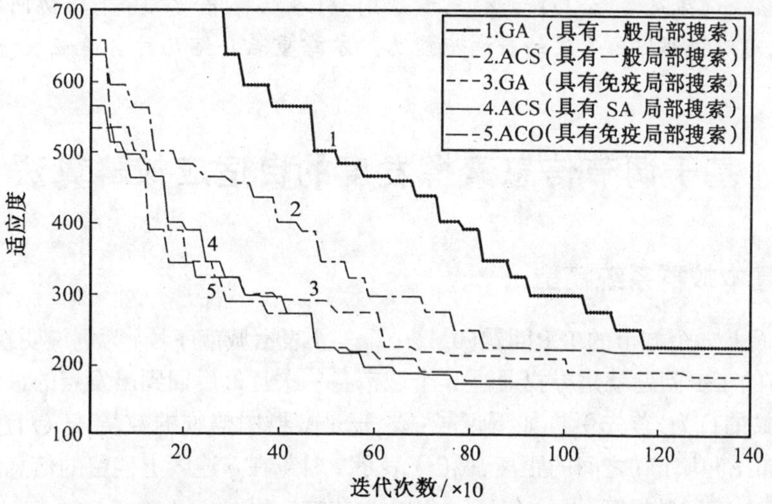

图 6-18　在 $W = 120$ 与 $T = 100$ 时的最优解的收敛曲线

基于免疫系统的蚁群优化算法,实际上包含了两种类型的搜索算法,从对 WTA 问题的仿真结果可以看出,这种与免疫相融合的蚁群优化算法具有更好的搜索性能。

第7章 自适应蚁群算法

蚁群算法是一种随机搜索算法,与其他模拟进化算法一样,通过候选解组成群体来寻求最优解的进化过程包含两个基本阶段:适应阶段和协作阶段。在适应阶段,各候选解根据积累的信息不断调整自身结构;在协作阶段,候选解之间通过信息交流,以期望产生性能更好的解。

蚁群算法作为一种新型的进化算法,与其他进化算法同样存在易于陷于局部最小点等缺陷。为了克服蚁群算法的上述缺陷,通过自适应地改变算法的挥发度等参数,可以在保证收敛速度的条件下提高解的全局性。

通过改进路径选择策略,全局修正信息量规则,引入蚁群中蚂蚁分工与协同学习、协同工作的思想,可以提高蚁群算法的自适应能力。本章重点介绍几种自适应蚁群算法及其应用情况。

7.1 基于调节信息素挥发度的自适应蚁群算法

7.1.1 基本蚁群系统模型

以求解平面上 n 个城市的TSP问题($0,1,\cdots,n-1$ 表示城市序号)为例说明蚁群系统模型。n 个城市的TSP问题就是寻找通过 n 个城市各一次且最后回到出发点的最短路径。为模拟实际蚂蚁的行为,首先引进如下记号:设 m 是蚁群中蚂蚁的数量,$d_{ij}(i,j=1,2,\cdots,n)$ 表示城市 i 和城市 j 之间的距离,$\tau_{ij}(t)$ 表示 t 时刻在 ij 连线上残留的信息量。初始时刻,各条路径上信息量相等,设 $\tau_{ij}(0)=C$(C 为常数)。蚂蚁 $k(k=1,2,\cdots,m)$ 在运动过程中,根据各条路径上的信息量决定转移方向,P_{ij}^k 表示在 t 时刻蚂蚁 k 由位置 i 转移到位置 j 的概率

$$P_{ij}^k=\begin{cases}\dfrac{\tau_{ij}^{\alpha}(t)\,\eta_{ij}^{\beta}(t)}{\sum_{s\in \text{allowed}_k}\tau_{is}^{\alpha}(t)\,\eta_{is}^{\beta}(t)} & j\in \text{allowed}_k\\ 0 & \text{其他}\end{cases}\tag{7-1}$$

其中,$\text{allowed}_k=(0,1,\cdots,n-1)-\text{tabu}_k$ 为蚂蚁 k 下一步允许选择的城市。

与实际蚁群不同,人工蚁群系统具有记忆功能,$\text{tabu}_k(k=1,2,\cdots,m)$ 用以记录蚂蚁 k 以前所走过的城市,集合 tabu_k 随着进化过程做动态调整。随着时间的推移,以前留下的

信息逐渐消逝,用参数 $1-\rho$ 表示信息挥发程度,经过 n 个时刻,蚂蚁完成一次循环,各路径上信息量要根据下式调整为

$$\tau_{ij}(t+n) = \rho * \tau_{ij}(t) + \Delta\tau_{ij} \qquad \rho \in (0,1) \tag{7-2}$$

其中

$$\Delta\tau_{ij} = \sum_{k=1}^{m} \Delta\tau_{ij}^{k}$$

τ_{ij}^{k} 表示第 k 只蚂蚁在本次循环中留在路径上的信息量,$\Delta\tau_{ij}$ 表示本次循环中路径 (i,j) 上的信息量的增量。

在 Dorigo 给出的蚁周模型(ant cycle system)中

$$\Delta\tau_{ij} = \begin{cases} \dfrac{Q}{L_k} & \text{若第 } k \text{ 只蚂蚁在本次循环中经过路径}(i,j) \\ 0 & \text{否则} \end{cases} \tag{7-3}$$

利用的是整体信息,在求解 TSP 问题时蚁周模型性能较好,因而通常用它作为基本模型。基本蚁群算法中参数 α、β、Q、ρ,可以用实验方法确定其最优组合。停止条件可以用固定进化代数或者当进化趋势不明显时便停止计算。由算法复杂度分析理论可知,该算法复杂度为 $O(nc \cdot n^3)$,其中 nc 表示循环次数。以上是针对求解 TSP 问题说明蚁群模型的,对该模型稍作修正,便可以应用于其他问题。

7.1.2 一种自适应蚁群算法

蚁群算法与遗传算法等模拟进化算法一样也存在着收敛速度慢,易于陷于局部最小值等缺陷。为了提高蚁群算法的全局搜索能力,提高其搜索速度,文献[24]提出将基本蚁群算法改进如下:

(1) 保留最优解 在每次循环结束后,求出最优解,并将其保留;

(2) 自适应地改变 ρ 值 当问题规模比较大时,由于信息量的挥发系数 ρ 的存在,使那些从未被搜索到的信息量会减小到接近于 0,降低了算法的全局搜索能力,而且 ρ 过大时,当解的信息量增大时,以前搜索过的解被选择的可能性过大,也会影响到算法的全局搜索能力。通过减小 ρ 虽然可以提高算法的全局搜索能力,但又会使算法的收敛速度降低;因此可以将自适应地改变 ρ 的值。ρ 的初始值 $\rho(t_0)=1$;当算法求得的最优值在 N 次循环内没有明显改进时,ρ 减为

$$\rho(t) = \begin{cases} 0.95\rho(t-1) & \text{若 } 0.95\rho(t-1) \geqslant \rho_{\min} \\ \rho_{\min} & \text{否则} \end{cases} \tag{7-4}$$

其中 $\rho_{\min}$ 为 ρ 的最小值,可以防止 ρ 过小降低算法的收敛速度。

实现上述改进算法的具体步骤如下:

```
Begin
初始化
η_ik: = d_ik; t: = 0; N_C: = 1; τ_ik: = 0; Δτ_ik: = 0;
while (not termination condition);
{      for (ak = 1; ak < m; ak ++)
{将 m 个蚂蚁随机放置于初始城市上}
for (i = 1; i < n; i ++)
    {for(ak = 1; ak < m - 1; ak ++)
    {蚂蚁 ak 以概率 P^k_ij 选择下一城市}}
    求出最佳结果
    将最佳结果赋予蚂蚁 m
    if 最佳解 = N 个循环以前的最佳解
    {根据公式(7-4) 更新 ρ}
    更新 Δτ_ik;
    更新 τ_ik
    Δτ_ik = 0
    N_C = N_C + 1;}
    输出最佳结果
    end
```

7.1.3　对 TSP 问题的仿真结果

在蚂蚁系统中需要设定的参数有 α、β,以及蚂蚁的数目等。α 的大小表明每个路径上信息量的受重视程度,其值越大,蚂蚁选择以前选过的路径的可能性越大,α 值过大会使搜索过早陷于局部最小点。β 的大小表明启发式信息的受重视程度。

蚂蚁数目越多,算法的全局搜索能力越强。但蚂蚁数目增大,将使算法的收敛速度减慢。而且在相同的蚂蚁数目下,随问题规模的增加,算法的全局搜索能力降低。仿真中蚂蚁的数目选取与网络节点数相同。

针对 Oliver30 问题分别采用基本蚁群算法和改进的自适应蚁群算法进行了仿真,表 7-1、表 7-2 分别给出了两种算法的仿真结果。表中最短路径长度为蚁群算法求得的最优路径长度,进化表中仿真结果为 20 次运行的平均结果。

表7-1　基本蚁群算法的仿真结果

α	β	ρ	最短路长长度	进化代数
1	4	0.5	395.2774	327
1	4	0.9	398.7039	341
2	2	0.5	390.5832	339
2	2	0.9	394.2361	308
4	1	0.5	316.6900	345
4	1	0.9	317.0540	322

表7-2　自适应蚁群算法的仿真结果

α	β	$\rho_{\min}$	最短路长长度	进化代数
1	4	0.001	310.8758	162
1	4	0.5	322.5945	147
1	4	0.1	308.1685	150
2	2	0.001	271.1854	152
2	2	0.5	303.8851	143
4	1	0.1	287.8268	119
4	1	0.001	267.7795	168
4	1	0.1	290.4864	137

由表7-1和表7-2的仿真结果可以看出，改进的蚁群算法在不同参数下所得到的最坏结果小于基本蚁群算法的最优结果。而其所需的进化代数也由基本蚁群算法的300代以上缩短为200代以内。

图7-1和图7-2分别给出了改进算法最好解与最坏解的进化曲线。综合上述仿真结果可以看出，改进算法解的全局性与收敛速度都有所提高，是一种有效的自适应蚁群算法。

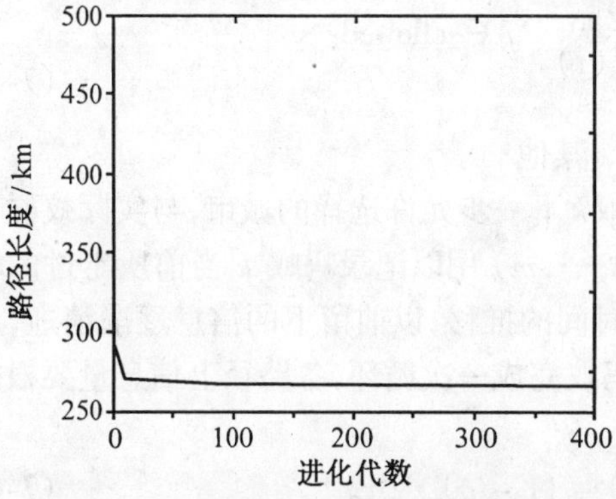

图7-1　自适应蚁群算法最好解的进化曲线

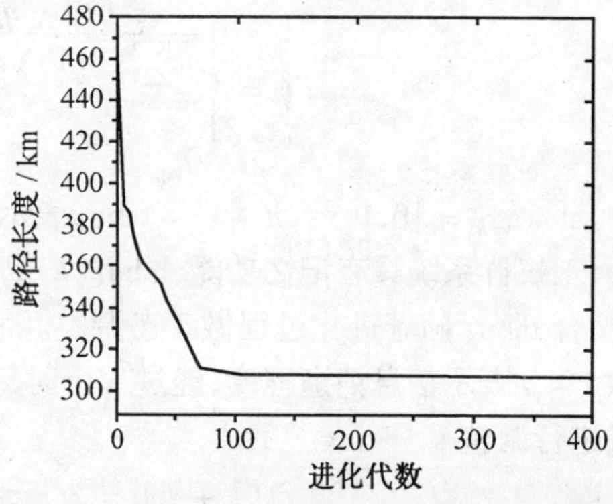

图7-2　自适应蚁群算法最坏解的进化曲线

7.2　具有分工的自适应蚁群算法

蚁群算法对规模较大问题的优化过程，不仅计算时间较长，而且容易陷入局部最优解。为了克服上述缺陷，可以采用多种改进措施，提高蚁群算法的自适应能力。从改进蚂蚁路径的选择策略，全局修正蚁群信息量，引入变异保持种群多样性，引入蚁群分工的思想，构成一种具有分工的自适应蚁群算法[25]。

7.2.1 基本蚁群算法模型

为模拟实际蚂蚁的行为，首先引进如下记号：

m—— 蚁群中蚂蚁的数量；

η_{ij}—— 边弧(i,j)的能见度(visibility)；

τ_{ij}——t时刻在ij连线上残留的信息量；

$\Delta\tau_{ij}^{k}$—— 蚂蚁k于边弧(i,j)上留下的单位长度轨迹信息素数量；

P_{ij}^{k}—— 在t时刻蚂蚁k由位置i转移到位置j的概率；

α—— 轨迹的相对重要性($\alpha \geqslant 0$)；

β—— 能见度的相对重要性($\beta \geqslant 0$)；

ρ—— 轨迹的持久性($0 \leqslant \rho < 1$)，$1-\rho$理解为轨迹衰减度(evaporation)；

Q—— 体现蚂蚁所留轨迹数量的一个常数。

现以求解n个城市的对称TSP问题为例，说明蚁群系统模型。

初始时刻，各条路径上信息量相等，设$\tau_{ij}(0)=C$(C为常数)，蚂蚁$k(k=1,2,\cdots,m)$在运动过程中，根据各条路径上的信息量决定转移方向，移动概率为

$$P_{ij}^{k}=\begin{cases}\dfrac{\tau_{ij}^{\alpha}(t)\cdot\eta_{ij}^{\beta}(t)}{\sum\limits_{s\in \text{allowed}_k}\tau_{is}^{\alpha}(t)\cdot\eta_{is}^{\beta}(t)} & j\in \text{allowed}_k\\ 0 & \text{其他}\end{cases}\tag{7-5}$$

其中，$\text{alowed}_k=\{0,1,\cdots,n-1\}-\text{tabu}_k$表示蚂蚁$k$下一步允许选择的城市，与实际蚁群不同，人工蚁群系统具有记忆功能，$\text{tabu}_k(k=1,2,\cdots,m)$用以记录蚂蚁$k$当前所走过的城市，集合$\text{tabu}_k$随着进化过程做动态调整。随着时间的推移，以前留下的信息逐渐消逝，用参数$1-\rho$表示信息消逝程度，经过n个时刻，蚂蚁完成一次循环，各路径上信息量要根据下式进行调整

$$\tau_{ij}(t+n)=\rho\cdot\tau_{ij}(t)+(1-\rho)\cdot\Delta\tau_{ij}\tag{7-6}$$

$$\Delta\tau_{ij}=\sum_{k=1}^{m}\Delta\tau_{ij}^{k}\tag{7-7}$$

其中，$\Delta\tau_{ij}^{i}$表示第k只蚂蚁在本次循环中留在路径(i,j)上的信息量，$\Delta\tau_{ij}$表示本次循环中路径(i,j)上的信息量的增量。

$$\Delta\tau_{ij}^{k}=\begin{cases}\dfrac{Q}{L_k} & \text{若第 } k \text{ 只蚂蚁在本次循环中经过 } ij\\ 0 & \text{否则}\end{cases}\tag{7-8}$$

其中，L_k表示第k只蚂蚁在本次循环中所走过路径的长度。在初始时刻，$\tau_{ij}(0)=C$，$\Delta\tau_{ij}=0(i,j=0,1,\cdots,n-1)$。$\eta_{ij}$表示从城市$i$转移到城市$j$的期望程度，可根据某种启

发式算法具体确定。根据具体算法的不同，$\tau_{ij}(t)$，$\Delta\tau_{ij}(t)$ 及 P_{ij}^k 的表达形式可以不同，要视具体问题而定。表达式(7-8) 利用的是整体信息，在求解 TSP 问题时，性能较好。因而通常把它作为基本模型。参数 $Q, C, \alpha, \beta, \rho$ 可以用实验方法确定其最优组合。

基本蚁群算法的主要步骤叙述如下：

步骤 1 $nc = 0$(nc 为迭代步数或搜索次数)，各 τ_{ij} 和 $\Delta\tau_{ij}$ 的初始化，将 m 个蚂蚁置于 n 个顶点上；

步骤 2 将各蚂蚁的初始出发点置于当前解集中，对蚂蚁 $k(k = 1,\cdots,m)$，按概率 P_{ij}^k 移至下一顶点 j，将顶点 j 置于当前解集；

步骤 3 计算各蚂蚁的目标函数值 $Z_k(k = 1,\cdots,m)$，记录当前的最好解；

步骤 4 按更新方程修改轨迹强度；

步骤 5 对各边弧(i,j)，置 $\Delta\tau_{ij} = 0, nc = nc + 1$；

步骤 6 若 $nc <$ 预定的迭代次数，则转步骤 2。

算法的时间复杂度为 $O(nc \cdot m \cdot n^2)$。

7.2.2 对基本蚁群算法的改进策略

1. 对选择策略的改进

在蚁群算法中，在蚂蚁搜索过程的起始阶段，有的路径上有蚂蚁走过，有的路径还未来得及被走过，而蚂蚁选路的策略是一旦有路径上的信息素，即信息量多于其他路径，它就以较大的概率选择该路径，这使得蚂蚁从搜索的一开始就以较大的概率集中在几条当前局部长度较短的路径上。为了避免蚂蚁一开始就失去解的多样性，在路径上信息量的刺激量未达到蚂蚁的绝对感觉阈限时，让蚂蚁忽视该刺激物的存在，只有当信息量的刺激趋于阈限为 ρ_0 时，蚂蚁才在信息量的刺激下趋于信息量较大的路径。这样蚂蚁在初始阶段可选择较多的不同路径，以获得多样性的解。

第 k 只蚂蚁按以下概率从状态 i 转换到状态 j

$$j = \begin{cases} \max\{\tau_{is}^{\alpha} \cdot \eta_{is}^{\beta}\}, s \in \text{allowed}_k, \text{若 } r \leqslant p^0 \\ \text{依概率 } p_{ij}^k \text{ 选择 } j, \quad \text{否则} \end{cases} \tag{7-9}$$

其中，$p^0 \in (0,1)$，r 是$(0,1)$中均匀分布的随机数，由此增加了所得解的多样性，一定程度上削弱了蚁群陷入局部最优的趋势。

2. 蚁群信息量的全局修正

信息量的全局修正规则如下

$$\tau_{ij}(t + n) = \rho \cdot \tau_{ij}(t) + (1 - \rho) \cdot \Delta\tau_{ij} \tag{7-10}$$

其中 $\Delta\tau_{ij} = \Delta\tau_{ij}^k$，第 k 只蚂蚁是发现本次循环中最短路径的蚂蚁。$\Delta\tau_{ij}^k$ 按式(7-8) 求得。

全局修正规则只是让实现最好环游的蚂蚁释放信息素。它和改进的状态转移规则结合的搜索,保证了蚂蚁在优秀父辈完成的环游领域内进行更多搜索,这使得求解速度大大提高。

3. 引入变异

为了克服蚁群算法计算时间较长的缺陷,这里引入遗传算法中变异算子,经过局部优化后,整个群体的性能会有明显改善,使得算法保持更好的多样性。

(1) **逆转变异** 它在所得某一路径中随机选择两点,再把这两点内的路径按反序插入到原位置中。如路径 $A=\{01234567890\}$ 的逆转点选择 3、6,经逆转后,变为 $A^*=\{01236547890\}$。这种变异操作对于 TSP 问题,就调整前后的 TSP 圈的长度变化而言属于最细微的调整,因而局部优化的精度较高,但所需的计算稍微复杂。实现中的逆转变异在每次循环安排完 m 只蚂蚁的路径之后,信息素调整之前进行,且考虑到时间问题,在应用中只对每次循环的最优路径进行变异。如果变异后路径长度小于变异前,就保留这个最优解,否则就维持原值。

(2) **插入变异** 插入变异是从所得路径中随机选择一个码,将此点插入随机选择的插入点中,如对上面的 A 路径,选择插入码为 5,选取插入点为 2 ~ 3 之间,经插入变异后 $A^*=\{01253467890\}$。应用中,在蚁群算法循环全部完成后,对求得的全局最优解进行变异,且为了达到最优效果,对最优路径可能进行的每一种插入都进行尝试,所得解有进展就保留,否则维持原值。

7.2.3 蚁群中的工作分工

对蚁群以及更一般的其他社会性昆虫,它们的工作划分是十分明确的,具有普遍的特征。社会性昆虫以工作分工、生殖分工为总特征。除了这个主要的工作、生殖分工形式以外,在工蚁中还有着更进一步的分工。这是为了在某一段时间内执行具体任务,而不是在所有时间内执行各种任务。工蚁被分为年龄级和形态级。年龄级对应相同年龄的个体,并趋向于执行同样的任务。这种现象被称为时间多重伦理主义。在一些蚂蚁种类中,工蚁有不同的形式:工蚁属于不同的形态级,趋向于完成不同的任务。但是,即使在一个年龄级或形态级中,在任务完成的频率和次数上,个体之间也可能不同。所以,可以用行为级去描述在给定的时间内一组个体完成相同的任务[26]。

工作分工中,最令人惊奇的是工蚁的可塑性,这是工蚁行为适应性的结果:为了维持蚁群的生存,工蚁完成不同任务的比率随着内部的混乱和外部的挑战而相应变化(即工蚁转换任务)。一个很重要的问题是如何理解工蚁在个体水平上完成任务的适应性。

1. 蚁群任务分配的简单类型

Banabeau 等基于反映开关的观点,提出一个蚁群任务分派的简单类型:当任务分配的刺激水平超过他们的开关,个体开始执行任务。这个刺激起着 Stigmergic 变量的作用。反映开关的不同可以在行为上反映实际的区别，或者在相关任务的刺激上有所区别。当执行某一给定任务的个体很孤癖时(它对任务刺激的反映开关低)，有关的任务要求提高，刺激的强度加大，一直达到一个更高特征的反映开关；超过开关的刺激强度的提高起着刺激这些个体去执行任务的作用。Wilso 在实验中观察到这个现象。在实验中，他人为地减少较小 / 较大(较小、较大是两个蚂蚁级) 的比率小于 1，在 1 h 内观察比率的变化：对小比率，较大级完成通常由较小级执行的任务，并且有效地代替了缺少的较小级(实验之一的结果见图 7-3)。

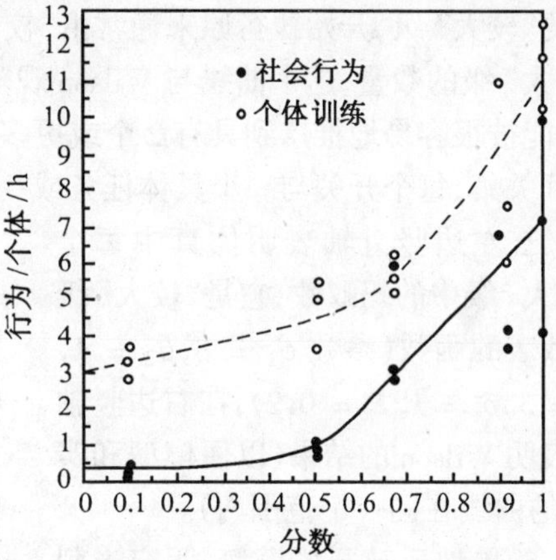

图 7-3 蚁群中作为较大级分数的函数分布

什么是反映开关？令 S 为某一任务的刺激强度：S 可以是一些遭遇、一个化学浓度或者个体感受到的任意数量的暗示。一个反应开关 θ，表达成刺激强度的联合，是一个内部变量。它决定个体对刺激 S 的反映的倾向性以及完成相关的任务。更简单地说，当 $S \ll \theta$ 时反映的概率低；当 $S \gg \theta$ 时，反映的概率高。反映函数 $T_\theta(S)$ 以开关为参数，定义如下

$$T_\theta(S) = \frac{S^n}{S^n + \theta^n} \tag{7-11}$$

其中 $n > 1$，n 决定了开关的陡度。取 $n = 2$，可以得到相同的结果。θ 的意义是明显的，当 $S \ll \theta$ 时，在任务中接合的概率趋于 0；当 $S \gg \theta$，概率接近 1；在 $S = \theta$ 时，概率是 1/2。所以，θ 值低的单体可能反应低水平的刺激。

假设有两个分类级，但只有一个任务。任务与一个刺激或要求相关，如果不能满足，要求的水平会提高(因为任务不能被充分的个体完成或不能有效地完成)。令 S_i 是个体 i 的状态(静止状态时 $S_i = 0$，执行任务时 $S_i = 1$)，θ_i 是个体 i 的反映开关。

一个静止个体以单位时间概率 P 的可能性执行任务

$$P(S_i = 0 \to S_i = 1) = \frac{s^n}{s^n + \theta_i^n} \tag{7-12}$$

一个个体执行一个任务的概率依靠 S、刺激的数量 θ_i 及对刺激反映的概率。

一个活动个体放弃执行任务，变成静止的概率为每单位时间概率 P(对两个等级，取相同的概率，即 $P_1 = P_2 = P$)

$$P(S_i = 1 \to S_i = 0) = P \tag{7-13}$$

$1/P$ 是放弃任务前个体花费的平均时间，假设 P 是固定值，且与刺激不相关。在 $1/P$ 时间以后，个体放弃执行任务，但如果刺激仍然很大，个体仍可能立即重新开始执行任务，

刺激强度的变化归于任务的完成,这归于减小了刺激强度,也归于要求的自治提高。也就是说,不关心任务是否执行。所以对刺激强度 S 进化的结果方程为

$$S(t+1) = S(t) + \delta - \alpha n_{act} \tag{7-14}$$

其中 δ 被认为是常数;在单位时间内的刺激强度中,n_{act} 是活动个体的数量;α 是一个因为个体活动而下降的刺激强度的测量因子,即个体任务完成的系数。在 Monte Carlo 仿真中,这个简单的固定开关模型与下面这个实验的结果惊人的相似。在实验中,有着两个不同反映开关值的两个等级:当具有低反映开关的"较小"级被开除出仿真群,具有较高反映开关的"较大"级,开始执行原来通常由"较小"级完成的任务。图 7-4 表明了任务执行中的"较大"级的数量,这个曲线与 Wilson 观察到的结果非常相似,这个简单模型带有一个任务,能被很容易地推广到具有 2 个或更多个任务的情形中,在这种情形中,每个个体有一个开关集,每个开关与一个具体任务或一组任务的刺激相关联。

在左边竖直轴表明仿真中每个"较大"级中的蚂蚁数,它是"较大"级分数 f 的函数(参数 $\theta_1 = 8, \theta_2 = 1, \alpha = 3, \delta = 1, P = 0.2$),在右边竖轴上表明 Wilson 的结果(以便模型和实验 的曲线在同一个范围内)。

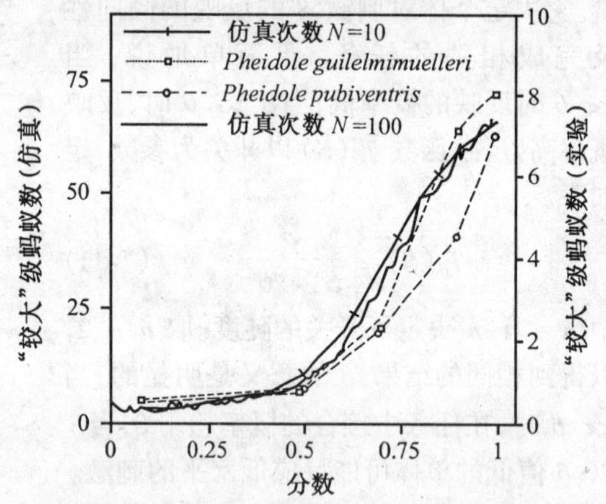

图 7-4 仿真结果与真实蚂蚁数据的比较

简单地反映开关模型,假定当刺激强度超过工蚁的开关,每个工蚁对给定的刺激有反映。这个模型能解释工蚁行为的适应性能导致蚁群的适应性水平。但是它有几个限制,因为它假设工蚁的开关是固定的,实际上,它不能说明任务分配的起源,因为它假定个体是不同的,角色是再分配的,在等级(身体或时间上)中,两者都不能说明任务分配具体化的鲁棒性。最后,作为一个真实蚁群行为模型,它仅在足够短的时间里度量是合理的,这里开关是常数。

2. 蚁群算法中的蚂蚁分工

蚁群筑巢过程中的蚂蚁是做不同工作的,即蚂蚁是分工的。在蚁群算法改进中对蚂蚁进行分工,称之为具有分工的蚁群算法,如在 TSP 问题求解中蚂蚁从不同的顶点出发,相当于这些蚂蚁根据出发的顶点不同进行分工,从自己出发的顶点找回到自己出发顶点的最短路径。这种改进在后面的 TSP 应用的 CHN144 问题中,尤为明显,如果不分工是很难得到最短的路径。在每个顶点放上 15 只蚂蚁,相当于分工 144 种蚂蚁每种 15 个。另外在函数

优化中，通常函数优化问题的数学描述为

$$\min f(x_i) \tag{7-15}$$

其中，$x_{i\min} \leqslant x_i \leqslant x_{i\max}, x \in R^n, i = \{1,2,3,\cdots\}$

对每个 x_i 的区间派一种蚂蚁去搜索，或者是每一种蚂蚁搜索一个变量取值范围，使得每种蚂蚁搜索空间大大减少，降低了求解问题的难度，增强了蚁群算法的搜索能力。

7.2.4　在组合优化及函数优化问题中的应用

1. 在 TSP 问题中的应用

例 1　20 个城市的 TSP 问题。

给定 20 个城市的坐标如表 7-3 所示。

表 7-3　20 个城市的坐标数据

v0	v1	v2	v3	v4
5.294　1.588	4.286　3.622	4.719　2.744	4.185　2.230	0.915　3.821
v5	v6	v7	v8	v9
4.771　6.041	1.524　2.871	3.447　2.111	3.718　3.665	2.649　2.556
v10	v11	v12	v13	v14
4.399　1.194	4.660　2.949	1.232　6.440	5.036　0.244	2.710　3.140
v15	v16	v17	v18	v19
1.072　3.454	5.855　6.203	0.194　1.862	1.762　2.693	2.682　6.097

基本蚁群算法的参数设置：$\alpha = 1, \beta = 2, \rho = 0.7, Q = 1, C = 1, m = 20$，迭代次数为 30，每一城市放一只蚂蚁。改进算法另加参数设置为 $r = 0.2$。

仿真实验共运行 500 次，结果如表 7-4 所示。

表 7-4　改进型蚁群算法与基本蚁群算法计算结果比较

算法名称	最好的计算结果	得到最好结果的时间 /s	得到实际最优解的比率 /%	解的平均值	实际最优解	平均解相对误差 /%
基本蚁群算法	24.523	1	8	26.207	24.523	6.9
改进蚁群算法	24.523	1	100	24.523	24.523	0

所获得的最优解对应的路径为

$v0-v13-v10-v3-v7-v9-v14-v18-v6-v17-v15-v4-v12-v19-v5-v16-v8-v1-v11-v2-v0$

用改进的蚁群算法也对50个城市的TSP问题进行了实验，获得最短路径为550.3886，而采用列队竞争法[154]得到的最短路径为561.8513，这又一次证明了改进的自适应蚁群算法的优越性。

2. 在函数优化问题中的应用

用蚁群算法进行函数优化问题时，通过对目标函数的自动适应来调整蚂蚁的路径搜索行为，同时通过路径选择过程中的多样性来保证得到更多的搜索空间，从而快速找到函数的全局最优解。受遗传算法的启发，也采用二进制编码，使用选择算子。在函数优化中分配蚂蚁对不同的 x_i 进行搜索，经多个典型的测试函数检验，用蚁群算法解此类问题也能取得较好的效果。

(1) 编码 对候选解 $\{x_1,x_2,\cdots\}$ 的每一变量 x_i 用字长为 N 的二进制码串 $\{b_N b_{N-1}\cdots b_2 b_1\}$ 表示，其中 $b_j\in\{0,1\}$，$j=1,2,\cdots,N$；b_{N-1} 为最高位，b_0 为最低位。变量 x_i 的左边界实数值为 $x_{i\min}$，右边界实数值为 $x_{i\max}$，二进制码串对应的十进制整数值为 k，则可依据下面的公式进行参数解码

$$x_i=\frac{(x_{i\max}-x_{i\min})k}{2^N-1}+x_{i\min} \tag{7-16}$$

(2) 做出有向图 G 定义有向图 $G=(C,L)$，其中顶点集 C 为

$$\{c_0(v_s),c_1(v_N^0),c_2(v_N^1),c_3(v_{N-1}^0),c_4(v_{N-1}^1),\cdots,$$
$$c_{2N-3}(v_2^0),c_{2N-2}(v_2^1),c_{2N-1}(v_1^0),c_{2N}(v_1^1)\},$$

v_s 为起始顶点，顶点 v_j^0 和 v_j^1 分别用于表示二进制码串中位 b_j 取值为0和1的状态，有向弧集合 L 为

$$\{(v_s,v_N^0),(v_s,v_N^1),(v_N^0,v_{N-1}^0),(v_N^0,v_{N-1}^1),(v_N^1,v_{N-1}^0),(v_N^1,v_{N-1}^1),\cdots,$$
$$(v_2^0,v_1^0),(v_2^0,v_1^1),(v_2^1,v_1^0),(v_2^1,v_1^1)\}$$

即对于 $j=2,3,\cdots,N$，在所有顶点 v_j^0 和 v_j^1 处，分别有且只有指向 v_{j-1}^0 和 v_{j-1}^1 的两条有向弧。以 $N=4$ 为例有向图共有9个顶点，用连接矩阵表示有向图为

	c_0	c_1	c_2	c_3	c_4	c_5	c_6	c_7	c_8
c_0	0	1	1	0	0	0	0	0	0
c_1	0	0	0	1	1	0	0	0	0
c_2	0	0	0	1	1	0	0	0	0
c_3	0	0	0	0	0	1	1	0	0
c_4	0	0	0	0	0	1	1	0	0

c_5	0	0	0	0	0	0	0	1	1
c_6	0	0	0	0	0	0	0	1	1
c_7	0	0	0	0	0	0	0	0	0
c_8	0	0	0	0	0	0	0	0	0

(3) 对基本蚁群算法的有关改动　通过将函数优化向有向图转换，求函数优化问题时对基本蚁群算法稍加改动即可应用。简述如下：

设 $Path^*(t)$ 为第 t 搜索周期的最佳路径，该路径对应的目标函数值为 $f^*(t)$，路段 (i,j) 中顶点 i 对应候选解 x 的第 k 位，则蚁群搜索的信息素按下式更新

$$\tau_{ij}(t+1,k)=\begin{cases}\rho\cdot\tau_{ij}(t,k)+(1-\rho)\cdot\dfrac{1}{1+2^{f^*(L-k)}},f^*(t)\leqslant f^*(t-1)\\ \rho\cdot\tau_{ij}(t,k),\text{其他}\end{cases}\tag{7-17}$$

其中，L 为候选解的二进制编码的编码长度，为正整数，仅对最佳路径包含的路段增强信息素能够正确指导蚂蚁下一个搜索周期的搜索，消除了在计算信息素更新时非最佳路径对这些路段信息素的影响，从而避免了大量无效搜索，明显提高搜索效率。

例 2　求函数 $f_1(x)=100(x_1^2-x_2)^2+(1-x_1)^2, x_j\in[-2.048,2.048]$ 的最大值。

该函数是局部有些凹的双变量二次函数，蚁群算法参数设置 $\alpha=1,\beta=0,\rho=0.8$，编码长度各为 8，每个 x_i 放置 10 只蚂蚁，只需两种蚂蚁，共 20 只蚂蚁，搜索周期总次数为 30 次。

它的计算结果如表 7-5 所示。

表 7-5　$f_1(x)$ 的运行结果

算法名称	运算次数	得到的最优目标值	目标函数平均值	实际最优值	获得实际最优值的比率/%	平均值相对误差/%
蚁群算法	500	3905.926	3902.184	3905.926	55.8	9.5

例 3　求函数 $f_2(x)=x_1^2+x_2^2+x_3^2, x_i\in[-5.12,5.12]$ 的最小值。

该函数为三变量、单峰、二次函数，蚁群算法参数设置 $\alpha=1,\beta=0,\rho=0.8,m=50$，编码长度各为 8，每个 x_i 放置 10 只蚂蚁，需三种蚂蚁，共 30 只蚂蚁，搜索周期总次数为 40 次。

它的计算结果如表 7-6 所示。

表 7-6 $f_2(x)$ 的运行结果

算法名称	运算次数	得到的最优目标值	目标函数平均值	实际最优值	获得实际最优值的比率 /%
蚁群算法	500	0.0000	0.0158	0.0000	64

由上述三个实例可以清楚地看出,改进的蚁群算法在求解组合优化问题和函数优化问题时,具有很好的效果。在求解大规模问题时,改进的蚁群算法比基本算法的性能优越得多,能更好地进行全局搜索和局部求精。

7.3 基于协同学习机制的蚁群算法

蚁群算法的主旨是模仿真实蚂蚁群体的协同学习机制,将协同学习机制引入到基本蚁群算法,就构成一种基于协同学习机制的蚁群算法,它属于一类自适应蚁群算法,这类算法适用于电缆敷设、开关盒布线等问题。这类问题虽然和 TSP 问题相似,但也有其不同之处。

下面结合电缆敷设、开关盒布线等问题介绍基于协同学习机制的蚁群算法。

7.3.1 基于协同学习的蚁群系统算法

1. 电缆敷设问题

电缆敷设问题与 TSP 问题有相似之处,电缆敷设问题要求每一根电缆在从电缆连接起点设备开始,通过不同的通道、竖井至电缆终端设备连接起来的电缆所经路径最合理、总长度最短,TSP 问题亦是旅行商寻找一条遍历各城市的最短路径。但是电缆敷设和 TSP 问题也有不同之处,电缆敷设中电缆的布局形成若干互相独立但又相关的树的集合,而 TSP 问题中的旅行路线为一闭合路径。文献[27]提出将 ACS 算法进行相应的改进,采用了基于协同学习的蚁群算法。并将电缆敷设中互相独立又相关的树分解为一个个小的蚁群系统,以此来解决发电厂计算机电缆敷设系统的复杂性问题。

2. 基于协同学习的蚁群系统算法原理

首先给出设备、电缆、通道、竖井等的数据表示方法。

对设备来说,需要用设备简称(E_ no) 和设备物理位置(E_ x,E_ y 和 E_ z) 来表示。

对电缆来说,需要知道电缆的横截面积(S),所传输的电压(V) 等级,所连接的起始设备(E_ start),以及所连接的终止设备(E_ end)。

通道的描述主要有以下一些参数：宽(R_ width)、高(R_ height)、电缆充满度(R_ fill_ limit)和它的起止的物理位置(Rs_ x,Rs_ y,Rs_ z)和(Re_ x,Re_ y,Re_ z)。

竖井和通道一样，宽(S_ width)、长(S_ length)、电缆充满度(S_ fill_ limit)和它的起止的物理位置(Ss_ x,Ss_ y,Ss_ z)和(Se_ x,Se_ y,Se_ z)。十字等交叉通道的描述也和通道一样。

其次将电缆以它所连接的起始设备为关键字进行排序，形成一个新的排序集合。这些集合中的数据，用循环数组 Lines 表示。

由于电缆并不都是从控制室出来的，所以蚁群中每只蚂蚁的起始位置，也就是循环数组中的位置也不相同。这些位置是随机选择的。可以用 m 来表示蚁群中蚂蚁的数量。蚂蚁的初始任务由下式求出

$$\text{line}(j) = \text{random}(n), \quad 0 < j \leqslant m \tag{7-18}$$

同时，在每条电缆的每个子路径(也就是通道、竖井和电缆套管等)事先分配一些香料 ρ_0。

这样，每只蚂蚁从它们各自的位置开始爬行，每经过一个子路径 line(v,t)，就对该路径上的香料进行局部更新为

$$\rho(l,v,t) = \rho(l,v,t) + \lambda\rho_0 \tag{7-19}$$

其中 λ 是一个常数。

蚂蚁爬完第一个子路径，要选择第二条子路径。由于数组 via_ 2 中的子路径有些可能走过，有些可能从未走过，为了尽可能遍历所有的子路径，引入参数 q_0 之后，随机生成一个随机数 q，如果 $q \leqslant q_0$，则选择香料最多的那条子路径 t

$$t = \arg(\max\{\rho(l,v,s)/\text{length}(l,v,s)\}) \tag{7-20}$$

如果 $q > q_0$，则按下式来选择相应的子路径 t

$$t = \arg\max \frac{\rho(l,v,t)}{\text{length}(l,v,t)\cdot \sum\limits_{s\in L(l,j)} \rho(l,v,s)/\text{length}(l,v,s)} \tag{7-21}$$

其中，$s \in L(l,j)$，$L(l,j)$ 是第 j 个蚂蚁在第一条电缆上的所有子路径；length(l,v,t) 是子路径的长度，通过子路径的起止位置求得；$\rho(l,v,t)$ 是子路径上的香料；l 表示电缆的编号；v 是子路径先后层次的编号；t 是某一层次中的一条子路径；arg( ) 是指求得香料最多的路径；max{ } 表示求最大值。

等每只蚂蚁爬完第一根电缆，再爬第二根，直到所有的电缆连线完成。此时，要进行全局更新。全局更新的主要目的就是为了让最短的路径上的香料最多，更新规则如下

$$\rho(l,v,t) = \rho(l,v,t) + \mu/(L_{\text{best}}) \tag{7-22}$$

其中 L_{best} 是指所有蚂蚁所连接的电缆中最短的那一条，l 是这条最短路径上所有经过的子路径。

由于面向的是设备与设备之间连接的电缆数据，电缆敷设是要将这些电缆全部连接好，并找到最优路径，使得其电缆长度最短。因此，蚁群中的每只蚂蚁都必须完成所有连接任务，用 n 来表示电缆的总数。

设备与设备之间相连，可能跨越不同的楼层，跨越不同的构、建筑物，因此它们之间的电缆可能会通过一些通道、竖井、电缆套管等设备。这些通道、竖井或电缆套管都是连接两个设备的电缆必须通过的。因此，首先通过搜索算法确定电缆必须通过的通道、竖井、电缆套管，并确定前后的关系。这里以一维数组 Via_ 1, Via_ 2, Via_ 3, … 来表示，数组的元素是通道、竖井或电缆套管等。

3. 基于协同学习的蚁群电缆敷设系统程序

```
①//Initialization phase
    for l = 1 to n do
        for v = 1 to vl do // vl is the number of array of vias belong to line 1
            for t = 1 to tv do // tv is the number of vias belong to array via t
        ρ(l, v, t) = ρ0
        end – for
      end – for
   end – for
   for j = 1 to m do
        let line(j) be the starting line for ant j using(7-18)
  end – for
②//this is the phase in which ants build their routes. The route of ant j is // stored in
route(l, j, v), and local update rule applied
        for l = 1 to n do
            for j = 1 to m do
                route(l, j, v) = E_ start
                for v = 1 to vl do
                    choose next via vt from via v, and
                        get the number t using(7-20) and (7-21)
                    route(l, j, v) = vt
                    // updating vias locally using (7-19)
                    ρ(l, v, t) = ρ(l, v, t) + λ ρ0
                end – for
                route(l, j, v) = E_ end
            end – for
```

```
    end - for
③//in this phase global updating occurs and pheromone is up dated
for j = 1 to m do
    compute Lj//Lj is the length of all the line done by ant j
end - for
compute Lbest
//updating vias belong to Lbest using (7-22)
for each via belongs to Lbest do
    ρ(l,v,t) = ρ(l,v,t) + μ/(Lbest)
end - for
④if (end_condition = true) then
    print lbest
else
    goto phase 2
end - if
```

在实现以上算法时,选用如下参数值

$\lambda=\mu=0.1,\rho_0=0.1,q_0=0.9$。

7.3.2 基于协同工作机制的增强蚁群算法

随着超大规模集成电路的发展,通道布线的作用日趋重要。通道布线过程主要完成总体布线单元内部线网的物理连接。通道布线具体又分为两边通道布线、开关盒布线和L-型通道布线。都是NP完全问题。

通道布线问题与TSP问题有相似之处,也有不同之处,相似之处在于,在TSP问题中,旅行推销商遍历各城市时要寻求一最短总路径,而在通道布线问题中,各线网总长多半也需为最短。不同之处在于,TSP问题中旅行推销商的旅行路线为一闭合路径,而通道布线形成的图是一些互不连通的树的集合;此外,通道布线所加的约束条件较多,且随布线类型而异。

1.开关盒布线问题的描述

开关盒SB是一个$M\times Q$的纵横网络。设SB含N个线网,给它们依次标记为1,2,…,k,…,$N-1$,N。各线网的引脚按设计要求分布在此网格的上、下、左、右方,如图7-5所示。对这些引脚按如下的方式做标记,第k个线网在SB四周的引脚分别记为P^r_{ek}、P^l_{wk}、P^b_{sk}、P^t_{nk},右下标注明其方位(东、西、南、北)和线网编号,右上标注明此线网在SB的右、左、下、上方边上引脚的编号。开关盒双层布线的要求是,顺着SB的$M\times Q$网格中走线,以形成对应于各线网且互不连通的 N 个树形，树形 T_k 须以 k 线网的各个引脚为其顶点集 V_k。

$$V_k = \{P^r_{\text{ed}}, P^l_{\text{wk}}, P^b_{\text{sk}}, P^t_{\text{nk}}\} \quad k = 1,2,\cdots,N \tag{7-23}$$

其中，r,l,b,t 和取0，1，2，…，而取0值表示线网 k 在该边上无引脚。如图 7-5 所示，$V_1 = \{P^1_{\text{w1}}, P^2_{\text{w1}}, P^1_{\text{s1}}, P^2_{\text{s1}}, P^3_{\text{s1}}, P^1_{\text{n1}}\}$。

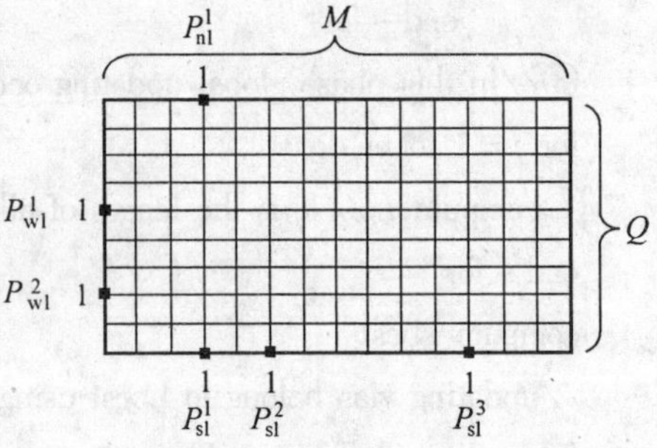

图 7-5　开关盒

各树形的树枝可分布在SB的上、下两层，其间可借过孔(Vias)连通。

2. 开关盒布线问题蚁群算法描述

将 ACS 用于求解通道布线问题时，只要选择适当的模型表述和蚁群任务调度策略，该算法也可用于该问题求解，但仅用协同学习机理时，寻优速度慢，布通率也较低；若加上协同工作机制，则算法性能显著提高，存在的上述问题也就迎刃而解。

文献[28]将协同工作机制加入 Dorigo 基于协同学习的 ACS 中，扩充了其内涵，形成了一种新的增强蚁群系统 IACS(Intensified ACS)，并将 IACS 用于开关盒布线问题，称为 IACR－S1 算法。

将 IACR－S1 用于求解 SB 布线问题时，就是组织 N 个蚁群，分别生成各个线网的树形，蚁群之间和各个蚁群内的蚂蚁，均按协同学习和协同工作的方式去布线。IACR－S1 算法主要由两部分组成，第一部分启动所有蚁群，第二部分为各个蚁群的行进过程。

(1) *启动所有蚁群*　启动所有蚁群的概略算法如下：

```
Algorithm
    read positions of pins on switchbox;
    initialization;
    generate N ant colonies;
    create V_k for each ant colony;
    select start point for each ant colony;
    start all ant colonies;
    wait for all ant colonies stopping;
    report routing result;
end
```

在为 $k(k = 1,2,\cdots,N)$ 线网生成蚁群时，将建立该蚁群的 V_k(k 线网的引脚集)和选定蚁群的起始位置。每个蚁群的蚂蚁数目，可选为本线网的引脚数，例如第 k 个线网交由

第 k 个蚁群去布线，其蚂蚁数为 P_k，P_k 是第 k 个线网的引脚数，从哪一个引脚出发可按一定规则（如概率的随机方式）选定。然后启动所有蚁群，各蚁群将以异步方式各自去布通自己的线网。具体在高密度开关盒算例中，$N = 19$，即有 19 个线网，算法将生成 19 个蚁群，并启动所有蚁群。

(2) 蚁群的行进过程　IACR – S1 在蚁群行进过程中引进了引力、停机制等新思想，每个蚁群都以走走停停的方式前进，具体可分为如下几个步骤：

STEP 1：目标和路况检测　在布线过程中，各蚁群到达一个新的位置后，若 V_k 为空，则蚁群停止布线，如果所有蚁群都已停止布线，则整个开关盒布线结束。若 V_k 不为空，则蚁群将搜集目标和路径情况的信息，以作选择行进策略和蚁群内任务分配的依据。这些检测信息包括：

① 正前方和左、右两侧有无本线网的引脚；

② 左前方和右前方有无属于本线网的引脚，如有，有多少个；

③ 在蚁群当前位置与本线网的某个引脚相当靠近时，就要做该目标的可到达性检测，即路况检测。当 $|cp.x - p.x| < detectx$ or $|cp.y - p.y| < detecty$ 时，即为相当靠近，在算例中 $detectx = 8$，$detecty = 8$，式中 cp.x，cp.y 分别表示蚁群当前位置的横、纵坐标；p.x 和 p.y 则分别表示引脚 p 位置的横坐标和纵坐标，下同。

参看图 7-6，若蚁群 k 从北边南下，到达位置 A，距其右前方的 p 已相当靠近，为到达此目标，蚁群须派遣蚂蚁先爬行到 O 点；因此，此蚁群就须依次检测 ABO、ACO、AA_1B_1O、AA_2B_2O、… 路径是否通畅，是否有其他蚁群布线阻断了这些通路。

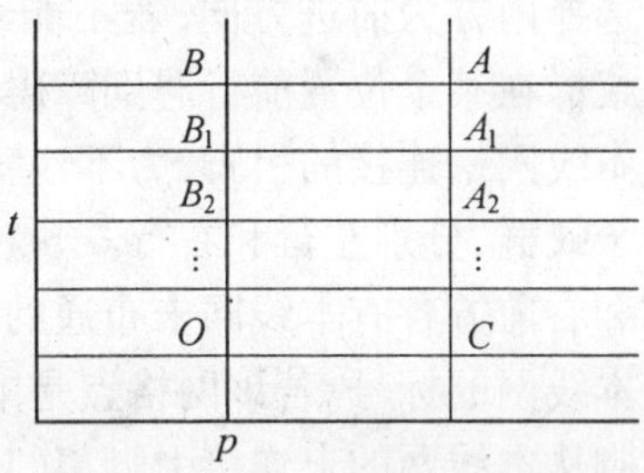

图 7-6　底边上引脚的可到达性检测

STEP 2：直达处理　通过检测(1)，发现正前方/左侧/右侧有属于本线网的引脚或者是通过可到达性检测(3)，发现本蚁群为到达邻近的某个本线网引脚，只剩下了一条通路，遇到这些情况，蚁群将派出蚂蚁，不做等待地连续走多步直达本线网的这些引脚。蚂蚁经过的网格点，须标上本线网的标号，以供其他蚁群识别；而蚂蚁到达了某个引脚之后，就将该引脚从本线网的引脚集中删去，以免本蚁群将其认作未布通的引脚。

STEP 3：决定停等或继续前进　蚁群行进时（除了做直达处理），一次走一步，也即在网格中挪动一格，到了新位置，就要重新搜集信息(1)、(2)、(3)。此外，考虑到要各个蚁群都要布通各自线网，开关盒的布线任务才算完成。因此，每个蚁群在行进时，不能单只自顾自地去完成本群落的布线任务。出于这种考虑，设计了基于协同工作原则的停等机制：某蚁群到了一个新位置后，将检测其正前方是否有属于其他线网的且还未连接的引脚 E，若没有，则蚁群将在下述引力作用下继续前进；若有，则该蚁群通常应停下来等待一段时间

τ_w,以给其他蚁群布通 E 的机会,而不至于阻塞引脚 E 的出路。为此,算法引进了一个表征概率大小的停等因子 W_0,按概率来决定是停下来等待还是继续前进。W_0 可取 0.9,即停等的概率为 90%,继续前进的概率为 10%。此时可产生一个随机数 $W \in (0,1)$,当 $W_0 \geqslant W$,蚁群将等待 τ_w 后再转到 STEP1,继续行进;若 $W_0 < W$,则蚁群不做等待而继续前进,采用停等机制后,可有效地避免不同线网争用布线区域而引起的冲突。

STEP 4:计算引力　每个蚁群都须定量计算出各目标对群落本身吸引力的大小。可以设想本线网的各个引脚都是本蚁群须获得的食物,食物的气味对蚁群构成吸引力(Attraction),食物愈多愈近,气味愈浓,引力也愈大。目前的算法须分别计算蚁群左侧、右侧、左前方和右前方这四个方向上的引力,且定义引力函数为

$$F(\text{cp},\text{p}) = \begin{cases} G, & \text{当 } |\text{cp.x} - \text{p.x}| = 1 \text{ 或 } |\text{cp.y} - \text{p.y}| = 1 \\ 1, & \text{其他} \end{cases} \tag{7-24}$$

其中,$G \gg 1$ 是一正的引力常数,$|\text{cp.x} - \text{p.x}| = 1$ 或 $|\text{cp.y} - \text{p.y}| = 1$ 表示蚁群与引脚 p 的横坐标或纵坐标相差为 1,蚁群有可能在同一层上拐弯而不会违背布线规则。

STEP 5:选择行进方向　蚁群只能向前、向左、向右或向下(穿越过孔)行进,不能后退。根据公式(7-24)计算得到的上述四个方向上引力的大小,蚁群综合考虑后,将在引力的牵引下朝可继续前进的方向行进。如图 7-6 所示,若蚁群 k 从北边南下,到达位置 A,在其右侧和右前方各有一个引脚,分别为 t 和 p 计算引力之后,这两个方向上的引力为 1,其余为 0。显然,蚁群网左拐弯(向东)将增加线网线长,向南或向西前进都不会增加线长,但由于蚁群由北南下,向西走将增加过孔数目。所以,在这时,蚁群 k 查看能否经过 A_1,若能,则将选择南方为前进方向;若不能经过 A_1,蚁群再查看能否朝西前进,等等。更特别的问题是蚁群在某个位置前行遇到障碍时,需左转或右转,若根据引力计算,左前方和右前方都有本线网未连接的引脚,为不违背布线行进规则,这时就须采用分兵策略,即蚁群分为两个子蚁群,分别左行和右行。子蚁群的蚂蚁数和将要去连接的引脚集,可根据侦测到右前方和右前方各有本线网未布通的引脚多少来决定。前进到一个新的网格点上后,蚁群将标上本线网的标号。若该网格点是本线网的一个引脚,就在这个引脚上标记已连接,并把该引脚从本线网的未连接引脚集(V_k)中删去(这个操作就如同蚁群派遣一个蚂蚁去占据了这个引脚,当本蚁群的每个蚂蚁都占据了一个引脚时,该线网布线的任务也就完成了)。之后转到 STEP 1。

蚁群行进过程的概略算法如下:

Algorithm

```
//Vk is the collection of unconnected pins
while (Vk ≠ ∅){
  //path condition detecting
  for each P in Vk{
      delete those pins from Vk;
      continue;
  }
  // determine to wait or continue
  if(determine to wait){
```

```
if(ant colony and p are on a line){
    try to connect p by this line;
}
if(ant colony is near p){
    if(there isn't path to p){
        routing fails;
        stop routing;
    }
    if(there is only one path to p){
        // advance multisteps at once
        connect p through this path;
    }
}//if (ant colony is near p)
}// for each p in V_k
if (connected pins in above checking){
    wait;
    continue;
}
calculating attraction;
select direction for next step;
if (need generate more ant colony){
    generate new ant colony;
}
move one step;
//cp is ant colony's current position
if(cp∈ V_k)
    delete cp from V_k;
}
}// end of while (V_k ≠ ∅)
end
```

3.IACR－S1算法的编程实现

(1)蚁群行进机制　在IACR－S1算法编程实现中,每个蚁群实际上是有一个线程来实现的。考虑到算法执行一般采用单CPU计算机,因此各蚁群的行进机制采用异步方式。各蚁群均选定了其初始位置后,按一随机次序先后出发(不是同时出发);每个线网的蚁群均启动之后,蚁群主要受停等机制和操作系统的线程调度策略影响,异步前进。

(2)编程语言的选择　蚁群布线系统的特点适合于用JAVA语言实现。将各蚁群均视为对象(线程),它们异步行进时可采用多线程机制;对每个线程来讲,蚁群在每个位置检测到的信息和位置、引力计算结果所形成的复杂数据需安全地封装;所有这些功能都是JAVA所具有的。利用JAVA的这些特点,使编程实践非常接近人脑思维,有利于编程效率的提高。此外,JAVA独具的内存自动管理功能,使编程人员能从繁琐的内存管理工作中解脱出来;结合JAVA的例外处理机制,可使程序调试和运行的稳健性大为提高。事实上,在程序反复多次修改、运行的过程中,从未遇到系统崩溃的情况。最后,JAVA语言的跨平台特征使程序易于在不同的软硬件平台上运行,便于与各种基准程序布线结果相比较。

(3)开关盒布线算例　这里举两个应用IACR－S1布线的实例:其一是高密度开关盒(Augmented Dense Switchbox)算例;其二是开关盒样本(Sample Switchbox)算例。算例的布线结果分别见图7-7和图7-8,同其他基准程序(Benchmark)的比较结果列于表7-7和表7-8中。

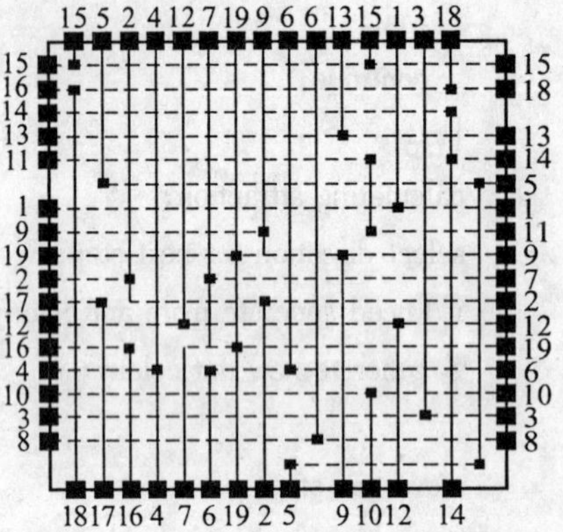

图 7-7　IACR - S1 对高密度开关盒的布线图

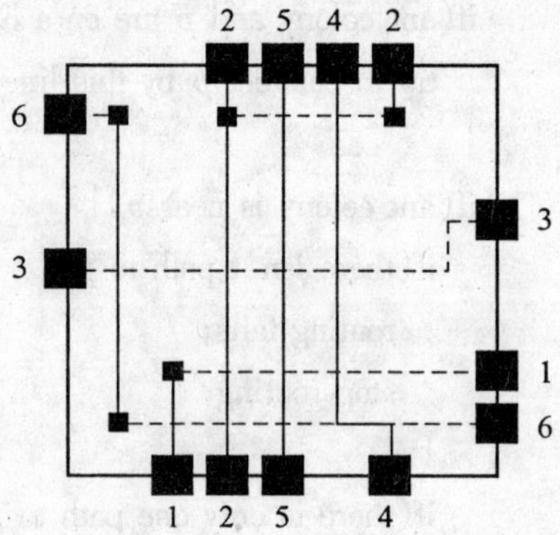

图 7-8　IACR - S1 对开关盒样本的布线图

表 7-7　各种布线算法对高密度开关盒的比较

布线算法	过孔	线长	时间/s
BEAVER[29]	27	529	1
GAP[30]	29	529	2281
IACR - S1	31	529	3

表 7-8　各种布线算法对开关盒样本的比较

布线算法	过孔	线长	时间/s
WEAVER[31]	4	60	73
BEAVER	3	60	1
IACR - S1	5	60	1

由表 7-7、7-8 可以看出,在总线长和过孔数大体相近的情况下,IACR - S1 的计算时间是最短的。理由有二:首先,其他基准用的是 C 语言,而用 JAVA 语言时,因现时装载 JAVA 解释程序的芯片硬件尚未普及,它运行起来要比 C 语言慢得多,一般认为运行时间要长一二十倍;其次,其他基准运行时间多半是在 SUN 工作站上测得的,而 IACR - S1 的程序是在微机(Pentium166)上运行的,速度自然要打一个折扣。这样,若牺牲一点儿运行时间,就可以进一步运用一些优化策略,获得更好的布线结果。在该两实例中,选停等因子 $W_0 = 0.9$,τ_w 取为 20 ms,引力常数 G 取为 500;这些参数均未做过优化处理,故有潜力将获得更优的结果。

第8章 并行蚁群算法

蚂蚁觅食行为是一个群体并行的搜索行为,人工蚁群算法本质上是一个并行系统。因此,研究并行蚁群算法对于提高运算速度具有重要意义。本章首先介绍了并行算法、并行计算机、并行算法设计及性能评价的基本概念,然后阐述了蚁群算法的常用并行策略,最后分别给出了用于TSP问题、二次分配问题(QAP)以及接线路径优化问题的并行蚁群算法,并给出了仿真研究实例。

8.1 并行算法的基本概念

8.1.1 并行计算机及其分类

一般地讲,并行计算是利用并行计算机或分布式计算机(包括分布式网络计算机)等高性能计算机系统所做的计算。

在多处理机、多计算机或分布式系统中,不同组成部分都要通过互连网络彼此连接起来。采用固定连接的网络称为静态互连网络,可以用开关单元动态改变连接组态的网络称为动态互连网络。

传统的V.Neuman结构计算机,即按照预先存储在存储器中的程序,对于给定的数据依次进行运算,每一时刻只能按一条指令对一个数据进行操作,故称为单指令流单数据流机(SISD)。

并行计算机可分为6类:单指令多数据流机(SIMD),并行向量机(PVP),对称多处理机(SMP),大规模并行处理机(MPP),工作站机群(COW)和分布共享存储多处理机(DSM)。后5种为多指令多数据流计算机(MIMD)。

工作站机群(COW)是实现并行计算的一种新主流技术,它需要解决通信性能和并行编程环境。

8.1.2 并行算法的设计

并行算法的设计一般有三种方法。

1.串行算法的直接并行化

检测和开拓已有串行算法中固有的并行性而将其直接并行化。使用这种方法需注意两点:①对于一类具有内在顺序性的串行算法,每一步都要用到上一步的结果,显然这样的串行算法无法并行执行;②并非一个好的串行算法就可以产生好的并行算法,相反,一个不好的串行算法有可能产生很优秀的并行算法。应该指出,直接并行化也并非那么简单、直接,有时为了并行化,需要将原串行算法不做本质性修改,例如调节执行顺序,复制共享变量等。

2.直接设计并行算法

从所要求解问题本身的描述出发,根据问题的固有属性,从一开始就直接设计并行算法。并行算法设计的基本策略是试图将 T 串分段并行处理,而设计并行串匹配算法需要从问题的描述出发,研究串匹配的基本性质。两串能否匹配与串的自身前缀有关。所以研究串的周期性这一数学性质是寻求并行化设计的一种途径。

3.借用已有并行算法

借用已有并行算法是指借用已知某类问题的求解算法来求解另一类问题,这种方法要求设计者不但要从问题求解方法的相似性方面仔细研究,找出求解问题的共同点,而且要从借用可行性及使用效率上全面考虑。借用法尚无一般规律可循,但往往从求解问题的数学方法上能得到某些启发。

8.1.3　并行算法的性能评价

通常用并行算法的加速比、效率和效用来衡量一个并行算法与一个串行算法,或者几个并行算法之间性能的优劣。

定义 8.1　给定一个待求解的问题,设 T_P 是使用 P 台处理机并行算法求解的运行时间,T_1 是使用单台处理机最快的串行算法求解运行时间,则使用 P 台处理机并行算法对于使用单台处理机串行算法的加快比 S_P 定义为

$$S_P = T_1/T_P \tag{8-1}$$

效率 E_P 定义为

$$E_P = S_P/P \tag{8-2}$$

效用 F_P 定义为

$$F_P = S_P/(PT_P) = E_P/T_P \tag{8-3}$$

由上述定义不难看出,并行算法的效用既度量加速比,又度量效率,故并行算法的效用越大,就越有效。

此外,评价一个并行算法还需进一步考虑它的可扩放性。一个并行算法的可扩放性,是指该算法针对某一特定机器结构的可扩放性,例如,考虑并行算法在小规模处理机上的运行性能,预测该并行算法当移植到大规模处理机上的运行性能。

8.2　蚁群算法的并行实现

8.2.1　蚁群搜索算法的原理

作为 ACO 启发式算法有多种，包括蚂蚁系统、MAX-MIN 蚂蚁系统和蚁群系统(ACS)[36]。因为 ACS 搜索技术能代表这些不同的方法，所以用 TSP 问题来说明 ACS。设一个城市集合，其中每两个城市间的距离已知。TSP 的目的是找出能够遍历所有城市且每个城市只走一次，最终回到起始位置的最短路径。可以按照如下方法将 ACS 算法应用到上述问题中。设 TSP 中有 N 个城市，城市 i 和 j 的距离是 $d(i,j)$，在这些城市里随机地散放 m 只虚拟蚂蚁($m \leqslant N$)。在离散步骤内，让每只蚂蚁经过一条边直到访问到所有城市。蚂蚁们在运动过程中留下一种叫做“信息素”的物质，以便和蚁群交流有关边的使用情况信息。这里用 $\tau(i,j)$ 来表示边 (i,j) 上所累计的信息素浓度。

在每一步骤开始时，蚂蚁 k 处于城市 r 上，然后根据公式(8-4)和(8-5)选择下一个城市 s。注意：$q \in [0,1]$ 是一个统一的随机数，q_0 是一个参数。为了保证一只蚂蚁对每个城市只访问一次，不允许蚂蚁 k 从已经访问过的城市中再选择。蚂蚁 k 还没访问过的城市由 $J_k(r)$ 索引

$$s = \begin{cases} \arg\max_{u \in J_k(r)} \{\tau(r,s)[d(r,s)]^{\beta}\} & q \leqslant q_0 \\ p_k(r,s) & \text{其他} \end{cases} \tag{8-4}$$

$$p_k(r,s) = \begin{cases} \dfrac{\tau(r,s)[d(r,s)]^{\beta}}{\sum_{u \in J_k(r)} \tau(r,u)[d(r,u)]^{\beta}} & s \in J_k(r) \\ 0 & \text{其他} \end{cases} \tag{8-5}$$

通常参数 β 取负值，这样路径越短越受欢迎。$\tau(r,s)$ 保证被较多蚂蚁穿越的路径(即具有较高信息量)会被优先选择。公式(8-4)体现出高度的贪婪选择策略，优先选择短距离和高信息量两者兼备的城市。公式(8-5)通过概率地选择下一个城市来进行平衡。

被选边上的信息量要按照公式(8-6)中的局部更新规则更新为

$$\tau(r,s) \leftarrow (1-\rho)\tau(r,s) + \rho\tau_0 \tag{8-6}$$

其中 ρ 是局部信息素衰减参数，$0 < \rho < 1$，而 τ_0 是放置在各边上的初始信息量。根据 Dorigo 和 Gambardella[37]，信息量的初值最好设为 $\tau_0 = (NL_{nn})^{-1}$，其中 L_{nn} 是最近邻居探索的花销。

信息量的全局更新是依据迭代的结论(即所有的蚂蚁完成了一次行程)产生的。在构成当前最短路径的各条边上，信息量要按照公式(8-7)增加为

$$\tau(r,s) \leftarrow (1-\gamma)\tau(r,s) + \gamma\Delta\tau(r,s) \tag{8-7}$$

其中 γ 是全局信息素衰减参数,$0 < \gamma < 1$,$\Delta\tau(r,s)$ 是增加边上的信息量确定如下

$$\Delta\tau(r,s) = \begin{cases} \dfrac{Q}{L} & \text{如果}(r,s)\text{是全局最优路径} \\ 0 & \text{否则} \end{cases} \tag{8-8}$$

其中 L 是当前最短路径长度,而 Q 是独立于问题的常数,通常取值为 100[38]。图 8-1 的伪码描述了 ACS 的基本操作。

```
Initialise pheromone on all edges;
While (stopping criterion is not met)
  Deposit each ant on a random city such that no two
  ants are placed on the same city;
  For (the number of cities)
    For (each ant)
      Choose the next city to visit according to
      Equation 8-4;
    End For;
    For(each ant)
      Update the pheromone on each edge according
      to Equation 8-6;
    End For;
  End For;
  If the best tour from this iteration is better than the
  glabally best tour Then set this is the globally best
  tour;
  Reinforce the pheromone of the edges belonging to the
  globally best tour according to Equation 8-7;
End While;
Output the globally best tour and cost;
```

图 8-1　应用于 TSP 问题描述 ACS 的伪码

8.2.2　常用的并行策略

尽管 ACO 搜索方法在许多层次上都是可并行的,但目前在这方面只有少量的研究,包括 Bullnheimer[39],Stutzle[40]和 Michel 和 Middendor[41]等。以往的工作是对蚂蚁(代理)层次上并行的初级研究。然而,这些研究都没有在并行体系结构上实现他们的系统。所以,很难判定他们并行方案的效率。Stutzle[40]描述了并行的最简单情况:并行独立不交互的 ACO 搜索。Michel 和 Middendor[41]提出了一个根据 ACO 算法改进的岛模型,其中,在独立的蚁群之间有路径信息交换。

当考虑常用的并行策略时,并行可以在一个或更多等级上使用。在最大的等级上,如同 Stutzle[40]描述的一样,整个搜索都可以同时进行。有时,在评估解决方法的元素中也可

以使用并行,特别是在评估需要很大的计算量时。在 TSP 问题中,对研究方法的元素评估微不足道,所以在这个等级上的并行是不合适的。对于描述的其他策略都应该在启发式算法内部寻求并行。

除了并行独立蚁群之外,所有方法都是以著名的主人/奴隶方法[42]为基础,所以适合广泛流行的多输入、多数据(MIMD)机器体系结构[43]。另外,如消息传递接口(MPI)的标准工具可以使用在 ACO 引擎的编程里,以保证跨平台的兼容性。对于 ACO 来说,下述的方法 2、4 和 5 是新的。在考虑不同的并行方法时,需要注意一点,当处理器间有大量通信花费时,并行的性能会退化。所有方法都假定一个分布的,而非共享的存储器系统,因为这些结构更普遍[42]。然而,因为 ACO 系统通常使用全局存储结构(例如探索矩阵),共享存储器的机器,所以会使通讯量更低并能进一步提高并行性能。

下面将蚁群算法的并行策略归纳如下 5 种方法。

1.并行独立蚁群

对于这种方法,一系列有序的 ACO 搜查在通用的处理器上交叉运行。各个蚁群的主参数值是有差别的。任何参数都可以经过处理器加以更改,那么随机种子是不错的选择。这种方法的优点在于处理器之间不需要通讯。这种简单的方法可以作为一系列有序程序在一台 MIMD 机器/工作站机群上运行。

2.并行交互蚁群

这个方法同上面的方面相似,不同点是在特定的迭代中,蚁群间进行信息交换,将表现最好的蚁群的信息素结构拷贝到其他蚁群中。如何定义表现最佳的蚁群是一个问题,因为有许多可供使用不同的度量标准。这种方法的通讯代价会很高,因为需要传播整个信息素结构,这对于许多问题通信量都会很大。

3.并行蚂蚁

在这种方法中,给每个蚂蚁(奴隶)分配一个独立的处理器,用来构建它的解决方案。当 $m > P$ 时,需要在每个处理器上聚集若干个蚂蚁。主处理器负责接收用户输入,将蚂蚁放置在随机的路径起始点,执行全局信息素更新和产生输出。它也可以担当奴隶以保证更高效的执行。

这种方法的通讯量适中,其中,最大的组件是对独立信息素结构加以维护。算法的每个步骤完成后,每个蚂蚁必须更新它的 τ 值,以满足局部信息素更新规则。

4.解决方法元素的并行评估

在算法的每一步,每只蚂蚁需要检查所有可用的解决方法元素,然后才做出选择。这个操作的计算量会非常大,尤其是需要访问约束条件时。由于各元素间是独立的,它们的评估可以并行地进行。所以,为每个奴隶处理器分配了等量的元素来评估,这适用于高约束的问题。这种方法已经在 tabu 搜索的并行中得到广泛应用[44]。

5.蚂蚁和解决方法元素的并行结合

如果有足够多可用的处理器,那么上述两种方法的结合是可行的。在这种情况下,为每只蚂蚁分配了数量相等的处理器(一个组)。在每组中,一个主处理器负责构建蚂蚁的行程,并代表组内每个奴隶评估解决方法的元素。例如,有 10 只蚂蚁(正如 ACS[5]中常用的),每个蚂蚁组有 2 个处理器,那么就有 20 个处理器。对于现代的并行机而言,这是一个可行的配置。

8.2.3 用于 TSP 问题的并行蚂蚁算法

澳大利亚邦德大学 M.Randall[34]提出用并行蚂蚁方案求解 TSP 问题是基于以下的原因。并行交互蚁群对于 TSP 的通讯花费过大,而对于像网络合成这样信息素结构较小的问题,这种技术更合适[45]。解决方法元素的并行评估技术(蚂蚁和解决方法元素的并行结合技术)只有在元素评估花费高时(即计算开销大和/或需要评估大量有难度的约束)才有效,所以不适合 TSP。同样,网络合成问题会从这种技术中受益。

```
Get user parameters(β, q0, γ, ρ, seed);
Broadcast (β, q0, γ, ρ, seed) to each ant;
Lnn = Calculate the nearest neighbour cost;
τ0 = (NLnn)^-1;
Broadcast τ0 to each ant;
Broadcast the d matrix and N to each ant;
While (termination condition not met)
  Deposit each ant on a random city such that no two
  ants are placed on the same city;
  Send each initial city to each ant;
  For (each city)
    Receive each ant's next city and add to the colony solution;
    Update the pheromone matrix using the local update rule;
    Broadcast m pheromone updates (i, j, τij) to each ant;
  End For;
  Receive the cost of each ant's solution;
  iteration_best_cost = Determine the best solution
  cost from each the current colony;
  If (iteration_best_cost < best_cost)
    best_cost = iteration_best_cost;
  End If;
  Update the pheromone matrix using the global update rule;
  Broadcast N pheromone updates to each ant;
  Determine if the termination condition is met and broadcast
  to each ant;
End While;
End.
```

图 8-2 并行蚂蚁策略将主处理器应用到 TSP 中的伪码

图 8-2 和图 8-3 分别使用伪码描述并行蚂蚁方案中主人和奴隶的活动和通讯。须指出,在下文中术语"蚂蚁"和"奴隶"是可以互换使用的。在这个算法里,每个处理器仿真一只蚂蚁,并保存它自己的信息素矩阵的副本。这个矩阵副本随着程序的运行会被增量地更新。这样做是为了保证最小的通讯量,但是,通讯花费的大部分是在信息素更新阶段也是可以预见的。

```
Receive (β, q0, γ, ρ, seed) from the master;
Receive τ0 from the master;
Receive the d matrix and N from the master;
Initialise the pheromone matrix with τ0;
While (termination condition is not met)
    initial-city = city = receive the initial city
    from the master;
    For (each city)
        next-city = choose the next city according to
        Equation 1;
        Send next-city to the master;
        cost = cost + d_{city, next-city};
        city = next-city;
    End For;
    cost = cost + d_{next-city, initial-city};
    Send cost to the master;
    Receive the pheromone update from the master;
    Receive the termination information signal fr
    the master;
End While;
End.
```

图 8-3　并行蚂蚁策略将从(奴隶)处理器应用到 TSP 中的伪码

为了测试基于并行蚂蚁方案对于 TSP 问题的性能,选用来自 TSPLIB[46] 的问题,如表 8-1 所示。并行蚂蚁算法之所以使用表 8-2 中的参数集合来运行求解这些问题实例,是因为文献[37,38] 发现这样的参数设置性能优越。用来进行实验的计算机平台是包含 18 RS6000 model 590 处理器的 IBM SP2,处理器的峰值是每个节点 266 MFLOPS。这台机器上至多有 8 个专用处理器可供并行计算使用。

对并行算法性能的测试采用加速比和效率来衡量,表 8-3 概述了实验结果。对于小问题,并行的效率低且达不到预期效果,因为通讯量导致并行代码执行的实际时间远远超过了线性代码的时间。然而,当加入更多的处理器且问题量增加时,并行效率有稳定(接近线性)的增长。当城市数量超过 200 时,并行方案为问题的解决带来了益处。

表 8-1 使用问题的实例

Name	Size(cities)	Besk – known cost
gr24	24	1272
st70	70	675
kroA100	100	21,282
kroA200	200	29,368
lin318	318	42,029
pcb442	442	50,778
rat575	575	6773
d657	657	48,912

表 8-2 使用的参数设置

Parameter	Value
β	–2
γ	0.1
ρ	0.1
m	2…8
Q	100
q_0	0.9
Iterations	1000

表 8-3 并行加速比和效率的实验结果(每格的第一行是加速比,第二行是效率)

Problem	P 2	3	4	5	6	7	8
gr24	0.08	0.06	0.07	0.07	0.07	0.06	0.06
	0.04	0.02	0.02	0.01	0.01	0.01	0.01
st70	0.27	0.21	0.23	0.24	0.23	0.21	0.21
	0.13	0.07	0.06	0.05	0.04	0.03	0.03
kroA100	0.41	0.32	0.37	0.38	0.37	0.34	0.33
	0.2	0.11	0.09	0.08	0.06	0.05	0.04
kroA200	0.82	0.84	0.85	0.92	0.92	0.91	0.9
	0.41	0.28	0.21	0.18	0.15	0.13	0.11
lin318	1.2	1.44	1.44	1.59	1.61	1.53	1.58
	0.6	0.48	0.36	0.32	0.27	0.22	0.2
pcb442	1.42	1.62	1.93	2.18	2.31	2.31	2.35
	0.71	0.54	0.48	0.44	0.38	0.33	0.29
rat575	1.56	1.78	2.1	2.55	2.77	3.02	3.08
	0.78	0.59	0.52	0.51	0.46	0.43	0.38
d657	1.67	1.95	2.32	2.89	3.25	3.29	3.3
	0.83	0.65	0.58	0.58	0.54	0.47	0.41

图 8-4 中的曲线形象地展示出使用 6 个处理器的加速比。尽管在许多测量尺度下的加速比较低,但图 8-4 和表 8-3 说明对于 lin318 以上的问题加速比大于 1,最大值是 3.3。当问题量增加时,加速比和效率都提高。所以对于大问题,这种方法可以降低时间的实际需求量。

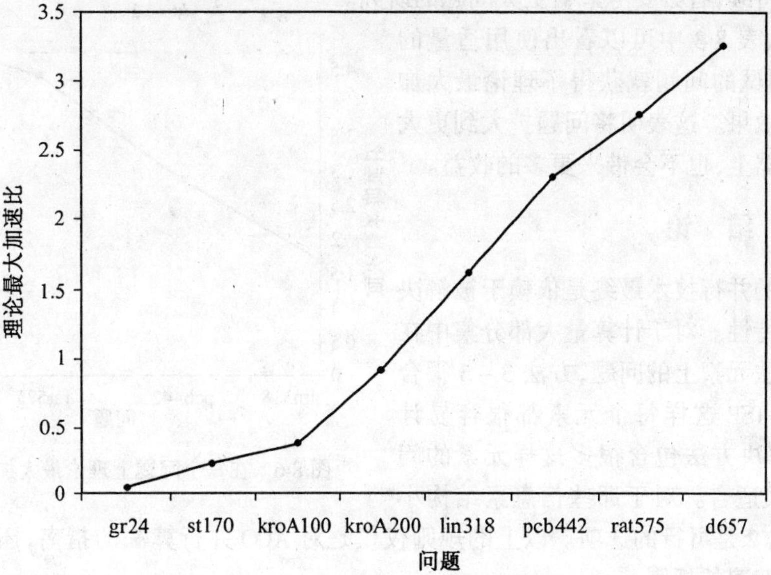

图 8-4 使用 6 个处理器的加速比

为了进一步研究并行行为，由并行中获益的 4 大问题计算出实验的连续系数，通过公式(8-9)来计算

$$f_{es} = \frac{\dfrac{1}{S_p} - \dfrac{1}{p}}{1 - \dfrac{1}{p}} \tag{8-9}$$

其中 S_p 是由式(8-1)定义的加速比，p 为用于并行计算的计算机台数。

图 8-5 以处理器个数为横坐标描绘了每个问题的结果。从中可以看出，实验的连续部分随着问题量的降低而降低，这意味着并行性能的提高。当使用大约 6 个处理器时每个问题的曲线都降到最低值，然后增加。

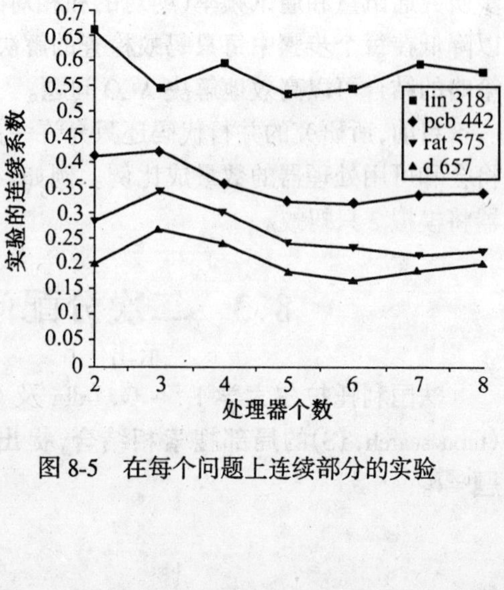

图 8-5 在每个问题上连续部分的实验

当按照 Amdahl 定律[47]，将实验的连续部分用来推到理论加速比最高值时，这种度量方法的意义得以显现。对于带有 s 的连续部分的代码，加速比接近上限 1/s。图 8-6 显示 4 个问题的理论最大加速比。随着问题量的增加，最大问题的增加速度减缓。而且，如

果这种降低持续，有必要考虑对更大问题的研究。

另外，从表 8-3 中可以看出使用适量的处理器，被测试的问题就获得了理论最大加速比的显著效果。这表明将问题扩大到更大数量的处理器上，也不会带来更多的收益。

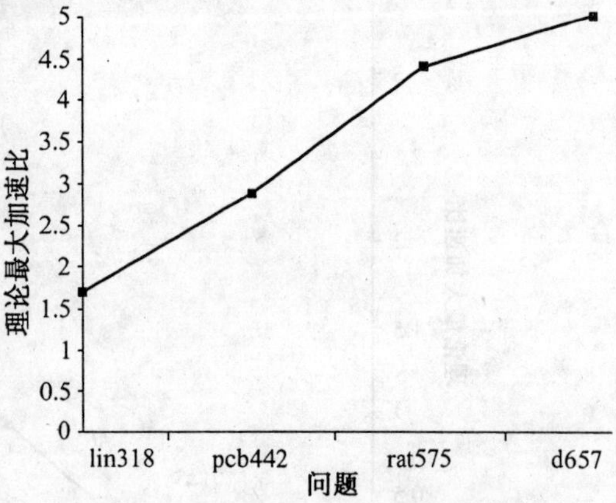

图 8-6　在每个问题上理论最大加速比

8.2.4　结　论

最合适的并行技术最终是依赖于被解决问题的本身特性。对于计算量大部分集中在评估解决方法元素上的问题，方法 3～5 很合适。对于像 TSP 这样每个元素都很容易计算，但每个解决方法包含很多这样元素的问题，方法 3 很适合。对于那些信息素结构小的问题，方法 2 是可行的选项。以上的规则仅仅是对 ACO 并行算法的指南，还应该进一步研究更加普遍的规则。

在蚂蚁并行构建旅程的并行蚂蚁方案中，主蚂蚁协调蚁群的活动。这种方案概念上简单，并且很适合在 MIMD 机器上应用 MPI 模型。实验结果表明，对于更大规模的问题（$N>200$），可以实现合意的加速比和效率。然而，这个方案的缺点之一是为了维护信息素矩阵需要大量的通讯，还需要进一步深入研究在更大问题量和处理器数目时，此方案的可测量性。

如果在算法中合并更大的可并行组件，并行效率可以提高。例如，每只蚂蚁可以在它的旅程结尾时添加一个局部搜索阶段。另外的方法可以是使用共享存储器计算机，进一步研究通讯量和通讯频率（绝对的和相对的）的最小化问题。还要研究候选列表策略[48]，以降低在每个步骤中每只蚂蚁检查的解决方法元素的数量。候选列表策略和高效的并行策略的结合可以高效地解决 ACO 问题。

目前，所研究的并行代码还只允许一只蚂蚁用一个处理器。在将来研究中，蚂蚁数量将会和可用处理器的数量成比例。例如，有 10 只蚂蚁和 5 个可用处理器，那么每个处理器将模拟 2 只蚂蚁。

8.3　二次分配问题的并行蚁群算法

法国利托拉尔大学 E. – G. Talbi 及 O. Roux 等人将并行蚁群算法和基于 tabu 搜索（tabu search，TS）的局部搜索相结合，提出了一种并行蚁群系统模型，用于解决 QAP 问题[35]。

8.3.1　二次分配问题的蚁群算法

1.二次分配问题

定义 8.2　二次分配问题的定义是：设一个 n 个对象的集合 $O = \{O_1, O_2, \cdots, O_n\}$，$n$ 个位置的集合 $L = \{L_1, L_2, \cdots, L_n\}$，一个流矩阵 $\boldsymbol{C}$，每个元素 c_{ij} 表示对象 O_i 和 O_j 间的流花费，一个距离矩阵 $\boldsymbol{D}$，每个元素 d_{kl} 表示位置 L_k 和 L_l 间的距离，要找到一个对象 - 位置的双射 $M: O \to L$，使对象函数 f 最小

$$f = \sum_{i=1}^{n} \sum_{j=1}^{n} c_{ij} \times d_{M(i)M(j)} \tag{8-10}$$

QAP 代表一类 NP 难组合优化的重要问题，此类问题在不同领域有许多应用，例如设备放置、数据分析、任务调度、图像合成等。

2.二次分配问题的蚁群算法

应用蚁群算法解决 QAP 问题是以蚂蚁系统和局部搜索方法相结合为基础的，每只蚂蚁与一个整数排列结合，每个组合根据信息素踪迹而更改。再运用局部搜索方法优化目前蚂蚁找到的解决方法，信息素踪迹的更新会模拟挥发过程并考虑在搜索策略中产生的解决方法。在某些方面，信息素矩阵可以看做一个共享的存储器，保存有所发现的最优解决方法的分配。图 8-7 中给出了 ANTabu 算法的不同步骤。

```
Generate m (number of ants) permutations π^k of size n
Initialization of the pheromone matrix F
For i = 1 to I^max (I^max = n/2)
  For all permutation π^k (1 ≤ k ≤ m)
    Solution construction:
    π̂^k = n/3 transformations of π^k based on the pheromone matrix
    Local search:
    π̂^k = tabu search(π̂^k)
    IF π̂^k < π*
      THEN the best solution found π* = π̂^k
    Update of the pheromone matrix
    IF n/2 iterations applied without amelioration of π*
      THEN Diversification
```

图 8-7　ANTabu 用于 QAP 的蚁群算法

8.3.2　QAP 的蚁群算法步骤

1.初始化

这里使用了基于 n 个整数排列的表示法：

$$s = (l_1, l_2, \cdots, l_n) \tag{8-11}$$

其中 l_i 表示对象 O_i 的位置。每只蚂蚁的初始解决方法是随机初始化的。信息素矩阵的初始化需要3个步骤。首先,对 m 个初始解决方法进行局部搜索优化。然后,识别出 π^* 种群的最佳解决方法。最后,信息素矩阵 F 的初始化如下

$$\tau_{ij}^0 = \frac{1}{100} \times f(\pi^*) \quad i,j \in [1,\cdots,n] \tag{8-12}$$

2. 构建解决方法

每只蚂蚁的当前解决方法是信息素矩阵的变换函数。使用一对交换步骤作为局部的变换,在此步骤中交换一个排列中的两个对象。$n/3$(n 是问题规模)的交换是如下进行的:随机选择第一个元素 r,按照0.9的概率选择第二个元素 s,使 $\tau_{r\pi_s}^k + \tau_{s\pi_r}^k$ 最大($\tau_{r\pi_s}^k$ 是包含元素 s 位置 r 的信息素,π 是解决方法)。在其他情况下,选择元素的概率是 α,它与相关的信息素成比例

$$\frac{\tau_{r\pi_s}^k + \tau_{s\pi_r}^k}{\sum_{r \neq s}(\tau_{r\pi_s}^k + \tau_{s\pi_r}^k)} \tag{8-13}$$

3. 局部搜索

设计基于TS方法[7]的局部搜索步骤是为了把TS应用在QAP上,为此必须定义短期存储器,以避免循环过程。这里不使用增强/多样化阶段的长期存储器,因为它是由蚂蚁系统操作的。Tabu列表包含无法交换的对象(基于新近的限制)的(i,j)对。算法的效率取决于tabu列表尺寸的选择。实验表明选择 $n/2$ 到$(3n)/2$之间的尺寸,会产生很好的结果。每个TS任务初始化时,tabu列表尺寸在 $n/2$ 到$(3n)/2$之间随机产生。如果一个tabu步骤能产生比当前最优解决方法更好的方法,那么允许按tabu步骤执行。在具体的实现中,限制TS进行有限次迭代,以避免早熟收敛。

4. 信息素矩阵的更新

首先,为了模拟挥发过程更新信息素矩阵,按照如下公式减小矩阵值 F

$$\tau_{ij}^{k+1} = (1-\alpha)\tau_{ij}^k \quad i,j \in [1,\cdots,n] \tag{8-14}$$

其中,$0 < \alpha < 1$(实验中 $\alpha = 0.1$)。如果 α 接近0,信息素的影响在长时间内有效。但如果 α 接近1,它的作用时间很短。第二阶段是解决方法的信息素增强功能。这里不是像HAS-QAP算法那样,为了信息素的更新仅考虑最优解决方法,而是设计一种新策略,即每只蚂蚁都添加一份与它的贡献成反比的信息量。这份贡献可以通过和最优与最差解决方法间的差异相除来削弱。所采用的更新公式是

$$\tau_{i\pi(i)}^{k+1} = (1-\alpha)\tau_{i\pi(i)}^k + \frac{\alpha}{f(\pi)} \frac{f(\pi^-) - f(\pi)}{f(\pi^*)} \qquad i \in [1,\cdots,n] \tag{8-15}$$

其中，$\tau_{i\pi(i)}^{k+1}$ 是在第$(k+1)$次迭代中与元素$(i,\pi(i))$相关的信息素踪迹。π^- 是目前找到的最差解决方法，π^* 是最优的，而 π 是当前的解决方法。

5. 多样化

如果在 $n/2$ 次迭代中，最优解决方法都没有提高，那么要启动多样化操作。多样化方案迫使蚂蚁使用新的结构，从全新的解决方法开始。HAS－QAP系统中的多样化包括重新初始化信息素矩阵和随机产生新的解决方法[51]。在本方法中，建立一个叫做频率矩阵的长期存储器。这个矩阵保存所有以前分配的频率，并在多样化阶段开始时使用。在此阶段中，使用以往最少选择的模式，集中注意未勘查过的区域以便生成新的解。

8.3.3　并行蚁群模型

为了高效地解决大型优化问题，已经开发了一种蚁群的并行模型。所使用的程序类型是雇主／工人同步范式。雇主实现中央存储，并通过它传递所有信息，并且捕获搜索中获得的全局信息。而工人实行搜索过程，这个并行算法的工作过程如图8-8所示。雇主管理信息素矩阵和已经发现的最优解决方法。在每次叠代中，雇主将信息素矩阵广播给所有工人。每个工人控制一个蚂蚁过程：它接收信息素矩阵，构建一个完整的解决方法，在这个方法上应用TS，并且把得到的解决方法和局部频率矩阵发送给雇主。当雇主收到所有解决方法时，它更新信息素、频率矩阵和找到最优的解决方法，然后迭代此过程。当多样化阶段开始时，雇主把新产生的解决方法发送给工人们。

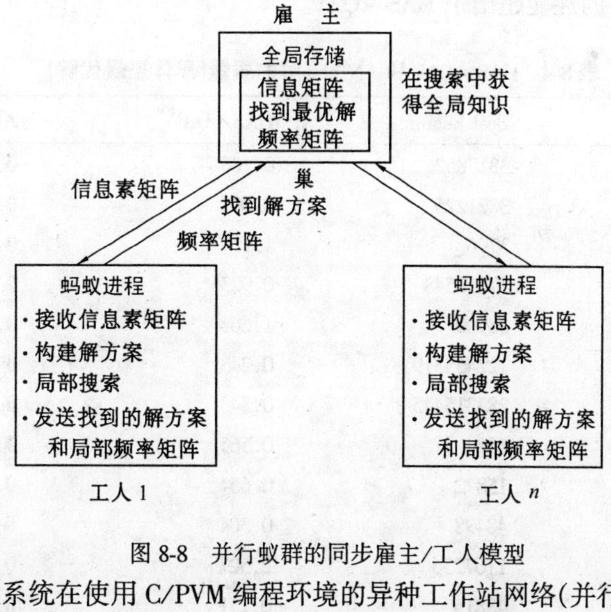

图8-8　并行蚁群的同步雇主/工人模型

上述的蚂蚁系统在使用C/PVM编程环境的异种工作站网络(并行虚拟机)上实现了。

每只蚂蚁由一台机器管理,在所有实验里,只使用 10 只蚂蚁(10 台机器,Silicon Graphics Indy 工作站网络)。

8.3.4 实验结果比较与结论

首先把启发式算法 ANTabu 和基于蚁群的 HAS - QAP 方法的比较。然后,和并行独立的 TS 比较,作为访问蚁群的合作范式。通过根据这些比较,讨论来自局部搜索和蚂蚁合作的相关收获。最后,将 ANTabu 方法的性能同基于爬山和遗传算法的其他方法的比较。这些比较研究来自三类问题的例子:QAP 库[52] - 随机统一花费和距离矩阵,随机花费矩阵和一网格距离矩阵;一个实际生活的问题。在和其他启发式算法的比较中,读者需要注意几乎不可能使用完全相同的实验设置(机器、编译器效率、算法代码等)。然而,为了便于比较,在时间数据可知时,使用了相等的计算时间。

1. 和 HAS - QAP 的比较

ANTabu 算法的参数设置和 HAS - QAP 方法中的相同($\alpha = 0.1$)。为了评估蚂蚁系统的性能,将 TS 方法的迭代限制在 $5n$ 次以内。从 QAPlib[8]中选择了 12 个问题,或者是不规则类问题(bur26d, chr25a, els19, tai20b, tai35b),或者是规则类问题(nug30a, sko42, sko64, tai25a, wil150)。允许 ANTabu 和HAS - QAP有 10 次迭代。表 8-4 中比较了 ANTabu 和 HAS - QAP 的结果(HAS - QAP 的结果直接来自文献[51]),给出了两种算法在同 QAP 库中最佳解决方法的差别。

很显然 ANTabu 的性能超出了 HAS - QAP。

表 8-4　HAS - QAP 和 ANTabu 解的质量(黑体是最优解)

Problem	Best known	HAS - QAP	ANTabu
bur26b	3817852	0.106	**0.018**
bur26d	3821225	0.002	**0.0002**
chr25a	3796	15.69	**0.047**
els19	17212548	0.923	**0**
kra30a	88900	1.664	**0.208**
tai20b	122455319	0.243	**0**
tai35b	283315445	0.343	**0.1333**
nug30a	6124	0.565	**0.029**
sko42	15812	0.654	**0.076**
sko64	48498	0.504	**0.156**
tai25a	1167256	2.527	**0.843**
wil50	48816	0.211	**0.066**

2.代理间合作的影响

为了评估蚂蚁操作系统带来的收益,把结果和 PATS 算法[53]的结果做比较。PATS 是并行适应的 TS,包含一组分布地运行在异种工作站(包括 Intel PCs, Sun 和 Alpha 工作站)网络上的独立 tabu 算法。可以检测每个工作站的负荷,而且使用 MARS 并行程序环境,tabu 任务可以自动从忙碌的机器迁移到空闲机器上。对来自 3 类大问题的例子进行了比较。一是带有随机统一花费和距离矩阵的例子(tai100a),二是带有随机花费矩阵和一网格距离矩阵的一组例子(sko100a - e, wil100),三是实际生活的例子(tai256c, esc128)。表 8-5给出了实验结果。在 10 次运行里 PATS 和 ANTabu 的最佳结果是最优解。同 QAPlib 的最优解的差别通过百分数形式给出。运行时间以 min 为单位,并对应于 PATS 的 126 台机器网络和 ANTabu 的 10 台机器网络上运行 10 次的平均执行时间。所以,从这个角度看,ANTabu 算法有很大缺陷。

表 8-5　PATS 和 ANTabu 算法的比较

	tai100a	sko100a	sko100b	sko100c	sko100d	sko100e	wil100	ec128	tai256c
Best known	21125314	152002	153890	147862	149576	149150	273038	64	44759294
PATS									
Best found	21193246	152036	153914	147862	149610	149170	273074	64	44810866
Gap	0.322	0.022	0.016	0	0.022	0.013	0.013	**0**	0.115
Time(min)	117	142	155	132	152	124	389	230	593
ANTabu									
Best found	21184062	152002	153890	147862	149578	149150	273054	64	44797100
Gap	**0.278**	**0**	**0**	**0**	**0.001**	**0**	**0.006**	**0**	**0.085**
Time(min)	139	137	139	137	201	139	478	258	741

实验结果表明当使用较少的计算资源和搜索代理时,ANTabu 系统有更好的结果。注意,最佳解决方法是从 5 个 sko100 实例中的 4 个里得出。

3.和其他算法的比较

ANTabu 算法的性能已经和其他启发式算法进行了比较:

- Battiti 和 Tecchiolli[54]的反应 tuba 搜索(RTS)
- Taillard[55]的 TS
- Fleurent 和 Ferland[56]的遗传混合方法(GH)
- Connolly[57]的模拟退火(SA)
- Gambardella et al.[51]的 HAS - QAP,但运算时间扩展到 10 只蚂蚁中每只各 100 次迭代,实验结果也取自文献[51]。

表 8-6　具有相同计算时间的规则例子的比较结果(黑体是最优解)

Problem	Best known value	TT	RTS	SA	GH	HAS - QAP	ANTabu	time/s
nug20	2570	**0**	0.911	0.070	**0**	**0**	**0**	30
nug30	6124	0.032	0.872	0.121	0.007	0.098	**0**	83
sko42	15812	0.039	1.116	0.114	0.003	0.076	**0**	248
sko49	23386	0.062	0.978	0.133	0040	0.141	**0.038**	415
sko56	34458	0.080	1.082	0.110	0.060	0.101	**0.002**	639
sko64	48498	0.064	0.861	0.095	0.092	0.129	**0.001**	974
sko72	66256	0.148	0.948	0.178	0.143	0.277	**0.074**	1415
sko81	90998	0.098	0.880	0.206	0.136	0.144	**0.048**	2041
sko90	115534	0.169	0.748	0.227	0.196	0.231	**0.105**	2825
tai20a	703482	0.211	0.246	0.716	0.268	0.675	**0**	26
tai25a	1167256	0.510	**0.345**	1.002	0.629	1.189	0.736	50
tai30a	1818146	0.340	0.286	0.907	0.439	1.311	**0.018**	87
tai35a	2422002	0.757	0.355	1.345	0.698	1.762	**0.215**	145
tai40a	3139370	1.006	0.623	1.307	0.884	1.989	**0.442**	224
tai50a	4941410	1.145	0.834	1.539	1.049	2.800	**0.781**	467
tai60a	7208572	1.270	**0.831**	1.395	1.159	3.070	0.919	820
tai80a	13557864	0.854	**0.467**	0.995	0.796	2.689	0.663	2045
wil50	48816	0.041	0.504	0.061	0.032	0.061	**0.008**	441

文献[58]已经表明将这些方法应用在所有的规则例子和不规则例子上后,它们的效力不相同。规则例子的流支配低于 1.2,而相反地,不规则例子有时也被称为“结构化的”例子。表 8-6 显示了规则例子的结果表明,ANTabu 算法优于其他的解决方法。

下面再从 10 到 80 个位置的范围内变化的 20 个不规则例子上比较那些算法,表 8-7 给出了实验结果。在这种情况下,最优结果由 HAS - QAP 获得,它为 16 个实例找到了最佳的平均适应结果。而 ANTabu 只为 13 个例子找到了最优平均结果。

表 8-7　具有相同计算时间的不规则例子的比较结果(黑体是最优解)

Problem	Best known value	TT	RTS	SA	GH	HAS - QAP	ANTabu	time/s
bur26a	5426670	0.0004	–	0.1411	0.0120	**0**	**0**	50
bur26b	3817852	0.0032	–	0.1828	0.0219	**0**	0.0169	50
bur26c	5426795	0.0004	–	0.0742	**0**	**0**	**0**	50
bur26d	3821225	0.0015	–	0.0056	0.0002	**0**	**0**	50
bur26e	5386879	**0**	–	0.1238	**0**	**0**	**0**	50
bur26f	3782044	0.0007	–	0.1579	**0**	**0**	**0**	50
bur26g	10117172	0.0003	–	0.1688	**0**	**0**	**0**	50
bur26h	7098658	0.0027	–	0.1268	0.0003	**0**	**0**	50
chr25a	3796	6.9652	9.8894	12.4973	2.6923	3.0822	**0.8957**	40
els19	17212548	**0**	0.0899	18.5385	**0**	**0**	**0**	20
kra30a	88900	0.4702	2.0079	1.4657	**0.1338**	0.6299	0.2677	76
kra30b	91420	0.0591	0.7121	0.1947	0.0536	0.0711	**0**	86
tai20b	122455319	**0**	–	6.7298	**0**	0.0905	**0**	27
tai25b	344355646	0.0072	–	1.1215	**0**	**0**	**0**	50
tai30b	637117113	0.0547	–	4.4075	0.0003	**0**	**0**	90
tai35b	283315445	0.1777	–	3.1746	0.1067	**0.0256**	0.0408	147
tai40b	637250948	0.2082	–	4.5646	0.2109	**0**	0.4640	240
tai50b	458821517	0.2943	–	0.8107	0.2142	**0.1916**	0.2531	480
tai60b	608215054	0.3904	–	2.1373	0.2905	**0.0483**	0.2752	855
tai80b	818415043	1.4354	–	1.4386	0.8286	**0.6670**	0.7185	2073

为了理解规则和不规则例子间行为差异背后的原因,不仅检测平均结果,还检测最好和最坏的结果,表 8-8 给出了检测数据。

注意,在 10 次运行里,至少可以找到几乎所有问题的最优解一次。所以,可以认为表 8-7 中较低的平均值是因为多样化阶段后的低量的局部最优值,它可能是对搜索区域更完整勘测的很好的代价。

表 8-8　ANTabut 的不规则例子在 10 次运行里的最优和最差解

Problem	Average	Time/s	Worst	Best
bur26a	0.0000	50	0.0000	0.0000
bur26b	0.0169	50	0.1693	0.0000
bur26c	0.0000	50	0.0000	0.0000
bur26d	0.0000	50	0.0000	0.0000
bur26e	0.0000	50	0.0000	0.0000
bur26f	0.0000	50	0.0000	0.0000
bur26g	0.0000	50	0.0000	0.0000
bur26h	0.0000	50	0.0000	0.0000
chr25a	0.8957	40	4.5838	0.0000
els19	0.0000	20	0.0000	0.0000
kra30a	0.2677	76	1.3386	0.0000
kra30b	0.0000	86	0.0000	0.0000
tai20b	0.0000	27	0.0000	0.0000
tai25b	0.0000	50	0.0000	0.0000
tai30b	0.0000	91	0.0000	0.0000
tai35b	0.0408	148	0.2212	0.0000
tai40b	0.4640	241	2.6239	0.0000
tai50b	0.2531	486	0.9075	0.0000
tai60b	0.2752	860	1.5608	0.0000
tai80b	0.7185	2091	1.8549	0.0019

4. 结 论

实验结果表明，同 HAS－QAP 和并行独立的 TS 相比，由于使用频率矩阵，在信息素矩阵更新阶段和开发/多样化阶段改进了蚂蚁的合作机制，还通过使用基于 TS 的局部搜索步骤增强了每只蚂蚁的搜索过程，使得具有局部搜索的并行蚁群算法性能有显著提高。所以，这表明了将强有力的局部搜索、类蚂蚁合作和并行相结合带来的明显好处。同并行 TS 算法比较，证明了在并行启发式算法里合作的使用更加广泛。

8.4　接线路径优化的蚁群并行算法

在继电控制系统设计中确定元件之间的接线路径优化问题,类似于 TSP 问题,属于 NP 完备的组合优化问题,文献[59]建立了适于继电系统接线路径优化的计算模型,并在 MPI(消息传递界面)的基础上实现了蚁群并行算法。

8.4.1　接线路径优化问题

继电控制系统中的布线工艺规定,元件的每一对端子最多只允许连接两根导线。考虑到元件由可能安装到不同的安装面(板区)上,不同安装面之间的连线需要通过端子排来实现。施工设计中为了便于检修,对于一些特殊元件或重要元件不允许直接与其他元件相连接,而是通过端子排作为中介进行连接。另外,在实际布线过程中为了美观和便于施工,常常在板区的特殊部位,设置线卡以固定连接线,这些线卡也会对走线路径构成影响。

将导线总长度作为优化目标函数,将所有影响走线的节点及其排列次序作为自变量进行目标函数最小值的计算,其数学模型描述如下

$$\min \sum_{i \neq j} d_{ij} x_{ij} \tag{8-16}$$

$$s.t.\ d_{ij} = d_{ji} \quad \forall\, i,j,i,j = 1,\cdots,n \tag{8-17}$$

$$\sum_{j=1}^{n} x_{ij} = 1, i = 1,2,\cdots,n \tag{8-18}$$

$$\sum_{i=1}^{n} x_{ij} = 1, j = 1,2,\cdots,n \tag{8-19}$$

$$\sum_{i,j \in s} x_{ij} \leqslant |S| - 1, 2 \leqslant |S| \leqslant n-2, S \subset \{1,2,\cdots,n\} \tag{8-20}$$

$$x_{ij} \in \{0,1\} \quad i,j = 1,\cdots,n, i \neq j \tag{8-21}$$

其中 d_{ij} 代表节点 i 到节点 j 之间的连接导线长度;决策变量 $x_{ij} = 1$ 表示连线路径中包含从节点 i 到节点 j, $x_{ij} = 0$ 表示连线路径中不包含从节点 i 到节点 j, $|S|$ 表示集合 S 中的元素个数,式(8-18) ~ (8-20) 保证只经过每个节点一次。目标(8-16) 要求长度之和最小。

同一安装面内任意两节点的距离 d_{ij} 可分为两种情况:

(1) 允许导线以斜线方式相联,节点间的距离用欧氏距离(Euclidean Distance) 表示

$$d_{ij} = \sqrt{(x_i - x_j)^2 + (y_i - y_j)^2} \tag{8-22}$$

(2) 不允许斜线连接,只能按水平、垂直方向连接,则两点的距离用曼哈顿距离(Manhattan Distance) 表示

$$d_{ij} = |x_i - x_j| + |y_i - y_j| \tag{8-23}$$

不同安装面间的连接线的长度计算相对比较复杂,需要由 CAD 软件根据柜体结构的

三维尺寸来确定。在实际生产中,接线工人为了方便走线,会在柜体内设计出若干走线槽,二次连线都是成捆地从这些走线槽中经过。根据这些走线槽可以在开关柜内生成一个连通的连接网络,只要获取连接网络中的拐点就可求其间的通路长度。

8.4.2 蚁群算法与路径优化

TSP问题实际上是一个路径优化问题,它可以表述成一个完全加权的有向图 $G=(V,A,d)$。其中 $V=\{1,2,\cdots,n\}$ 是节点集合,$A=\{(r,s)\mid r,s\in V\}$ 是支路集合,$d(r,s)$ 是 A 的权函数,它将每条支路(r,s)与一个正整数权 $d(r,s)$ 相关联,$d(r,s)$ 可看成节点 r 和 s 之间的距离。目标是找到恰好访问每个节点一次的最小长度的闭合回路。若 $d(r,s)=d(s,r)$ 为对称的TSP;若至少有一对 $d(r,s)$ 和 $d(s,r)$,有 $d(r,s)\neq d(s,r)$,则为不对称的TSP。

从上述分析可以看出,继电控制系统中的电气接线路径优化问题可以等效为带权无向图的对称TSP问题,从而使用ACS算法求解,关键在于确定节点集合 V 和支路权函数 $d(r,s)$。继电控制线路的原理图可能抽象为一张网络拓扑图。通过对拓扑图分析,可以把电路图分解成多个连通子集,提取同一连通子集中的端子节点,则构成优化设计中的基本节点集。

ACS算法使用如下状态转移规则选择下一个节点

$$s_k=\begin{cases}\arg\max_{u\in J_k(r)}\{[\tau(r,u)]\cdot[\eta(r,u)]^\beta\}, & \text{如果 } q\leqslant q_0\\ S, & \text{其他}\end{cases}\tag{8-24}$$

$$P_k(r,s)=\begin{cases}\dfrac{[\tau(r,s)]\cdot[\eta(r,s)]^\beta}{\sum\limits_{u\in J_k(r)}[\tau(r,u)]\cdot[\eta(r,u)]^\beta}, & \text{如果 } s\in J_k(r)\\ 0, & \text{其他}\end{cases}\tag{8-25}$$

其中 s_k 表示序号为 k 的蚂蚁所选中的下一个节点;q 为一个随机变量,q_0 是设定的阈值。蚂蚁在选择下一个节点之前先获取一个随机值 q;若 $q\leqslant q_0$,则选择节点时按已知信息,选择不在禁忌表 $J_k(r)$ 中,而且令表达式$[\tau(r,u)][\eta(r,u)]^\beta$值是最大的节点,其中 β 参数综合体现了痕迹强度 $\tau(r,s)$ 和启发函数 $\eta(r,s)$ 对蚂蚁决策影响的相对程度;若 $q>q_0$,则按照随机方法进行,S 称为搜索,其概率分布由公式(8-25)计算得到。

在所有的蚂蚁完成一次搜索之后,仅更新当前搜索到的最优路径上各个支路的信息量,全局更新规则描述如下

$$\tau(r,s)\leftarrow(1-\alpha)\cdot\tau(r,s)+\alpha\cdot\Delta\tau(r,s),\alpha\in(0,1)\tag{8-26}$$

$$\Delta\tau(r,s)=\begin{cases}\dfrac{1}{L_{gb}}, & \text{如果}(r,s)\in\text{是全局最优路径}\\ 0, & \text{其他}\end{cases}\tag{8-27}$$

$\Delta\tau(r,s)$代表支路(r,s)上信息增量，参数 α 表示全局搜索过程的信息挥发程度，L_{gb} 代表当前的全局最优路径。

在每只蚂蚁的周游过程中，每次位置移动，都要对该段支路上的信息量进行修正，采用如下的局部更新规则

$$\tau(r,s) \leftarrow (1-\rho)\cdot\tau(r,s)+\rho\cdot\tau_0 \tag{8-28}$$

$$\tau_0=(n\cdot L_{nn})^{-1} \tag{8-29}$$

其中 τ_0 表示代表支路(r,s)上信息增量，参数 ρ 表示局部搜索过程的信息挥发程度；τ_0 是一个与问题本身相关联的常量，由经验公式(8-29) 确定，其中 L_{nn} 是由启发式近邻算法得到最短的路径长度。

ACS 算法的计算复杂度为 $o(n_c\cdot n^2\cdot m)$，其中 n_c 表示循环次数，n 表示节点个数，m 代表蚂蚁数量；需要设定的参数有 α,β,ρ,q_0 及 m，可以用实验方法确定其最优组合。

8.4.3　基于 MPI 的蚁群并行算法

目前研究的蚁群算法主要是基于单 CPU 的计算机系统实现的递推算法，运行效率较低。蚁群系统本质上是一个并行系统，可以采用并行化技术提高运算速度。MPI 是一种用于并行编程的消息传递接口，具有可移植性和便于使用等优点，提供了完备的异步通信功能以及进程组、集合通信、进程拓扑、通信上下文等高层概念[32][60]。基于 MPI 的蚁群并行算法，采用了划分蚁群的策略，实现了 ACS 的并行算法。对该算法进行了仿真的实验环境为 4 台 PIII850，100Mb 交换式 Hub，网络节点数目 $N=70$，蚂蚁数量 $m=700$，迭代次数 $T=1\,000$ 次，运行时间为 308.85s(单机运行时间为 1 010.47s)，加速比为 3.27，并行效率为 0.82。

ACS 并行算法的伪码描述如下：

```
BEGIN
  系统初始化
    初始化 MPI 库，获取进程标号 P，组进程数目 Q；
    初始化网络节点数目 N，蚂蚁数量 m，设置迭代次数 T；
    初始化节点矩阵 C[N][3]，计算支路权值矩阵 D[N][N]；
    设置蚁群系统基本参数 α，β，ρ，q0，计算信息增量 τ0；
    设置各个进程中蚂蚁队列 Ants 中蚂蚁的起始位置；
    设置最优路径 best_tour = ∅，长度 best_len = N* Max(D[i][j])；
  WHILE(迭代次数 < T)
    FOR (k = P * m/Q; k < (P+1) * m/Q; k++)
      初始化蚂蚁 Ants[k]的起始位置和搜索禁忌表；
      WHILE(存在不属于搜索禁忌表中的节点)
        IF(随机变量 q ≤ q0)
```

```
按照 arg max_{u∈J_k(r)}[τ(r,u)]·[η(r,u)]^β 选择节点 S_k;
ELSE
  以转移概率 P_k(r,s)随机性的选择节点 S_k;
ENDIF
蚂蚁 Ants[k]移动到节点 S_k,修改搜索禁忌表;
应用局部更新规则,修改最新支路上的信息量;
ENDWHILE
蚂蚁 Ants[k]移动到起始节点;
应用局部更新规则,修改该支路上的信息量;
ENDFOR
检索本次循环中找到的最优路径,比较并修改全局最优路径;
应用全局更新规则修改当前最优路径中各个支路上的信息量;
MPI_Barrier()使用路障机制同步集合中的所有进程;
MPI_Reduce()使用规约操作收集各进程的支路信息痕迹;
采用加权平均的方法计算总的支路信息痕迹;
MPI_Bcast()使用广播操作统一各进程中的支路信息痕迹;
ENDWHILE
MPI_Reduce()使用规约操作获取当前进程集合搜索到最短路径;
由搜索到最短路径的进程输出全局最优路径和最优路径长度;
END
```

从上述算法可以看出,ACS 算法具有良好的计算格式,只要能够确定网络的节点集合和支路权值矩阵,就可以采用该算法进行优化。各节点参数采用 3 维坐标表示,支路权值矩阵由 CAD 软件生成,权值由两个节点间的距离或连接线的长度表示。

8.4.4 仿真结果及分析

在蚁群算法中需要设定的参数主要有蚂蚁数量 m,全局挥发因子 a,局部挥发因子 ρ,启发函数权重 β。继电控制系统的接线路径优化问题的网络节点数目在 50 ~ 100 的范围内,因此,选用了 70 个节点的实例数据,对影响算法的各个参数进行仿真研究。

1. 蚂蚁数量 m

ACS 算法中蚂蚁的数量越多,全局搜索能力就越强,但是算法的计算量与 m 成正比,蚂蚁数量越多计算量也就越大,为了寻找最佳的蚂蚁数目,分别选取了 $m = n/10, n/5, n/2, n, 2n, 5n, 10n (n = 70)$ 等参数,进行仿真分析。蚂蚁数量对进化过程的影响是随着 m 的增大,优化结果越好;$m > n$ 时,解的进化状况普遍较好,基本收敛于 $m = n$ 时得到的最优解附近,而且 m 的增大对最优解的影响不明显;当 $m < n$,优化结果迅速恶化,$m \ll n$,进化过程迅速收敛到不良解;因此综合评价,一般可选取 $m = n$。

2. 参数 α,ρ

参数 α,ρ 分别代表全局更新规则和局部更新规则中信息挥发程度，为了寻找 α 和 ρ 的最佳范围，分别对 $\alpha = \rho = 0.1, 0.2, 0.3, 0.4, 0.5, 0.6, 0.7, 0.8, 0.9$ 等情况进行了仿真试验，信息挥发程度对进化过程影响的结果是，当参数 $\alpha = \rho$ 取值在 0.4，0.5，0.6 时，进化较慢；当 $\alpha = \rho$ 取值在 0.1、0.9 时，优化结果较差。在 ACS 算法中，优化过程是信息挥发和信息积累两种过程共同作用的结果，增大 α、ρ 的值，信息素的挥发较快，可以提高算法的全局搜索能力，但又会使算法的收敛速度降低；减小 α、ρ 的值，信息素的挥发较慢，以前搜索过的解被选择的可能性大，影响到算法的全局搜索能力。当信息素挥发和积累过程基本持平（$\alpha = \rho$ 取值在 0.5 附近）时解的进化较为缓慢，但是过多突出任何一方的作用均不能得到较好的解；根据实际结果得出，参数 $\alpha = \rho$ 在 0.2 ~ 0.3 或 0.7 ~ 0.8 之间取值较好。

3. 参数 β

β 的值体现了对信息痕迹和启发式搜索相对受重视的程度，下面分别对 β 取不同参数下的实验结果进行分析。ACS 算法的优化过程是信息痕迹和启发函数共同作用的结果。β 值越小，蚂蚁选择以前选过的路由的可能性越大，其值过小会使搜索过早陷入局部最小点；β 值过大启发函数的作用增强，收敛性较慢，同样也很难得到较好的解。因此，β 值存在一个合适的范围，在仿真算例中 β 的取值在 2 ~ 3 之间比较合适。

4. 结论

蚁群系统本质上是一个并行系统，可采用并行计算技术提高运算速度。基于 MPI 消息传递界面的 ACS 并行算法是一种提高算法性能的有效手段，实验证明，使用该算法能够成比例地提高运行速度。

第 9 章　蚁群算法的收敛性与蚁群行为模型

蚁群算法作为一种新的模拟进化算法，它具有正反馈、分布式计算与某种启发式算法相结合的特点。正反馈有助于该算法更快地发现较好解，分布式计算有利于实现并行计算，而与启发式算法相结合使得该算法易于发现更好的解。

蚁群算法进化计算的过程，实际上是计算机通过程序不断地迭代的过程，由于蚁群算法在构造解的过程中，利用了随机选择策略，导致进化速度慢，影响算法的收敛性。因此，研究蚁群算法收敛性问题具有重要意义，这项研究属于蚁群算法的理论研究范畴。

本章简要介绍在蚁群算法收敛性及蚁群行为模型研究方面国内外的一些初步成果。

9.1　基于 Markov 过程的蚂蚁算法收敛性分析

文献[61]提出了一种具备了传统蚂蚁算法的基本特征的简单蚂蚁算法，并给出了变异和最优保存两点改进。在给定近似精度的基础上通过 Markov 过程分析了该算法的全局收敛性。同时，通过对衰减度、变异率等参数的定性讨论，得出了参数的取值对算法性能的影响，并从理论上说明，传统蚁群算法通常的选择概率公式是有缺陷的，而具有变异机制的蚂蚁算法要好于传统蚂蚁算法。并用实例说明了所提出算法的有效性和相关理论的正确性。

9.1.1　简单蚂蚁算法(SAA)的描述

1. 定义及目标函数

考虑目标函数

$$f_{\min} = \min\{f(x) \mid x \in B^L\}, B^L = \{0,1\}^L, 0 < f(x) < +\infty \tag{9-1}$$

设 t 时刻蚁群

$$A(t) = [a_0(t), a_1(t), \cdots, a_k(t), \cdots, a_N(t)] \tag{9-2}$$

其中 $a_k(t) \in B^L$，N 为蚁群规模。定义

$$X_k(A(t)) = a_k(t) \tag{9-3}$$

对 $x \in B^L$，定义 $r_j(x)$ 表示 x 的第 j 位($j = 0,1,\cdots,L-1$)，取值范围为$\{0,1\}$。设信息素强度集合

$$W(t) = \{w_{00}(t), w_{10}(t), \cdots, w_{0,L-1}(t), w_{1,L-1}(t)\} \tag{9-4}$$

其中 $i = 0,1; j = 0,1,\cdots,L-1$。

2. 简单蚂蚁算法(SAA)计算步骤

Step1　置 $l = 0, w_{ij}(0) = w_0(w_0 > 0$ 为常数);

Step2　FOR $k = 1$ TO N, $j = 0$ TO $L-1$ DO $r_j(a_k(t))$ 按概率

$$Pr_{ij}(t) = (1 - P_{\text{mut}})\frac{(w_{ij}(t))^\alpha \cdot (E_{ij})^\beta}{(w_{0j}(t))^\alpha \cdot (E_{0j})^\beta + (w_{1j}(t))^\alpha \cdot (E_{ij})^\beta} + \frac{P_{\text{mut}}}{2} \quad (i = 0,1) \tag{9-5}$$

取为 0,1。其中 $0 < P_{\text{mut}} < 1$,为相对较小常数;而 E_{0j} 和 E_{1j} 分别表示在第 j 位取为 0 和 1 的静态启发值,$\alpha > 0, \beta > 0$ 分别表示信息素强度和启发值的相对重要程度。

Step3　置 $a_0(t) = a_b(t)$,其中 $b \in \{0,1,\cdots,N\}$,且 $f(a_b(t)) = \min\{f(a_k(t)) \mid k = 0,1,\cdots,N\}$

FOR $i = 0$ TO 1, $j = 0$ TO $L-1$ DO

置
$$w_{ij}(t) = w_{ij}(t)(1-\eta)$$

其中 $0 < \eta < 1$,为衰减度常数;

Step4 FOR $k = 1$ TO N, $j = 0$ TO $L-1$ DO

置
$$w_{r_j(a_k(t)),j}(t+1) = w_{r_j(a_k(t)),j}(t) + \delta / f(a_k(t)) \tag{9-6}$$

其中 δ 为常数,称为单位信息素。

Step5　令 $t = t+1$;如果 t 满足事先给定的最大迭代次数或 $f(a_0(t))$ 优化趋势不明显时,输出当前最优解 $a_0(t)$;否则转入 Step2。

3. 对传统蚂蚁算法的两点改进

(1) 类似遗传算法的最优保存策略[62],在 Step3 中引入 $a_0(t)$ 用来记录当前的最优解。

(2) 在公式(9-5) 中[22] 引入 P_{mut},使蚂蚁能以较小概率选择“不利”解,这一点类似于遗传算法的变异操作。而传统的蚂蚁算法一般将 Step2 中的选择概率公式取为

$$Pr_{ij}(t) = \frac{(w_{ij}(t))^\alpha \cdot (E_{ij})^\beta}{(w_{0j}(t))^\alpha \cdot (E_{0j})^\beta + (w_{1j}(t))^\alpha \cdot (E_{ij})^\beta} \quad (i = 0,1) \tag{9-7}$$

也有个别文献[155] 选择概率公式为

$$Pr_{ij}(t) = \frac{(w_{ij}(t))^\alpha + (E_{ij})^\beta}{(w_{0j}(t))^\alpha + (E_{0j})^\beta + (w_{1j}(t))^\alpha + (E_{1j})^\beta} \quad (i = 0,1) \tag{9-8}$$

9.1.2　简单蚂蚁算法的收敛性分析

下面给出一个有用的引理:

引理 9.1

(1) $w_0(1-\eta)^t \leqslant w_{ij}(t) \leqslant w_0(1-\eta)^t + \dfrac{(1-(1-\eta)^t)\cdot N\delta}{\eta\cdot f_{\min}}$ (9-9)

(2) $2w_0(1-\eta)^t + \dfrac{(1-(1-\eta)^t)\cdot N\delta}{\eta\cdot f_{\max}} \leqslant w_{0j}(t) + w_{1j}(t) \leqslant$

$2w_0(1-\eta)^t + \dfrac{(1-(1-\eta)^t)\cdot N\delta}{\eta\cdot f_{\min}}$ (9-10)

证明 只证 $w_{ij}(t) \leqslant w_0(1-\eta)^t + \dfrac{(1-(1-\eta)^t)\cdot N\delta}{\eta\cdot f_{\min}}$，$t=0$时命题显然成立。由算法规则

$$w_{ij}(t_0+1) \leqslant w_{ij}(t_0)(1-\eta) + \frac{N\delta}{f_{\min}} \tag{9-11}$$

再用数学归纳法易证。

易知，$\{A(t) \mid t=0,1,2,\cdots\}$ 是个随机过程。t 时刻$A(t)$ 的状态出现概率取决于信息素强度集合 $W(t)$，而 $W(t)$ 又取决于初始信息素强度以及 $A(t-1), A(t-2), \cdots, A(0)$，因此，$t$ 时刻状态$A(t)$ 的出现概率是与前面所有状态相关的。但在给定近似精度的前提下，当 M 取为足够大的常数时，可认为 $A(t)$ 的出现概率只与 $A(t-1), A(t-2), \cdots, A(\max(0, t-M))$ 有关。

下面说明上述"近似"的合理性。对任意时刻 t，设 $t_0 = \max(0, t-M)$，由算法规则，可设

$$w_{ij}(t) = w_{ij}(t_0)(1-\eta)^{t-t_0} + g_{ij}(t_0, t-t_0) \tag{9-12}$$

其中函数 $g_{ij}(t_0, x)$(t_0, x 取为非负整数) 递归定义为

(1) $g_{ij}(t_0, 0) = 0$;

(2) $g_{ij}(t_0, x+1) = g_{ij}(t_0, x)(1-\eta) + \displaystyle\sum_{k=1}^{N} \frac{\delta(r_j(a_k(t_0+x)\bigcirc i))}{f(a_k(t_0+x))}$ (9-13)

其中 $\bigcirc$ 为同或运算。

由引理 9.1 和 $0 < 1-\eta < 1$，可得

$$w_{ij}(t_0) \leqslant w_0(1-\eta)^{t_0} + \frac{1-(1-\eta)^{t_0}}{\eta}\cdot\frac{N\delta}{f_{\min}} \leqslant +\infty \tag{9-14}$$

因而必存在正数 C 使 $w_{ij}(t_0) \leqslant C$ 成立(若有上界必有上确界)，任意给定小正数 ε，当 $M = \left[\dfrac{\ln\varepsilon - \ln C}{\ln(1-\eta)}\right] + 1$ 时有 $\mid w_{ij}(t) - g_{ij}(t_0, t-t_0) \mid \leqslant \varepsilon$。由于 $g_{ij}(t_0, t-t_0)$ 只与 $A(t_0), A(t_0+1), A(t_0+2), \cdots, A(t-1)$ 有关，而和 $A(t_0-1), A(t_0-2), \cdots, A(0)$ 无关，故原来的"近似"也是合理的。

由于蚂蚁算法一般要迭代较长时间，在以下的分析中不妨只讨论 $t \geqslant M-1$ 时刻的情

形。定义状态向量 $S(t)=[s_1(t),s_2(t),\cdots,s_m(t),\cdots,S_M(t)]^{\mathrm{T}}$,其中 $s_m(t)=A(t-m+1)$,并定义 $\pi_m(S(t))=s_m(t)$。设在这种情形下由 $S(t)$ 所有可能取值构成的空间为 I,易知 I 中所含状态向量的个数不超过 $2^{(N+1)LM}$。显然,状态 $S(t)$ 的出现概率只取决于状态 $S(t-1)$,故 $\{S(t)\mid t=0,1,2,\cdots\}$ 是个有限的 Markov 过程,并由于在 $t\geqslant M-1$ 时留在路径上的初始信息素几乎耗尽,故此时蚁群的 Markov 过程体现出时齐性。

定义等价关系 R 为 $S_1RS_2,RS_2\cong f(\chi_0(\pi_1(S_1)))=f(\chi_0(\pi_1(S_2)))$,其中 $S_1,S_2\in I$。先将 I 按 R 划分为若干等价类,设 $I=I_1\cup I_2\cup\cdots\cup I_{L_f}$,可知 L_f 为 $f(x)$ 所有不同取值的总个数,且 $L_f\leqslant L$。不妨规定当 $S_1\in I_u,S_2\in I_v$ 时,若 $u<v$,必有 $f(\chi_0(\pi_1(S_1)))<f(\chi_0(\pi_1(S_2)))$。因此若 $S\in I_1$,则有 $f(\chi_0(\pi_1(S)))=f_{\min}$;设当 $f(\chi_0(A(t)))=f_{\min}$ 时,由 $A(t)$ 的所有可能取值构成空间为 J_1,其中共有 2^{NL} 个元素。令 H_{uv} 表示 I_u 中元素向 I_v 中元素的一步迁移矩阵。

引理 9.2　(1) 矩阵 H_{11} 为概率矩阵(即每行之和为 1)。

(2) 当 $u>v$ 时,H_{uv} 为全零矩阵(由算法 SAA 保存当前最优解,易证)。

这样,所有状态向量的一步状态迁移概率矩阵可表示为

$$P=(p_{uv})=\begin{vmatrix} H_{11} & 0 & \cdots & 0 \\ H_{12} & H_{22} & \cdots & 0 \\ \vdots & \vdots & \vdots & \vdots \\ H_{L_f1} & H_{L_f2} & \cdots & H_{L_fL_f} \end{vmatrix}=\begin{vmatrix} H_{11} & 0 \\ H & Q \end{vmatrix} \tag{9-15}$$

引理 9.3　在式(9-15)中,H 中每行至少一个元素值大于零。

证明　注意到矩阵 H 是 $I-I_1$ 中元素向 I_1 中元素的一步迁移概率矩阵。设 $S(t)\in I-I_1(t\geqslant M-1)$,$f(b)=f_{\min}$,易知 $S(t+1)\in I_1$ 的概率不小于 $A(t+1)$ 中至少一个分量为 b 的概率,后者的表达式为

$$1-\prod_{k=1}^{N}\left[1-\prod_{j=0}^{L-1}\left((1-P_{\mathrm{mut}})\frac{(w_{r_j(b),j}(t))^{\alpha}\cdot(E_{r_j(b),j})^{\beta}}{(w_{0j}(t))^{\alpha}\cdot(E_{0j})^{\beta}+(w_{1j}(t))^{\alpha}\cdot(E_{1j})^{\beta}}+\frac{p_m}{2}\right)\right]>0 \tag{9-16}$$

故命题得证。由引理 9.3 易知:

引理 9.4　式(9-15)Q 中的每行之和小于 1。

引理 9.5　概率矩阵 H_{11} 非周期且不可约。

证明　只需证 $H_{11}^n>0(n\geqslant M)$ 严格成立[63]。设 $S_u,S_v\in I_1,S(t_0)=S_u$。当 $t\geqslant t_0+M$ 时,设 $t'=t-M(t\geqslant M-1)$,$S(t')$ 为 $S(t_0)$ 经 $t'-t_0$ 步转移后的状态向量,显然 $P_{S_u,S(t')}^{(t'-t_0)}>0$。概率公式(9-5)表明,解的每位取 0 或 1 的概率均大于零,由此可证 $Pr(A(t'+m)=\pi_{M-m+1}(S_v))>0$:对所有 $m=1,\cdots,M$ 成立。由定义,

$\pi_{M-m+1}(S(t)) = \pi_1(S(t'+m)) = A(t'+m)$ 对 $m = 1,\cdots,M$ 成立。因此 $Pr(S(t) = S_v \mid S(t') \in I_1) > 0$，即 $P^{(M)}_{s(t'),s_v}$。并由 $P^{(t-t_0)}_{S_u,S_v} \geqslant P^{(t'-t_0)}_{S_u,S_{t'}} \cdot P^{(M)}_{S_{t'},S_v} > 0$ 可知原命题成立。

定理 9.1 SAA 以概率收敛于全局最优。

证明 考虑极限

$$\lim_{t\to+\infty} P^t = \begin{vmatrix} \lim\limits_{t\to+\infty} H_{11}^t & 0 \\ \lim\limits_{t\to+\infty}\sum\limits_{m=1}^{t} Q^{m-1}\cdot H\cdot H_{11}^{t-m} & \lim\limits_{t\to+\infty} Q^t \end{vmatrix}$$

，因为由引理 9.4 得 $\lim\limits_{t\to+\infty} Q^t = 0$。再由引理 9.5 和 Markov 过程极限分布定理[64] 知：

(1) 存在惟一概率向量 Ψ^{T} 使 $\Psi^{\mathrm{T}} H_{11} = \Psi^{\mathrm{T}}$ 成立；

(2) 对于任意初始概率向量 λ^{T}，有 $\lim\limits_{t\to+\infty}\lambda^t H_{11}^t = \Psi^{\mathrm{T}}$；

(3) $\overline{H}_{11} = \lim\limits_{t\to+\infty} H_{11}^t$ 存在，且每行为 Ψ^{T}。设 $\xi_t = \sum\limits_{m=1}^{t} Q^{m-1}\cdot H\cdot H_{11}^{t-m}$，可知，$\xi_t = \xi_{t-1}\cdot H_{11} + Q^t\cdot H$，因为 $\lim\limits_{t\to+\infty}\xi_t = \lim\limits_{t\to+\infty}\xi_{t-1}\cdot H_{11} + \lim\limits_{t\to+\infty} Q^t\cdot H$，即得 $\lim\limits_{t\to+\infty}\xi_t = \lim\limits_{t\to+\infty}\xi_t\cdot T_{11}$，又因为 Ψ^{T} 惟一，所以 $\lim\limits_{t\to+\infty}\xi_t$ 的每行向量为 Ψ^{T}。注意到 Ψ^{T} 为概率向量，各分量之和为 1，因此不论 $t = M-1$ 时蚁群处于何种状态，在 $t\to+\infty$ 时必以概率 1 收敛于全局最优。

4. 公式与参数讨论

下面定性地讨论在其他参数给定的条件下，关于选择概率公式和衰减度 η 的取值问题。当不考虑变异因素时，有如下定理：

定理 9.2 若算法 SAA 中 Step2 的选择概率公式取为式(9.7)，则算法不以概率 1 遍历解空间。

证明 考虑迭代次数 t 从 0 到 ∞ 时，设解的第 j 位每次皆选择 1 的概率为 λ_{1j}，此时信息素强度只在 $w_{1j}(t)$ 上增加，由数学归纳法可得

$w_{1j}(t) \leqslant w_0(1-\eta)^t + \dfrac{(1-(1-\eta)^t)}{\eta}\cdot\dfrac{N\delta}{f_{\max}}$ 和 $w_{0j}(t) = w_0(1-\eta)^t$，因此

$$\lambda_{1j} \geqslant \prod_{t=0}^{\infty}\left(1 - \frac{(w_0(1-\eta)^t)^\alpha\cdot(E_0)^\beta}{(w_0(1-\eta)^t)^\alpha\cdot(E_{0j})^\beta + \left(w_0(1-\eta)^t + \dfrac{(1-(1-\eta)^t)}{\eta}\cdot\dfrac{N\delta}{f_{\max}}\right)^\alpha\cdot E_{1j}{}^\beta}\right)^N \tag{9-17}$$

易知必存在正常数 C 使得

$$(w_0(1-\eta)^t)^\alpha\cdot(E_{0j})^\beta + \left(w_0(1-\eta)^t + \frac{(1-(1-\eta)^t)}{\eta}\cdot\frac{N\delta}{f(a_0(t))}\right)^\alpha\cdot(E_{0j})^\beta \geqslant C \geqslant 0$$

成立(有下界必有下确界)，因此

$$\lambda_{1j} > \prod_{t=0}^{\infty}(1 - \frac{(w_0(1-\eta)^t)^{\alpha} \cdot (E_{0j})^{\beta}}{C})^N$$

即 $(\lambda_{1j})^{\frac{1}{N}} > \prod_{t=0}^{\infty}(1 - \frac{(w_0(1-\eta)^t)^{\alpha} \cdot (E_{0j})^{\beta}}{C})$。因为 $0 < 1 - \eta < 1$，所以 $\sum_{t=0}^{\infty} \frac{(w_0(1-\eta)^t)^{\alpha} \cdot (E_{0j})^{\beta}}{C} > 0$ 收敛，又根据文献[65]定理 2 的无穷乘积收敛判别定理，所以 $\prod_{t=0}^{\infty}(1 - \frac{(w_0(1-\eta)^t)^{\alpha} \cdot (E_{0j})^{\beta}}{C}) > 0$，即 $\lambda_{1j} > 0$。而在迭代次数 t 从 0 到 ∞ 过程中，第 j 位至少一次选择 0 的概率 $\lambda'_{0j} = 1 - \lambda_{1j} < 1$。这说明，算法并不保证以概率 1 遍历解空间里的每个状态，因而也不保证以概率 1 找到最优解。

根据定理 9.2，多数文献采用(9-7) 作为概率公式在理论上是有所缺陷的。但在其他参数给定的条件下，一般当 η 较小时 λ'_{0j} 较大；而当 $\eta \to 1$ 时 λ'_{0j} 最小，也最不利于对解空间的遍历。弥补该问题可将选择概率公式取为(9-5)，即引入变异机制；或将选择概率公式取为(9.8)。用类似定理 9.2 的证明方法，可知在两种条件下均能保证对解空间的遍历。但后者随着迭代的进行启发因素作用越来越小，故很少文献采用该形式。

但是不是当 $\eta \to 0$ 时，算法性能就最佳呢？仍采用公式(9.7) 作为概率公式，在充分大的 t 时刻，不妨设 $Pr_{0j}(t+1) \geqslant Pr_{0j}(t)$（否则必有 $Pr_{1j}(t+1) \geqslant Pr_{1j}(t)$，同理）。由引理 9.1 和迭代规则易证对任意 j 有

$$w_j(t) = w_{0j}(t) + w_{1j}(t) \geqslant 2w_0(1-\eta)^t + \frac{(1-(1-\eta)^t) \cdot N\delta}{\eta \cdot f_{\max}} > \frac{(1-(1-\eta)^t) \cdot N\delta}{\eta \cdot f_{\max}} \tag{9-18}$$

$$w_{0j}(t+1) \leqslant w_{0j}(t)(1-\eta) + \frac{N\delta}{f_{\min}} \tag{9-19}$$

$$w_{1j}(t+1) > w_{1j}(t)(1-\eta) + \frac{N\delta}{f_{\min}} \tag{9-20}$$

由不等式(9-19)、(9-20) 有

$$Pr_{0j}(t+1) < \frac{(w_{0j}(t)(1-\eta) + \frac{N\delta}{f_{\min}})^{\alpha} \cdot (E_{0j})^{\beta}}{(w_{0j}(t)(1-\eta) + \frac{N\delta}{f_{\min}})^{\alpha} \cdot (E_{0j})^{\beta} + (w_{1j}(t)(1-\eta) + \frac{N\delta}{f_{\min}})^{\alpha} \cdot (E_{1j})^{\beta}} \tag{9-21}$$

设函数 $\mu(x) = \frac{x^{\alpha}(E_{0j})^{\beta}}{x^{\alpha}(E_{0j})^{\beta} + (1-x)^{\alpha}(E_{1j})^{\beta}}$，则可证 $Pr_{0j}(t) = \mu(\frac{w_{0j}(t)}{w_j(t)})$；而整理不等式 (9-21) 式可得 $Pr_{0j}(t+1) < \mu(\frac{w_{0j}(t)}{w_j(t)} + \frac{N\delta}{w_j(t) f_{\min}})$。由于 $\mu(x)$ 为区间[0,1] 的连续单调增函数，再由"不妨"假设和不等式(9-18) 得 $0 < Pr_{0j}(t+1) - Pr_{0j}(t) < \mu(\frac{w_{0j}(t)}{w_j(t)}) +$

$\dfrac{\eta \cdot f_{\max}}{(1-(1-\eta)^t)\cdot f_{\min}} - \mu\left(\dfrac{w_{0j}(t)}{w_j(t)}\right)$。由 $\lim\limits_{t\to\infty,\eta\to 0}\dfrac{\eta \cdot f_{\max}}{(1-(1-\eta)^t)\cdot f_{\min}} = 0$ 和 $\mu(x)$ 的连续性，当 t 充分大时，若 $\eta \to 0$ 将使 $|Pr_{0j}(t+1) - Pr_{0j}(t)|$ 很小，不利于催化作用的连续进行。

9.1.3 SAA 算法在函数优化中的应用

实例的选择概率公式采用公式(9-7)，参数如下：$f(x) = (x-10000)^2/2^{20} + 3$；$N = L = 36$；$w_0 = \delta = 1$；$E_{0j} = E_{1j} = 1$；$\alpha = \beta = 1$。横坐标取为迭代次数 t，纵坐标取为 $\min\{f(a_1(t)), f(a_2(t)), \cdots, f(a_N(t))\}$。

表 9-1 实验参数表

参数	图 9-1	图 9-2	图 9-3	图 9-4
η	1	0	0.05	1
p_{mut}	0	0	0.05	0.1

衰减度 η 和变异率 P_{mut} 的选择如表 9-1，对每组参数进行各 20 次运算，且选取具有平均意义的结果作为图例。

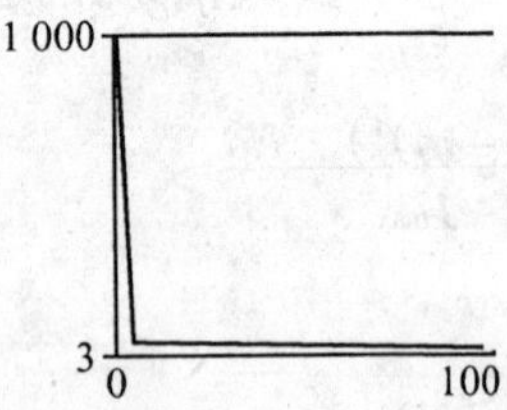

图 9-1 衰减度 = 1，变异率 = 0 时的结果

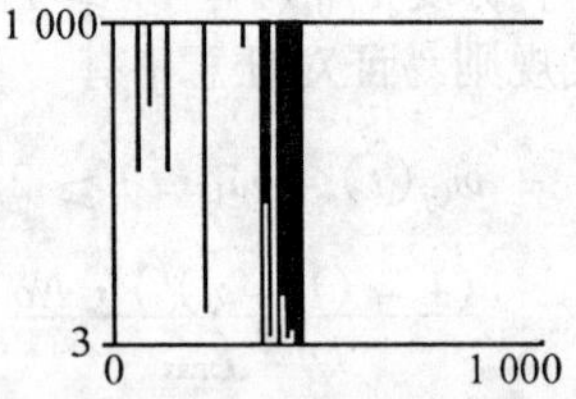

图 9-2 衰减度 = 0，变异率 = 0 时的结果

图 9-1 很快收敛于局部极值；图 9-2 虽然最终逼近全局最优，但由于催化作用相对较弱导致速度较慢；在没有变异的情况下，图 9-3 选择的是折中方案，得到了较好的结果。而引入变异机制后图 9-4 较其他三种情况能最快地逼近全局最优。这与前面的理论论述也是相吻合的。

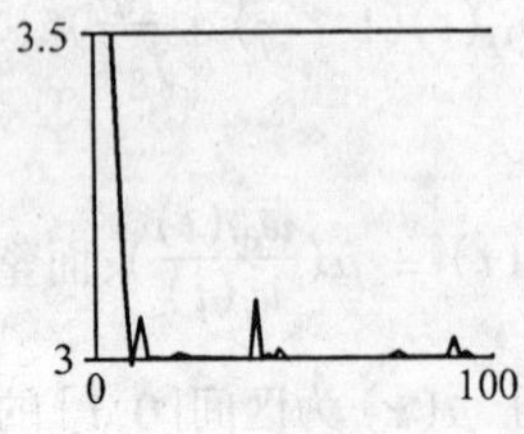

图 9-3 衰减度 = 0.05，变异率 = 0.05 时的结果

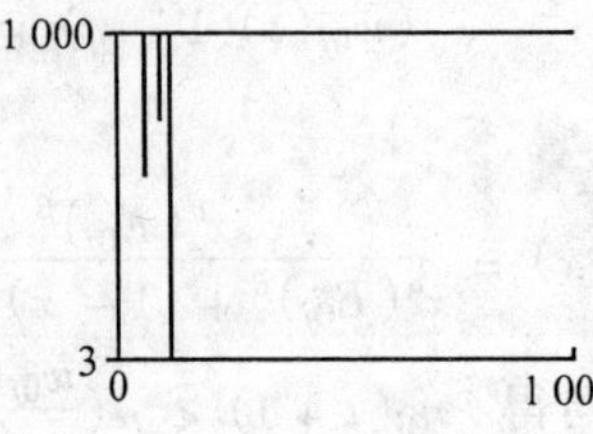

图 9-4 衰减度 = 1，变异率 = 0.1 时的结果

通过对蚂蚁算法的 Markov 过程分析，证明了一种经改进的蚂蚁算法的全局收敛性，为人们对蚂蚁算法有更深入、更本质的认识提供了一种方法。而对传统蚂蚁算法的改进及相应的参数分析则具有明显的应用价值。

9.2　基于图解的蚂蚁系统及其收敛性

根据蚂蚁算法创始人 M. Dorigo 建立的蚁群优化的基本思想，奥地利维也纳大学 W. J. Gutjahr教授 1999 年提出了用蚂蚁系统的方法求解组合优化问题的一般化框架。这个框架是基于构造图的概念，并通过行程对可行解进行编码，其中图是对所考虑的优化问题进行设计的。在所构造的框架里，通过引入蚁群启发算法，称其为基于图解的蚁群系统，它比蚁群优化算法(ant colony optimization, ACO)更特殊，但它能充分地涵盖整个静态组合优化问题。在某些条件下，基于图解的蚂蚁系统(graph-based ant system, GAS)每次迭代所产生的解会以任意接近于 1 的概率收敛到给定问题的最优解[66]。

9.2.1　基于蚂蚁优化的基本思想

在给出基于图解的蚁群系统之前，先直观地给出蚁群算法是如何工作的。第一个蚁群算法是用于求解智能体问题的蚁群系统。

蚁群算法是一个多代理商系统，它是受生物学家研究的蚂蚁队列的行为启发。我们知道，在蚂蚁生存的环境中，蚂蚁群能够解决最短路径问题，它们依靠一种相当简单的生物机制：每一个蚂蚁都能通过堆放一种称为信息素的化学物质在地上，使得在它们通过的地方能留下信息，蚂蚁有跟踪这些信息素的倾向。在一个固定的周期内，从巢穴到食物处，较短的路径要比较长的路径更经常地被穿越，于是在较短的路径处就会留下更多的信息素，反过来，会使更多的蚂蚁选择这些路径，因此使这条路径的蚂蚁队伍再一次壮大。

智能体问题就是给出能遍历给定弧长的图中每个节点的最短旅行路径。用于解决智能体问题的人工蚁群系统是基于类似的真实蚁群行为：首先，智能体被看做是位于图中某个节点处的人工蚂蚁，然后，每个智能体受控于一个事先定义好的行走算法，在周围节处进行一系列的随机移动。一旦一个智能体访问了所有的节点，则她的旅程长度就能被计算出来，并且分配给她所走过路径的信息素值会根据完成旅程质量的相应比例进行增加。这样的过程会被重复许多次。然而，与信息素积累相反的作用，即蒸发机制将按给定的策略周期性地减少信息素。沿着图中某个特定弧行走的概率是由两个参数计算求得的：(a)相应弧的信息素，(b)弧的长度。信息素越高，弧越短，智能体下一次沿着这条弧行走的概率越大。

解决智能体问题的成功使得它开始被推广用于大量的其他的组合优化问题。对于有些问题，如二次分配问题，其可行解的结构类似于智能体问题，这使得其解可以很容易地用图中行走的路径给出解释。在这些情况下，AS 的思想可以不经大的改动而加以应用。然而，为了能够解决任意的组合优化问题，对智能体行走的图，应给出更普遍性更概括性的解释，并且行走机制也应一般化。为此，给出基于蚂蚁系统求解组合优化问题的一个一般框架。

9.2.2 基于图解的蚂蚁系统

1. 构造图的定义

对蚁群系统扩展的基本思想是将一个可行解看做是“构造图”中的一次行程。

定义 9.1 给定一个组合优化问题的实例，通过这个实例的构造图，我们来理解具有下面性质的图 $C(V,A)$ 和函数 Φ：

(1) 在 C 中，仅有一个节点被标志为所谓的起始节点。

(2) 令 W 是在 C 中满足下列条件的行程 w 的集合：

①w 开始于 C 中的起始节点；

②w 包含 C 中的每个节点最多一次；

③w 的最后一个节点在 C 中没有后继节点，即 w 不能够在不违反条件 ② 的情况下被延长。

映射 Φ 将集合 W 映射到给定实例的可行解的集合上。换句话说，对每一个满足条件 ① ~ ③ 的行程 w，都对应一个可行解，并且对每一个可行解，至少对应一个满足条件 ① ~ ③ 的行程。

从定义可以看出，一个构造图 (C,Φ) 中给出了一个可行解与行程间的特殊编码。行程的目标函数设定等于原问题的相应可行解的目标函数。我们假定所考虑的最优问题就是最小化问题，目标函数代表付出的代价。通常，对给定的问题可能有若干种方法设计构造图，并且构造图的选择对算法的性能有很大的影响。

注 9.1 为了便于应用，并不是将满足构造图中条件 ① ~ ③ 的所有行程都对应可行解来扩展定义 9.1 更为方便。于是，Φ 就是仅将 W 的一个子集映射为可行解的函数。在这种情况下，我们给出的形式不需改动，除非相应于一个不可行解的行程的代价值等于无穷大(或它的值比任何可行解的代价值都大)。在算法的执行过程中，允许这样的行程出现，将降低效率，因此这样的行程应该通过下面介绍的蚁群系统组成中的部分(5) 给出的操作方法将其锁定。

注 9.2 利用注 9.1 中给出的定义 9.1 的扩展，总可能设计一个给定问题的构造图，它的节点数量和弧的数量能够线性地表示解所需要位的数量，过程见附注 9.3。然而有时，大的构造图将有助于能够产生一个高质量的解。

2. 基于图解的蚂蚁系统的组成

下面给出由蚁群系统扩展得来的基于图解的蚁群系统。基于图解的蚁群系统包含下

面组成部分:

(1) 根据定义 9.1 给出的构造图(C,Φ)。

(2) 一个智能体集合 $A_1,\cdots,A_s$。每个智能体都是根据构造图中仔细选择的行走概率给出一次随机行走。在多处理器系统中,每个智能体的行程都可以用一个单独的处理器计算。在单处理器系统中,每个智能体 $A_1,\cdots,A_s$ 的行走都是按顺序进行计算的。每个智能体通过构造图完成一次行程的时间周期被称为一个循环期。一个实际的蚁群系统应包括 $1,\cdots,M$ 若干个循环期;循环期的数量 M 可以事先固定,或者后来在算法的执行过程中确定。

(3) 在每个循环期内智能体随机行走的转移概率(transition probabilities)。令 $u=(u_0,\cdots,u_{t-1})$ 代表在某一个固定的循环期 m 内,在第 t 步之前智能体已完成的部分行程,其中 $u_0,\cdots,u_{t-1}$ 是构造图中的节点指针(u_0 起始指针)。如果节点 l 包含在部分行程 u 中,有 $l\in u$,否则 $l\overline{\in}u$。令 A 是构造图中弧的集合。于是转移概率的一般形式如(9-22)式所描述

$$\begin{cases} p_{kl}(m,u)=\dfrac{[\tau_{kl}(m)]^{\alpha}[\eta_{kl}(u)]^{\beta}}{\sum_{r\notin u,(k,r)\in A}[\tau_{kr}(m)]^{\alpha}[\eta_{kr}(u)]^{\beta}}, & \text{如果 } l\overline{\in}u \text{ 且}(k,l)\in A \\ p_{kl}(m,u)=0 & \text{其他} \end{cases} \tag{9-22}$$

其中 $p_{kl}(m,u)$ 代表在当前的循环期 m 内,已经走过部分行程 $u=(u_0,\cdots,u_{t-2},u_{t-1}=k)$ 的一个固定智能体从节点 k 到节点 l 的转移概率,$\tau_{kl}(m)$ 表示信息素,$\eta_{kl}(u)$ 表示期望值,α 和 β 是参数。

在每一个循环期的开始,每一个智能体都被定位在构造图中的起始节点。在每个循环期的第 t 步移动中,每个智能体都按转移概率,在构造图中完成一步随机移动,u 是智能体已走过的部分行程(每个智能体都有一个特殊的 u)。如果对某一个智能体 A_s,在第 t 步行走之前,$p_{kl}(m,u)=0$ 对所有的节点 l 成立,即智能体 A_s 完成了她当前循环期的所有行程。根据定义 9.1,这次行程确定了给定优化问题的一个解。

(4) 一列信息素 τ_{kl} 被指派给构造图中的弧(k,l)。这个信息素通常随着循环期的变化而改变,因此它对循环期的指数 m 的依赖可表示为 $\tau_{kl}(m)$。在循环期 1 开始时,对每一个弧(k,l),我们令 $\tau_{kl}=1/$(弧的数量)。在每一个循环期的末尾,信息素按下面原则进行更新。首先,对每一个智能体 A_s 和每一个弧(k,l),$\Delta\tau_{kl}^{(s)}$ 是由当前循环期 m 内被指派给 A_s 的行程对应解的函数确定的。假定这个解有一个代价值 f_s。对每一个弧(k,l) 有

$$\Delta\tau_{kl}^{(s)}=\begin{cases}\varphi(f_s) & \text{如果智能体 } A_s \text{ 已经通过弧}(k,l) \\ 0 & \text{其他}\end{cases} \tag{9-23}$$

其中,φ 是一个非增函数,它依赖于智能体在周期 $1,\cdots,m-1$ 内的移动。令

$$C = \sum_{(k,l)\in A} \sum_{s=1}^{S} \Delta\tau_{kl}^{(s)} \tag{9-24}$$

如果 $C = 0$,则

$$\tau_{kl}(m+1) = \tau_{kl}(m)$$

对于所有的弧(k,l),即 τ_{kl} 的值在 $m+1$ 周期作为 m 周期是相同的。另一方面,如果 $C > 0$,则

$$\tau_{kl}(m+1) = (1-\rho)\tau_{kl}(m) + \rho\Delta\tau_{kl} \tag{9-25}$$

$$\Delta\tau_{kl} = \frac{1}{C}\sum_{s=1}^{S}\Delta\tau_{kl}^{(s)} \tag{9-26}$$

其中数 ρ 通常代表挥发系数[67]。从式(9-24) ~ (9-26) 很容易证明信息素的和 $\sum_{(k,l)\in A}\tau_{kl}(m)$ 总是等于1。需要说明的,强迫信息素的和等于1在其他基于蚁群的算法中并非如此,而且对于收敛结果也并不重要。它仅是作为一种规范化的形式而使得算法是数值稳定的。

信息素的更新原则如下,如果没有行程受到激励,则每一个信息素保持常值。否则,由于挥发因素,只有 $1-\rho$ 倍的信息素保留下来,而其余的 ρ 倍的量是根据目标函数值用来补偿循环期 m 内所走过的行程。每一个智能体都可得到循环期 m 内对报偿她的行程的红利。实际的信息素就是通过将红利按比例地分给 $\Delta\tau_{kl}^{(s)}$ 而增加的。

通过对更新规则的描述,构造图中成功的弧的信息素将被增加,这使得在将来它们会被智能体更经常地穿过。令 $\rho = 0$,则对智能体行程的代价函数的影响将被关掉。如果再有 $\beta = 0$,则期望值的影响也会被关掉,那么我们会得到纯粹的随机搜索算法,这证明它是基于图解蚁群系统的一个特例。

(5) 一列期望值 η_{kl} 被指定为弧(k,l)的期望值。这个期望值依赖于当前智能体已经穿过的行程,即整个历史行程,于是可以写成 $\eta_{kl} = \eta_{kl}(u)$。典型地,值 $\eta_{kl}(u)$ 可以由组合优化问题中的贪婪算法求得;从这点上看,它也可以解释成所谓贪婪函数的值,假设 GH 是给定的[68]。它将逐步构造出问题的优秀解(但通常不是最优的)。在本体系中,这个构造可以用构造图中的一个行程来代替。GH 定义离开节点 k 的所有可行弧的权值,并通过贪婪准则即(k,l)的权值最大来确定行程中的下一个节点 l。我们可以考虑弧(k,l)的权值作为从节点 k 到节点 l 转移的期望值,即令 $\eta_{kl}(u) = \text{weight}(k,l)$。另一种定义期望值的方法为,如果 weight$(k,l)$ 是在所有节点 k 的后继节点的最大值,令 $\eta_{kl}(u) = 1$,否则 $\eta_{kl}(u) = 0$。

$\eta_{kl}(u)$ 的值也可用来避免相应于不可行解的行程出现。如果使用定义 9.1 中的扩展方案,令 u 是 w 上最长的部分行程且仍可以被延长为一个可行的行程(即目前仍没有和可行解冲突),令(k,l)是第一个不属于 u 中的 w 上的弧,于是通过令 $\eta_{kl}(u) = 0$ 锁定 w。

在上面的描述中，蚂蚁系统是由贪婪算法随机产生的。注意如果参数 a 等于零，选择上述定义的两种期望值的一种，智能体的行为将惟一地按照贪婪算法的准则被控制，因此 GH 是基于图解的蚂蚁系统的另一特例。

注 9.3　基于图解的蚂蚁系统能被应用于所有的基于一个有限解空间的组合优化问题。构造图中包含一个起始节点，一个终止节点和每个可行解 x 中特定的节点 v_x，以及从起始节点到 v_x 和从 v_x 到终止节点的弧。当然，这样做是很没效的。下面给出一种更有效的方法：

(a) 通过二进制串对每一个可行解编码。

(b) 设计一个构造图，带有一个起始节点，一个终止节点，一个全连通的子图，起始节点到每一个其他节点的弧，每一个节点到终节点的弧。

(c) 通过前面给出的处理过程锁定相应的行程，已去除不可行的二进制串。

对连续优化问题和某些动态优化问题，其解空间不再是有限的，这样的问题不在基于图解的蚁群系统的应用领域里。

注 9.4　Dorigo 和 DiCaro 已经发展了 ACO 启发算法(ACO-MH)的概念，使得基于蚁群系统可以解决一大类更为广泛的优化问题[69]。融合有启发算法特征的多样性使得它在应用中更灵活，正是因为它的灵活性和一般化使得其理论结果很难在 ACO 中获得。基于图解的蚂蚁系统(GAS)是一种既易于描述，又便于理论分析的方法。下面给出 ACO 具备的而 GAS 没有的特征，并说明在 GAS 的框架里为什么这些特征被忽略：

(1)和 ACO－MH 相反，在 GAS 中指派给一次行程中的代价函数的估计是不依赖于时间的，而依赖于时间的估计对动态优化问题是有益的。故将 GAS 严格限定在静态优化问题中。

(2)ACO－MH 允许有明确的约束使行程是可行解。相同的结果也可以在 GAS 中通过实施锁定而实现，因此这一项就不必要了。

(3)在 ACO－MH 中，智能体(a)不仅可以从一个确定的起始点开始，也可以从任意节点开始，(b)可以用任意条件结束行程。GAS 更具体的假设可以包括(a)加入惟一一个虚构的起始点，(b)加入一个虚构的终止点和通过 $\eta_{kl}(u)$的值强迫条件终止。

(4)ACO 允许按步更新信息素，而 GAS 却不支持，因为全局更新在蚂蚁算法中更普遍。

(5)就延迟信息素的更新而言，它既被 ACO－MH 支持，也被 GAS 支持。ACO－MH 更加灵活，属于当前行程的不同弧可以给出不同的信息素增量。然而，大多数的 ACO 的执行都不用可能性，于是它就不必要了。

(6)所谓的 daemon 行为不被 GAS 支持。忽略这个特征是因为它是基于蚁群和其他优化技巧的混合体，而目的在于考察纯蚁群策略的性能。

(7)在 ACO－MH 中的动作流程要比 GAS 中更灵活，然而应当强调，GAS 也不能限制行程的流程在一个循环期内,串行的和并行的(或混合的)执行方式都允许。

9.2.3 基于图解的蚂蚁系统的收敛性

在某些条件下,基于图解的蚁群系统的解能够以任意接近于1的概率收敛到最优解。条件如下:

(a) 选择公式(9-22)中的参数 $\alpha = 1$。

(b) 在 W 上仅有一条最优行程,即最优解是惟一的,并且最优解是通过 W 上惟一一条行程编码得到的。

(c) 沿着最优行程 w^*,对所有的 w^* 上的弧(k,l)和相应的部分行程 u,期望值满足 $\eta_{kl}(u) > 0$。

(d) 令 $f^* = f^*(m)$是循环期 $1,\cdots,m-1$ 内的最低代价值,即相应于 $m-1$ 个循环期内智能体 A 的一次行程的最低目标子数值f_s(在算法的执行过程中很容易保存和更新 f^* 的当前值)。在第一个循环期内 $m=1$,令 $f^* = \infty$。令函数 φ 定义为在循环期 $m+1$ 处的值 $\Delta\tau_{kl}^{(s)}$,具有下述特性:

(i) $\varphi(f_s) > 0$ 如果 $f_s \leqslant f^*$

(ii) $\varphi(f_s) = 0$ 如果 $f_s > f^*$

换句话说,只有当行程和目前为止最好的行程至少一样好时,才能给 $\Delta\tau_{kl}^{(s)}$ 一个正的增量。对于正的代价函数,即 $\varphi(f_s)$ 如果 $f_s \leqslant f^*$ 可以选择 $\varphi(f_s) = 1/f_s$,否则选 $\varphi(f_s) = 0$。注意 φ 允许依赖于“历史”($1,\cdots,m-1$ 周期),而个别情况依赖于 f^*。

下面简要地讨论一下条件(a) ~ (d)。条件(a)仅仅是出于技巧上的原因,它容易处理方程(9-22)右端分母的归一化因数。它不意味着这个限制有多重要,因为两个参数 α 及 β 的主要目的不是影响信息素和期望值,而是控制它们彼此的相互作用。因此可以令两个参数中的一个固定,而另一个自由。

条件(b)具有更多的限制,但有主要结论表明这个条件可以被放弃[70]。

条件(c)显得有些麻烦,它看起来要求最优行程的知识。事实上,这个条件根本不是什么问题;它很容易地通过对期望值微小的任意的变化而满足:对带有 $\eta_{kl}(u) = 0$ 的行程 u 的每一个可行的连接(k,l),用 $\eta_{kl}(u) = \delta$(一个小的 $\delta > 0$)来替代 $\eta_{kl}(u) = 0$。我们注意到,只要全局优化是有意义的,不排除一个行程中的任何可行的连接就是有意义的。条件(c)是很重要的,因为如果期望值选择不当,就会出现属于最优行程的一个特定的弧智能体却无法穿过。

条件(d)是先前有关蚂蚁系统的文献中的一个优秀策略:只有最好的行程才会得到报酬;受另一个已经完成的行程支配的不占优势的行程,它的信息素不会再增加。只有是目前为止最好的行程才使信息素增加的蚂蚁系统有 Ant-Q[71,72] 和 ACS[73]。不管是否结合有非优秀的信息素增加策略,还是它是否破坏收敛性,这都是另外的问题。

根据上述条件,可以给出如下定理。

定理 9.3　设条件(a) ~ (d)都满足,令 P_m 代表一个智能体(比如 A_1)在循环期 m 内走过最优行程的概率。于是,下面两个结论是正确的:

(1) 对每一个 $\varepsilon > 0$ 和固定的参数 ρ 与 β,都可以通过选择充分大的智能体数量 S,使得对所有的 $m \geqslant m_0$(m_0 为一个依赖于 ε 的整数)都有 $P_m \geqslant 1 - \varepsilon$ 成立。

(2) 对每一个 $\varepsilon > 0$ 和固定的参数 S 与 β,可以通过选择蒸发因数 ρ 充分接近于零,使得对所有的 $m \geqslant m_0$ 都有 $P_m \geqslant 1 - \varepsilon$ 成立。

下面简要给出证明的要点,详细的证明后面给出。

(1) 应当指出,基于图解的蚁群系统的搜索过程可以理解为马尔可夫过程,即一个随机过程,它在循环期 m 内状态的概率分布仅依赖于循环期 $m - 1$ 的状态。通常,一个概率算法可以根据随机过程有不同的描述,通过建立马尔可夫过程,对证明中引入的想法我们选定一个数学框架,并且从概率理论的角度给出一个明确的含义。

(2) 在一个固定的循环期 m 内,至少有一个智能体穿过最优行程发生的概率的下限可以获得。紧接着的研究表明,所获得的下限值尽管依赖于 m,却独立于历史数据。

(3) 假设最优行程被某个智能体在某一时间至少一次穿过,则指派给这个最优行程弧的信息素将越来越接近于(1/ 最优行程的长),而指派给其他弧的信息素将趋于 0。

(4) 在最优行程至少一次被穿过的条件下,最后一次提出的信息素将使得转移概率(它负责确定最优行程中的弧的走向)越来越接近于 1。

(5) 在所提到过的条件下,一个固定的智能体穿过最优行程这一事件的概率将在算法的执行过程中越来越接近于 1。

(6) 通过最后一次观测和没有一个智能体穿过最优行程的概率估计证明整个定理。用引理 9.6 给出的下限,能够证明这个概率可以通过提高智能体的数量或者降低蒸发因数而变得任意小。

在此处将收敛条件放入到证明中是有很有用的:条件(a) 仅仅是对引理 9.6 中信息素更新准则的一个简化。利用条件(b),证明就简化为只对在惟一最优行程上发生的事件的观察。条件(c) 能够得到下限的估计值。条件(d) 避免出现收敛到局部最优解的早熟现象。

应该指出,证明在 $\beta = 0$ 的特殊情况下也是有效的,即 $\eta_{kl}(u)$ 是根本不起作用的情况。另一方面,我们应排除 $\rho = 0$ 的情况,而要求 $\rho > 0$。因此我们的结果不包括随机搜索。

把基于图解的蚂蚁系统解的迭代过程理解为离散时间的 Markov 过程[74],这个 Markov 过程的状态是一个三元组

$$(\underline{\tau}(m), \underline{w}(m), f^*(m)) \qquad m = 1,2,\cdots$$

其中 $\underline{\tau}(m)$ 是在 m 循环中所有弧(k,l)上的信息素值 $\tau_{kl}(m)$ 的向量;

$\underline{w}(m)$ 是在 m 循环中智能体 $A_1,\cdots,A_s$ 的路程 $w^{(s)}(m)(s = 1,\cdots,S)$ 所组成的向量;

$f^*(m)$ 是在 $1,\cdots,m-1$ 循环中相应于任一智能体搜索到的最好代价值，当 $m=1$ 时，令 $f^*(1)=\infty$。

命题9.1 状态变量$(\underline{\tau}(m),\underline{w}(m),f^*(m))(m=1,2,\cdots)$构成了一个 Markov 过程。

证明 如果在 m 循环$(\underline{\tau}(m),\underline{w}(m),f^*(m))$状态分布仅依赖于 $m-1$ 循环的状态$(\underline{\tau}(m-1),\underline{w}(m-1),f^*(m-1))$，则满足 Markov 特性。这种情况是事实，因为状态转移是按下述规则给出：

(1)$\underline{\tau}(m)$ 是由 $\underline{\tau}(m-1)$ 完全决定的，$\underline{w}(m-1)$ 与 $f^*(m-1)$ 是根据信息素值的更新规则决定；

(2)$\underline{w}(m)$ 的转移概率仅依赖于 $\underline{\tau}(m)$，从而它就决定于$(\underline{\tau}(m-1),\underline{w}(m-1),f^*(m-1))$；

(3)$f^*(m)$ 完全由 $\underline{w}(m-1)$ 与 $f^*(m-1)$ 决定。

注9.4 应该注意到，在给定马尔可夫过程的解释中，由公式(9-22)定义的$p_{kl}(m,u)$是 $\tau(m)$ 的函数，因此也是循环期 $m-1$ 过程中状态的函数。特别地，数 $p_{kl}(m,u)$ 是随机变量。从这点上看，解释成概率仅仅是一种间接的解释，通过所考虑的马尔可夫过程的状态转移规则，确定循环期 m 的行程向量 $\underline{w}(m)$ 的分布。

注9.5 我们也可以通过非马尔可夫过程来描述搜索过程，即通过三元组$(\underline{\tau}(m),\underline{w}(m),f_{\mathrm{opt}}(m))$替代$(\underline{\tau}(m),\underline{w}(m),f^*(m))$来追踪当前状态，其中 $f_{\mathrm{opt}}(m)$ 代表循环期 m 中所发现的最好代价值。例如在引理 9.10 的证明中，只考虑循环期 $m-1$ 的状态，而不是整个过去。

下面给出一些要用到的缩写符号：

w^* 代表最优行程；

L 代表 w^* 的长度(弧的数量)；

P_r 是上面定义的 Markov 过程的概率；

$E_m^{(s)}$ 表示距离 $w^{(s)}(m)=w^*$，即智能体 A_s 在循环期 m 中移动最优行程；

B_m 是 $\neg E_m^{(1)}\wedge\cdots\wedge\neg E_m^{(s)}$ 的缩写，即对所有 $s=1,\cdots,S$ 时 $w^{(s)}(m)\neq w^*$；

F_m 是 $B_1\wedge\cdots\wedge B_{m-1}\wedge\neg B_m$ 的缩写，即表示某个智能体的 m 循环期中移动的最优行程，而没有智能体在 $1,\cdots,m-1$ 循环期移动；

A 是 $F_1\vee F_2\vee\cdots$ 的缩写，即对于存在的 m 和 s，使得 $w^{(s)}(m)=w^*$(被某个智能体在某循环期中移动最优的行程)，$(k,l)\in w$ 表示弧(k,l)位于行程 w 上，w 有时也表示位于它上面的一系列节点。

因为条件(c)和下面的事实：仅有有限多的弧(k,l)和有限多可行的行程 u，所以有

$$\gamma=\min\{[\eta_{kl}(u)]^{\beta}\mid(k,l)\in w^*,u\ \text{partial walk of}\ w^*\mid\}>0 \qquad (9\text{-}27)$$

及

$$\Gamma = \max[\eta_{kl}(u)]^{\beta} < \infty$$

注意到如果有无穷多弧和行程，最小值和最大值没有定义，而下确界和上确界分别为零和无穷。将所有的期望值都乘以一个固定的常数，不会改变状态转移概率(9-22)。于是，在不失一般性的条件下假定期望值 $\eta_{kl}(u)$ 可以使用 $\Gamma = 1$ 的方法被规范化，即对所有弧 (k,l) 及全部局部行程 u 有

$$[\eta_{kl}(u)]^{\beta} \leqslant 1 \tag{9-28}$$

引理 9.6　至少有一个智能体在循环期 m 中移动最优行程的概率 $P_r(\neg B_m)$ 大于或等于 $1-(1-c^{m-1}p)^S$，其中 $c = (1-\rho)^L$ 且 $p = \gamma^L \prod_{(k,l)\in w^*} \tau_{kl}$(9-22)，$\gamma$ 由式(9-27)所定义。

证明　因为 $\Delta\tau_{kl} \geqslant 0$ 且 $\rho > 0$，方程(9-25)意味着

$$\tau_{kl}(m+1) \geqslant (1-\rho)\tau_{kl}(m) \tag{9-29}$$

在 $C > 0$ 时，又由于 $\rho > 0$，这也阻止 $C = 0$ 的情况。重复应用式(9-29)可得

$$\tau_{kl}(m) \geqslant (1-\rho)^{m-1}\tau_{kl}(1) \tag{9-30}$$

因为式(9-28)及 $\sum_{(k,l)} \tau_{kl}(m) = 1$

$$\sum_{r \in u,(k,r)\in A} \tau_{kr}(m)[\eta_{kr}(u)]^{\beta} \leqslant \sum_{r \in u,(k,r)\in A} \tau_{kr}(m) \leqslant 1$$

所以由式(9-22)给出的转移概率 $p_{kl}(m,u)$ 对于节点 l 且 $l \in u$ 时，满足不等式

$$p_{kl}(m,u) = \frac{\tau_{kl}(m)[\eta_{kl}(u)]^{\beta}}{\sum_{r \in u,(k,r)\in A} \tau_{kr}(m)[\eta_{kr}(u)]^{\beta}} \geqslant \tau_{kl}(m)[\eta_{kl}(u)]^{\beta} \tag{9-31}$$

令 $w^* = (v_0,\cdots,v_L)$，利用式(9-27)、(9-30)及(9-31)可得

$$\begin{aligned}\Pr(E_m^{(s)}) &= \prod_{i=0}^{L-1} p_{v_i v_{i+1}}(m,(v_0,\cdots,v_i)) \geqslant \prod_{i=0}^{L-1} \tau_{v_i v_{i+1}}(m)[\eta_{v_i v_{i+1}}]^{\beta} \geqslant \\ &\gamma^L \prod_{i=0}^{L-1} \tau_{v_i v_{i+1}}(m) \geqslant \gamma^L \prod_{i=0}^{L-1} (1-\rho)^{m-1}\tau_{v_i v_{i+1}}(1) = \\ &\gamma^L (1-\rho)^{L(m-1)} \prod_{(k,l)\in w^*} \tau_{kl}(1) = c^{m-1}p\end{aligned}$$

由于智能体 S 的行程是独立的，这意味着

$$\Pr(B_k) \leqslant (1-c^{m-1}p)^S$$

于是定理得证。

推论 9.1　假定在 m 前的循环期中没有智能体穿过最优行程，则在 m 循环期内至少有一个智能体穿过最优行程的条件概率 $\Pr(\neg B_m \mid B_1 \wedge \cdots \wedge B_{m-1})$ 大于或等于 $1-(1-c^{m-1}p)^S$。

证明　这个证明是引理 9.6 的重复。不等式(9-29)、(9-30)在任何情况下，只要独立

于循环期 $0,\cdots,m-1$ 发生的事件,也就独立于条件 $B_1 \wedge \cdots \wedge B_{m-1}$。

接下来的引理给出事件 F_m 的条件概率。我们用常用的方式来表示条件概率写为 $\Pr\{\cdots \mid F_m\}$。

引理 9.7 对于任一 $\varepsilon > 0, m \in N$,存在一个整数 $d(\varepsilon, m) \in N$,使得

$$\Pr\left\{\left|\tau_{kl}(m') - \frac{1}{L}\right| < \varepsilon \quad \text{for all } (k,l) \in w^* \mid F_m\right\} \geqslant 1 - \varepsilon \quad \text{for all } m' \geqslant m + d(\varepsilon, m)$$

及

$$\Pr\{\tau_{kl}(m') < L\varepsilon \quad \text{for all } (k,l) \overline{\in} w^* \mid F_m\} \geqslant 1 - \varepsilon \quad \text{for all } m' \geqslant m + d(\varepsilon, m)$$

证明 我们给定事件 F_m,即在循环期 m 内第一次穿过最优行程 w^*。考虑循环期 $m' > m$ 有两种可能的情况:

(a) 在循环期 m' 结束时 $C = 0$,于是对所有弧 (k,l) 有 $\tau_{kl}(m'+1) = \tau_{kl}(m')$;

(b) 在循环期 m' 结束时 $C > 0$,对于某个智能体 A_s 在循环期 m' 中若 $\Delta\tau_{kl}^{(s)} > 0$,它只能是正的。

前面给出的式(9-23)和条件(d)意味着,某智能体以最多 $f^*(m')$ 的代价穿过一次行程。因为 $m' > m$,所以 $f^*(m')$ 已经是 f^* 的最小代价值。情况(b)意味着至少有一个智能体在循环期 m' 时穿过 w^*。不失一般性,假定恰是这个智能体 $A_s(s = 1,\cdots,S';1 \leqslant S' \leqslant S)$ 在循环期 m' 中移动了 w^*,那么对于一个弧 $(k,l) \overline{\in} w^*$,$\Delta\tau_{kl}^{(s)} = 0$,于是在这个循环期最后令 $\Delta\tau_{kl} = 0$,于是对于一个弧 $(k,l) \in w^*$,则有

$$\Delta\tau_{kl}^{(s)} = \varphi(f^*) \quad (s \leqslant S')$$

$$\Delta\tau_{kl}^{(s)} = 0 \quad (s > S')$$

可以得到

$$C = \sum_{(k',l') \in A} \sum_{s=1}^{S'} \Delta\tau_{k'l'}^{(s)} = \sum_{(k',l') \in w^*} S'\varphi(f^*) = LS'\varphi(f^*)$$

于是对于 $(k,l) \in w^*$

$$\Delta\tau_{kl} = \frac{1}{C}\sum_{s=1}^{S'} \Delta\tau_{kl}^{(s)} = \frac{S'\varphi(f^*)}{LS'\varphi(f^*)} = \frac{1}{L} \tag{9-32}$$

所以

$$\tau_{kl}(m'+1) = (1-\rho)\tau_{kl}(m') + \frac{\rho}{L} \tag{9-33}$$

或

$$\tau_{kl}(m'+1) - \tau_{kl}(m') = \rho\left(\frac{1}{L} - \tau_{kl}(m')\right) \tag{9-34}$$

特别是如果 $\tau_{kl}(m') < 1/L$,则 $\tau_{kl}(m'+1) > \tau_{kl}(m')$;另一方面,如果 $\tau_{kl}(m') \geqslant$

$1/L$,根据式(9-33),则 $\tau_{kl}(m'+1) \geqslant 1/L$。换句话说,在(b)情况下,对于$(k,l) \in w^*$,$\tau_{kl}(m')$是增加的,或者说高于 $1/L$。

将(a)与(b)两种情况一起考虑,对于$(k,l) \in w^*$,$m' > m$,可以推得

$$\tau_{kl}(m') \geqslant \min(\tau_{kl}(m+1), 1/L) \geqslant \alpha_{kl}(m) > 0$$

其中 $\alpha_{kl}(m)$ 由$(1-\rho)^m \tau_{kl}(1)$来定义。

设当前$(k,l) \in w^*$,$u = (u_0, \cdots, u_{t-1} = k)$为在 w^* 上从起始节点到 k 节点的局部行程,利用式(9-27)和(9-31)有

$$p_{kl}(m', u) \geqslant \gamma \tau_{kl}(m') \geqslant \gamma \alpha_{kl}(m)$$

因此,对于一个定位(不挥发)的智能体 A_s 和 $m' > m$,可得

$$\Pr(E_{m'}^{(s)} \mid F_m) \geqslant \prod_{(k,l)\in w^*} \gamma \alpha_{kl}(m) = \gamma^L \prod_{(k,l)\in w^*} \alpha_{kl}(m) = a(m) > 0$$

其中数 $a(m)$ 不依赖于 m'。

通过像推论 9.1 的证明那样讨论引理 9.6,可以得出上面的估计是成立的,而不考虑循环期 $m+1, m+2, \cdots, m'-1$ 中发生了什么。当所考虑的概率对任何循环期内的任何可能事件有额外条件时,它也是有效的。最直接的想法表明,循环期 m 后的某 g 个循环期内没有智能体穿过 w^* 的概率小于或等于$(1-a(m))^{S_g}$。通过选择 g 足够大,可使概率任意小。结果,情况(b)发生的概率(F_m)可以通过选择足够大的 d 而使之任意小,情况(b)的发生次数在循环期 m 和 $m+d$ 间比 h 要少。选择 $0 < \delta < 1/2$,使得 $g(\delta)$ 满足

Pr{在 m 次循环以后的 $g(\delta)$ 个连续的循环中没有智能体穿越 $w^* \mid F_m$} $\leqslant \delta$

对任意 $0 < \varepsilon < 1$,设 $\delta = \varepsilon/2h < \dfrac{1}{2}$ 在每一个连续周期(由 $g(\delta)$ 连续循环组成)内,只少情况(b)发生的概率是大于$(1-\delta)^h \geqslant 1 - 2\delta h = 1 - \varepsilon$。所以,情况(b)至少以 $1-\varepsilon$ 的概率在 $d = g(\delta)h$ 循环期内至少发生 h 次。

现在通过$(1-\rho)^h < \varepsilon$ 的方式选择 $h = h(\varepsilon)$,用下述方式选择 $d = d(\varepsilon, m)$

Pr{在循环 m 和 $m+d$ 之间,情况(b)发生的次数少于 $h \mid F_m$} $< \varepsilon$

考虑保持情况(b)的一个指标 m',由式(9-33)得

$$\tau_{kl}(m'+1) - \frac{1}{L} = (1-\rho)\left(\tau_{kl}(m') - \frac{1}{L}\right)$$

对于$(k,l) \in w^*$ 的弧在 $\tau_{kl}(m')$ 和 $1/L$ 之间的距离当每一次情况(b)发生时,通过一个因子 $1-\rho$ 减少。反复应用这一个过程,可以得到一个事件 F_m 的条件概率大于或等于 $1-\varepsilon$,于是有

$$\left|\tau_{kl}(m+d) - \frac{1}{L}\right| \leqslant (1-\rho)^h \left|\tau_{kl}(m) - \frac{1}{L}\right| \leqslant (1-\rho)^h < \varepsilon$$

对于所有$(k,l) \in w^*$ 及对任意 $m' \geqslant m+d$ 已在引理 9.7 的第 1 部分给出,由于事件 F_m 的条件概率大于或等于 $1-\varepsilon$,因此也可得

$$\left|\tau_{kl}(m') - \frac{1}{L}\right| \leqslant \left|\tau_{kl}(m+d) - \frac{1}{L}\right| < \varepsilon$$

第2部分的得出是根据等式

$$\sum_{(k',l')\in A} \tau_{k'l'}(m') = 1$$

根据第1部分在最优行程 w^* 中信息素值总和,在 $m' \geqslant m + d(\varepsilon, m)$ 条件下,至少以 $1-\varepsilon$ 的概率大于

$$L\left(\frac{1}{L} - \varepsilon\right) = 1 - L\varepsilon$$

所以一个不在行程 w^* 上的弧,不可能具有信息素的值大于 $L\varepsilon$。

引理9.8　设 $u^*(k)$ 为在弧 w^* 上到节点 $k(k \in w^*)$ 的局部行程,对每一个 $\varepsilon > 0$, $m \in N$ 都存在一个整数 $d'(\varepsilon, m) \in N$,当所有的 $m' \geqslant m + d'(\in, m)$ 时,满足

$$\Pr\{p_{kl}(m', u^*(k)) \geqslant 1 - \varepsilon \quad \text{for all } (k,l) \in w^*\} \geqslant 1 - \varepsilon$$

证明　应用引理9.7,对于每一个 $m' \geqslant m + d(\tilde{\varepsilon}, m)$,由最小的 $1 - \in$ 的条件概率 F_m 可得

$$\left|\tau_{kl}(m') - \frac{1}{L}\right| \leqslant \tilde{\varepsilon} \quad \text{for all } (k,l) \in w^* \tag{9-35}$$

$$\tau_{kl}(m') \leqslant L\tilde{\varepsilon} \quad \text{for all } (k,r) \in w^* \tag{9-36}$$

令 $(k,l) \in w^*$, $u = u^*(k)$ 可得

$$p_{kl}(m', u) = \frac{\tau_{kl}(m')[\eta_{kl}(u)]^\beta}{\sum_{r\in u, r\neq l, r\in A} \tau_{kl}(m')[\eta_{kl}(u)]^\beta + \tau_{kl}(m')[\eta_{kl}(u)]^\beta}$$

设 $\eta = [\eta_{kl}(u)]^\beta > \gamma$(当 $\eta \leqslant 1$ 时根据式(9-28)可得),定义 v 表示通过节点的最大次数,于是由式(9-35)和(9-36)有

$$p_{kl}(m', u) \geqslant \frac{(1/L - \tilde{\varepsilon})\eta}{vL\tilde{\varepsilon} + (1/L + \in)\eta} = \frac{1 - L\tilde{\varepsilon}}{1 + \tilde{\varepsilon}(vL^2\eta + L)}$$

因为对于 $x \geqslant 0$ 有　　$(1+x)^{-1} \geqslant 1 - x$

$$p_{kl}(m', u) \geqslant (1 - L\tilde{\varepsilon})\left(1 - \tilde{\varepsilon}\left(\frac{vL^2}{\eta} + L\right)\right) \geqslant 1 - \left(2L + \frac{vL^2}{\eta}\right)\tilde{\varepsilon} \geqslant 1 - \left(2L + \frac{vL^2}{\gamma}\right)\tilde{\varepsilon}$$

所以有

$$\tilde{\varepsilon} = \frac{\varepsilon}{2L + vL^2/\gamma} < \varepsilon$$

推论9.2　应用引理9.8中的定义符号,设

$$Y_{m'} = \prod_{(k,l)\in w^*} p_{kl}(m', u^*(k)) \tag{9-37}$$

则对每一个 $\varepsilon > 0, m \in N$,存在一个整数 $d''(\varepsilon, m) \in N$,满足

$$\Pr\{Y_{m'} \geqslant 1 - \varepsilon \mid F_m\} \geqslant 1 - \varepsilon \quad \text{for all } m' \geqslant m + d''(\varepsilon, m)$$

证明　直接应用引理 9.8,用 $\varepsilon/2L$ 替代 ε,可以看到,只有当 $\varepsilon/2L \leqslant \varepsilon$ 时概率公式 (9-37) 中的每项因子能够大于或等于 $1 - \varepsilon/2L$,因为 $\varepsilon/2L \leqslant \frac{1}{2}$(不失一般性,$\varepsilon \leqslant 1$),所以有

$$\left(1 - \frac{\varepsilon}{2L}\right)^L \geqslant 1 - 2\left(\frac{\varepsilon}{2L}\right)L = 1 - \varepsilon$$

引理 9.9　对于任意 $\varepsilon > 0$,存在一个整数 $d''(\varepsilon, m) \in N$,使得对于一固定的 s 满足

$$\Pr(E_{m'}^{(s)} \mid F_m) \geqslant 1 - \varepsilon \quad \text{for all } m' \geqslant m + d'''(\varepsilon, m)$$

证明　$E_{m'}^{(s)}$ 是 $w_{m'}^{(s)} = w^*$ 时的结果,对于在 Markov 过程 $m' - 1$ 循环期中给定的状态,该结果的概率是由式(9-37) 所定义 $Y_{m'}$ 的值。$Y_{m'}$ 本身是一个具有一定分布的随机变量,为了在没有预先确定状态的情况下给出 $E_{m'}^{(s)}$ 的条件概率,我们尚需取一个考虑 $Y_{m'}$ 分布的期望值,特别是,当 $m' \geqslant m + d''(\tilde{\varepsilon}, m)$ 时,把推论 9.1 用到引理 9.7 可得

$$\Pr\{Y_{m'} \geqslant 1 - \tilde{\varepsilon} \mid F_m\} \geqslant 1 - \tilde{\varepsilon}$$

于是,对上述的 m' 有

$$\begin{aligned}\Pr(E_{m'}^{(s)} \mid F_m) \geqslant{} & \Pr\{E_{m'}^{(s)} \wedge (Y_{m'} \geqslant 1 - \tilde{\varepsilon}) \mid F_m\} = \\ & \Pr\{E_{m'}^{(s)} \mid (Y_{m'} \geqslant 1 - \tilde{\varepsilon}) \wedge F_m\}\Pr\{Y_{m'} \geqslant 1 - \tilde{\varepsilon} \mid F_m\} \geqslant \\ & (1 - \tilde{\varepsilon})(1 - \tilde{\varepsilon}) \geqslant 1 - 2\tilde{\varepsilon}\end{aligned}$$

当取 $\tilde{\varepsilon} = \frac{1}{2}\varepsilon$ 时,可以获得本引理的结论。

在上面工作的基础下,现在来证明定理 9.3。

证明(定理 9.3)　我们有

$$P_m = \Pr(E_m^{(1)}) = \cdots = \Pr(E_m^{(s)})$$

此外

$$\begin{aligned}\Pr(B_1 \wedge \cdots \wedge B_m) = \Pr(B_1)\Pr(B_2 \mid B_1) \\ \Pr(B_m \mid B_1 \wedge \cdots \wedge B_{m-1})\end{aligned}$$

把推论 9.1 用于定理 9.3,可得

$$\Pr(B_1 \wedge \cdots \wedge B_m) \leqslant (1 - p)^S(1 - cp)^S \cdots (1 - c^{m-1}p)^S = \left[\prod_{i=1}^{m}(1 - c^{i-1}p)\right]^S$$

设

$$w(p, c, S) = \left[\prod_{i=1}^{\infty}(1 - c^{i-1}p)\right]^S$$

由于 A 可以表示为

$$A = \neg(B_1 \wedge B_2 \wedge \cdots)$$

可得

$$\Pr(A) = 1 - \lim_{m\to\infty}\Pr(B_1 \wedge \cdots \wedge B_m) \geqslant 1 - \lim_{m\to\infty}\left[\prod_{i=1}^{m}(1 - c^{i-1}p)\right]^S =$$

$$1 - w(p,c,S)$$

另一方面，通过把 S 选择足够大，或是把 ρ 选得足够小，$w(p,c,S)$ 可以做得任意小①。因为当 $0 < x < 1$ 时，$\log x \leqslant x - 1$

$$\log w(p,c,S) = S\sum_{i=1}^{\infty}\log(1 - c^{i-1}p) \leqslant - S\sum_{i=1}^{\infty}c^{i-1}p =$$

$$- Sp\sum_{i=0}^{\infty}c^i = -\frac{Sp}{1-c}$$

即

$$w(p,c,S) \leqslant \exp\left(-\frac{Sp}{1-c}\right)$$

因为 $0 < c < 1$，固定 c 由于 $S \to \infty$ 和固定 S 由于 $c \to 1$，二者都会导致 r.h.s 表达式趋于 0。

综上可知，适当选择 S 或 ρ 能使 $w(p,c,S) \leqslant \varepsilon/4$，从而 $\Pr(A) \geqslant 1 - \varepsilon/4$，这是由于

$$1 > \Pr(A) = \Pr(F_1 \vee F_2 \vee \cdots) = \sum_{m=1}^{\infty}\Pr(F_m)$$

上述级数的部分和 $\sum_{m=1}^{K}\Pr(F_m)$ 由于 $K \to \infty$ 而收敛，所以存在一个整数 $K = K(\varepsilon)$，使得

$$\sum_{m=K+1}^{\infty}\Pr(F_m) < \frac{\varepsilon}{4}$$

于是

$$\Pr(F_1 \vee \cdots \vee F_K) = \sum_{m=1}^{K}\Pr(F_m) \geqslant \Pr(A) - \frac{\varepsilon}{4} \geqslant 1 - \frac{\varepsilon}{2}$$

---

① 读者可以假设，对于所有 i，由于 $0 < 1 - c^{i-1}\rho < 1$，总可以有 $w(p,c,S) = 0$，偏巧不会出现这种情况，正如下面的算例所示。设 $c = \frac{1}{2}$，$p = \frac{1}{2}$，$S = 1$，那么

$$w(p,c,S) = \prod_{i=1}^{m}\left(1 - \left(\frac{1}{2}\right)^i\right) = \left(\frac{1}{2}\right)\left(\frac{3}{4}\right)\left(\frac{7}{8}\right)$$

$$\log w(p,c,S) = \log\left(1 - \frac{1}{2}\right) + \log\left(1 - \frac{1}{4}\right) + \cdots \geqslant$$

$$-2\left(\frac{1}{2}\right) - 2\left(\frac{1}{4}\right) - \cdots = -2$$

于是有

$$w(p,c,S) \geqslant e^{-2} = 0.1353\cdots > 0。$$

应用引理 9.9 有

$$\Pr(E_{m'}^{(1)} \mid F_m) \geqslant 1 - \frac{\varepsilon}{2} \text{ for all } m' \geqslant m + d'''(\varepsilon/2, m) \tag{9-38}$$

令

$$d(\varepsilon) = \max\left(d'''\left(\frac{\varepsilon}{2},1\right),\cdots,d'''\left(\frac{\varepsilon}{2},K\right)\right)$$

且

$$m_0 = m_0(\varepsilon) = K + d(\varepsilon)$$

对于 $m < K$,不等式(9-38)对所有 $m' \geqslant m_0$ 均成立,所以对 $m' \geqslant m_0$ 有

$$\begin{aligned} P_{m'} = \Pr(E_{m'}^{(1)}) &= \Pr(E_{m'}^{(1)} \mid F_1)\Pr(F_1) + \cdots + \Pr(E_{m'}^{(1)} \mid F_K)\Pr(F_K) + \\ &\Pr(E_{m'}^{(1)} \mid \neg(F_1 \vee \cdots \vee F_K))\Pr(\neg(F_1 \vee \cdots \vee F_K)) \geqslant \\ &\Pr(E_{m'}^{(1)} \mid F_1)\Pr(F_1) + \cdots + \Pr(E_{m'}^{(1)} \mid F_K)\Pr(F_K) \geqslant \\ &\left(1 - \frac{\varepsilon}{2}\right)(\Pr(F_1) + \cdots + \Pr(F_K)) \geqslant \left(1 - \frac{\varepsilon}{2}\right)\left(1 - \frac{\varepsilon}{2}\right) \geqslant \\ &1 - 2\left(\frac{\varepsilon}{2}\right) = 1 - \varepsilon \end{aligned}$$

注 9.6　在上述的结论证明中,能够获得智能体数量和蒸发因数这两个参数的界限值是非常有益的。通过这些界限值能确保以较高的概率收敛到最优解,但超出了当前计算机的能力。由于给出的范围太弱,以至于得不到这样的数值结论。

然而,读者应该注意到,这些格外小的 ρ 值会导致一个很粗糙的智能体找到最优行程的概率估计。为了更一般化,应该基于最坏的情况进行计算,此时期望值的使用对结果根本没有帮助,甚至会产生误导。然而,在实际应用中,这些启发值应取大的值,以使至少有一个智能体能在某一循环期内找到最优路径的机会大幅度提高。并且,我们已使用了一些粗略的范围,它是通过某些规则对实际收敛概率的最低估计。基于这些考虑,只要给出一个适当的智能体的数量,就能以一个较高的概率收敛到最优值。

应该指出,给出参数的选取办法不是 GAS 研究的重点,而重点要阐明基于蚁群系统性能。特别地,我们用发展的眼光看硬件部分时,区分开“可优化的”算法和“不可优化的”算法是很重要的。“可优化的”意味着只要能得到更好的计算机性能,越来越接近最优解就根本不是问题;“不可优化的”意味着不论花多大力气进行计算,也无论计算机硬件有多么厉害,所得到解的质量离最优解总有一段距离。对于使用和发展基于蚁群算法的人都应该知道,基于图解的蚁群系统属于第一类启发算法。

9.2.4　基于图解的蚂蚁系统收敛性的一般解

将蚁群系统扩展为基于图解的蚁群系统的标准框架,是因为基于图解的蚁群系统是一个能处理任何静态优化问题的启发算法。基于图解的蚁群系统和 ACO 算法非常接近,但它更集中了基于蚁群优化系统的典型特征,在执行上有更多的限制。

基于图解的蚁群系统能够获得收敛性结果,从收敛结果上与模拟退火的优化算法比较,定理 9.3 相对要弱,这是由于 GAS 不能称以概率 1 收敛,而只能称在选择恰当的参数后,以任意接近于 1 的概率收敛。特别地,增加智能体的数量,减少蒸发因数能够提高收敛概率。

像大多数启发算法的收敛结果一样,我们对定理 9.3 的解释必须谨慎。从大量的智能体和小的蒸发因数中能得到高的收敛概率这个事实,得不出结论:基于图解的蚁群系统执行的越好,则智能体的数量越多,蒸发因数越小。得到满意的收敛行为所付出的代价是计算时间的爆炸,即如果在一个单处理器上用大量的智能体进行仿真,在图解蚁群系统从爆炸状态进入最优状态需要不可行的大量时间。所以减少智能体的数量会更好一些,即因此找到最有解的机会有所减少。从 SA 的应用中可以知道一个简单的问题,为了得到一个超过第一个状态的过程,理论上的冷却过程可以用一个高温度参数修正成一个快得多的冷却过程。

从理论角度看,条件(a)~(d)哪一个能被放宽或去除?在 4 个条件中最强的一个条件是(b),即只有惟一的一个最优路径,也就是说最优解是惟一的。但一些实际问题不满足这个条件,因此所得到的结论只能说明了一部分情况。Gutjahr 教授 2003 年在文献[157]中已把条件(b)去掉,则可达的最优路径不止一条,即可达的最优解不止一个。然后,使用经过改进的全局最优的信息素更新规则,把算法的以概率搜索的随机过程转变为 Markov 过程,再把 Markov 过程分解为许多个时期(Periods),每个时期包含许多个时段(epochs),规定在每个时段中,只在最后一个循环中才能穿越最优路径。利用时段冠军(champion of epoch)的概念,说明这个冠军所代表的最优路径是到目前为止(即这个时段结束)积累的信息素最多的那条最优路径,最后证明如果这个冠军在被分解的多个时期中是惟一穿越的概率接近于 1。最终得到结论:存在一条最优路径,当蚂蚁数量足够大或信息素挥发系数充分小的情况下,智能体能以充分接近 1 的概率收敛于这条路径。

另一个有趣的理论问题就是收敛速度。从对定理的证明,可以得到关于收敛速度的一些信息,但是这个问题值得进一步研究。

9.3 基于波函数的蚁群行为模型

人们经常会发现,成群结队的蚂蚁会相当一致地共同去完成某个有意义的任务:或者是搬运食物;或者是忙于修巢;或者预知雷雨快要来临,急急忙忙地举家搬迁。

在蚁群去从事某件事情时,每一只单独的蚂蚁都是无举足轻重的,这里并没有什么主宰一切的领袖人物,全体蚂蚁都是相互平等的,它们通过信息素及相互之间的接触来传递气味信息,协同去完成共同的任务。正是毫无条理可言的单个蚂蚁组成的蚁群,表现出相当清晰的条理来,有条不紊地完成着一个又一个有目的的任务。

蚂蚁的这些“惊人”的行为完全是本能的，谈不上半点智能问题，更不用说是意识了。对于单个蚂蚁来说，其实没有任何智能可言，也不会有什么觉知能力。但如果将整个蚁群作为一个整体看待，那情形就完全不同了。其实，同蚁群这样的工作方式一样，在大脑神经元网络系统中，每个神经元本身也是没有半点智能和意识能力的，但通过群体中神经元之间的动态相互作用，整个大脑神经网络不仅可以表现出种种心智行为，并且还能涌现出意识能力来。

实际上，大脑神经元集群的工作方式同蚁群行为活动的工作方式都是建立在一种自组织机制之上的[139]，并通过这种机制，整个群体涌现出原本每个成员不具有的性质，包括所谓的意识觉知能力。我国学者汪云九、周昌乐[138]应用量子力学对蚂蚁行为规律进行分析，建立蚁群活动的波函数描述模型。

9.3.1　蚂蚁群体行为的自组织机制

蚂蚁是一种很不起眼的小生命，但却有着很多类似于人类活动的“神奇”行为。比如蚂蚁会种植、采集、畜牧、驱奴、缝纫、吸毒，甚至使用工具等[140]。当然单个蚂蚁是微不足道的，一旦离群，除了死，别无选择；但作为一个十几万个单元组成的蚁群，其表现出来的行为方式，就颇为壮观了。生物学家刘易斯·托玛斯在《细胞生命的礼赞·曼哈顿的安泰》中指出：“蚂蚁其实不是独立的实体。倒更像是一个动物身上的一些部件。它们是活动的细胞，通过一个致密的、和其他蚂蚁结缔成组织，在一个由枝状网络形成的母体上循环活动。”[141]由于每只蚂蚁约有50万个神经元，作为一个蚁群的神经元总数可达10^{11}级别，这同人脑的神经元数目颇为接近。因此，与其把单只蚂蚁看做是一个个生命，倒不如将整个蚁群看做是一个“智能”生命更能说明蚂蚁的行为。

就像单个神经元本身没有智能一样，单只蚂蚁是非常蠢笨的。看上去很随机地转来转去，其行为毫无条理；根本无法从单只蚂蚁的活动中看出其对整个蚁群行为有什么直接联系。然而就大量的蚂蚁来说，从这种乱糟糟的状态中，还是能看出存在着一定的总趋势的。事实上，蚂蚁是通过接触提供的信息传递来协调其活动的，并用这种方式互相组队支援，去从事随便什么活动。当然，蚂蚁组队是有一定条件的，只有当聚集的蚂蚁的数量达到某一临界数量时，有条理的蚁群现象才会出现。并且一旦出现这种情况，就会像滚雪球一样，把越来越多的蚂蚁裹挟进来。这样为收集食物、营造蚁窝等目标而工作的完整的“蚁队”就形成了。

蚁队是蚁群行为活动最基本的“砌块”，而对于复杂的蚁群行为活动的理解，我们同样可以做不同层次的分析。也就是说，为了能够协调一致地行动，蚁群实际上是由多个层次结构形成的。高层次的队由低层次的队组成，最后是最低层次的队，在这之下，才是单个蚂蚁。必须注意，蚁队本身并不是固定不变的，而是不断地动态形成和解散的。即使同一个蚁队中的蚂蚁也是不断更替地变化，就好像“蚁队”是一种信号，在蚁群中流来流去，传达所要完成任务的命令一样。尽管从微观上看,这种信号流通是由蚂蚁之间接触实现的;但从宏观上讲,则是通过蚁队流动、形成和解散来达成的。

再往高层看,整个蚁群就是由种种动态分布的蚁队组成,其行为恰好体现在这些来来往往永不停息的蚂蚁群活动分布之上,使得这种分布能适应不断变化的情况,从而使蚁群都同所面临的现时环境相适应。这里没有谁是行为的主宰,整个蚁群活动分布就是行为本身,如果说有什么意识的话,那也是蚁群整体所表现出来的效果。一句话,蚁群的行为完全是一种自组织活动。

例如,对于蚂蚁天气预报来说,你不能指望一只蚂蚁会对天气有什么反应,但正是靠这些无反应的蚂蚁组成的蚁群却可以准确预报气候。据说,蚂蚁在预报天气时,先是派出侦察蚁四处活动,带回“搜寻”到的各种信息后,举行“碰头会”,它们围成一圈,触须碰触须地充分交换“意见”后,有意义的“气象情报”就突现出来,形成对气候的预报结果,并据此采取相应的群体行动,如果洪水来犯,就举家迁移。

9.3.2　蚁群活动的波函数描述模型

像蚂蚁这样的昆虫,其信息世界就是一个不同气味分布构成的环境世界,其中蚂蚁本身也是这一气味环境重要的气味携带者,因此每只蚂蚁均可看做是一个气味源。通常蚂蚁能够识别出不同的气味,这主要是通过不同的气味细胞受体来实现的,并根据识别出来的气味来采取相应的行为。构成不同气味的最小单位是不同的气味分子,尽管气味分子可能多达上万种,每种气味昆虫也能识别到其中的几百到几千种,但通常这类气味分子都是些小分子,其活动可以看做是某种随机碰撞活动,并受到浓度梯度作用场的影响。为了能够通过模型来描述蚂蚁的活动规律,可以假定蚂蚁的活动是受到一定气味场作用的结果,看上去随机转来转去的行为,完全是不同气味对其作用的结果,而行为的确定也一定是只能以几率来描述的。

比如,有两种气味同时作用于蚂蚁,由于作用强度不同,蚂蚁受一种气味作用而采取的行动的几率也许大于受另一种气味作用而采取行动(也即觉知某种气味)的几率,但确切采取了哪种行动是不确定的,因此只能采用几率来预测蚂蚁的行为。同样对蚂蚁所处空间位置也如此,只能给出几率描述。

考虑到实际蚁群活动的复杂性,先来考虑单个自由蚂蚁在无味源(除这个蚂蚁本身携带的气味外)情况下的描述模型。以后再将其推广到更为复杂的情况中。

首先,设单只蚂蚁携带某种气味的作用味量为 m_k,一般 $m_k = n_k \cdot \delta$,其中 n_k 为该种气味分子数,δ 为单个气味分子的作用基量,再设蚂蚁对该种气味的觉知动量为

$$P_k = m_k \cdot v_k \tag{9-39}$$

其中 v_k 为该种气味的活性矢量(简称味矢),表示在气味梯度场中气味有方向的传播频度;另外,整个气味系统的味能为 E,在单个自由蚂蚁的情况下,假设

$$E_k = \frac{P_k^2}{2m_k} = \frac{m_k}{2} \cdot v_k^2 \tag{9-40}$$

此时,如果把单个蚂蚁简单化看做是一个味源点,那么其气味的传播就类似于某种波的形式,借用量子力学中波函数的概念[142],很容易建立起这一气味系统中空气味幅值的波函数为

$$f_k(r,t) = Ae^{\frac{i}{m_k}(p_k \cdot r - E_k t)} \tag{9-41}$$

其中 r 为空间位置,t 为时间。如果蚂蚁携带有 l 种不同气味,那么由于不同气味是通过不同细胞受体来感应的,有理由假设这些不同波函数是满足叠加性的,即

$$f(r,t) = \sum_{k=1}^{l} C_k f_k(r,t) \tag{9-42}$$

同样也刻画了一种气味叠加波的幅值分布。此时

$$E = \sum_{k=1}^{l} E_k = \frac{1}{2}\sum_{k=1}^{l} m_k \cdot v_k^2 = \frac{\overline{v}^2}{2}\sum_{k=1}^{l} m_k = \frac{1}{2}\overline{v}^2 \cdot \delta \cdot n = \frac{1}{2}m\overline{v}^2 \tag{9-43}$$

其中,m 为作用味量,n 为总分子数,$\overline{v}^2$ 为平均味矢。

用这样的波函数来刻画蚂蚁气味分布就可以通过味量密度函数在某处的强度(振幅绝对值平方)来计算蚂蚁在时刻 t 于空间 r 处出现的几率,即这个几率与如下密度函数成正比:

$$dw(r,t) = c\,|f(r,t)|^2 d^3 r = cf^*(r,t)f(r,t)d^3 r \tag{9-44}$$

其中 $f^*(r,t)$ 为 $f(r,t)$ 的复共轭函数。

同量子力学一样,这里要求这样的波函数具有单值性、有界性、连续性和归一性。于是对于迭加态的蚂蚁行为量(比如位置)的测量,其值只能是各构成函数之行为量之一,且其几率分别为 $|c_1|^2, |c_2|^2, \cdots |c_n|^2$,它正是与我们直觉相一致的,对于味觉动量(采取什么样的行为)的测量也一样,只要将它的位置函数转换为相对应的动量波函数即可。

很明显,只要给定单个蚂蚁的不同气味量 m_k 和味矢 v_k,就可以对单个自由蚂蚁的行为、位置及其决定的其他行为量进行预测。但由于单个气味分子的气味作用基量 δ 的不可分割性,同量子力学一样,也同样存在着位置与行为的测不准关系式,它的推导比较复杂,这里从略。

现在将上述的波函数扩大到具有外部味源的情况,也即除了蚂蚁本身携带的气味外,还有外加气味势场

$$U(r,t) \tag{9-45}$$

此时,波函数又有什么变化呢?

实际上,比较量子力学,上述的气味波函数可以看做是如下的薛定谔方程的解

$$E_k = \frac{P_k^2}{2m_k} = \frac{1}{2}m_k v_k^2$$

$$\mathrm{i}\frac{\partial}{\partial t}f(r,t) = -\frac{1}{2}\nabla^2 f(r,t) \text{ 即} \frac{\partial}{\partial t}f(r,t) = \frac{\mathrm{i}}{2}\nabla^2 f(r,t) \tag{9-46}$$

其中 ∇^2 为拉普拉斯算子 i 为虚数，这相当于用作用算子

$$E_k \rightarrow \mathrm{i}m_k\frac{\partial}{\partial t} \text{ 和 } P_k \rightarrow \mathrm{i}m_k\nabla$$

按 $E_k = \frac{P_k^2}{2m_k}$ 分别作用于 $f(r,t)$ 而得的结果。因此同样，当系统气味总能量 $E = \frac{P^2}{2m_k} + U(r,t)$ 时，所求解波函数也一定满足如下方程的解

$$m_k\mathrm{i}\frac{\partial}{\partial t}f(r,t) = \{-\frac{m_k}{2}\nabla^2 + U(r,t)\}f(r,t)$$

即

$$\mathrm{i}\frac{\partial}{\partial t}f(r,t) = \{-\frac{1}{2}\nabla^2 + \frac{1}{m_k}U(r,t)\}f(r,t) \tag{9-47}$$

这样就可以得到有外加气味源时单个蚂蚁的活动规律，比如在某处放有食物(食物气味势垒)时，蚂蚁行为的预测也可以通过解上述的方程后再用几率计算来进行。

最后，如果是多蚂蚁构成的气味环境时，采用多粒子系统类似的方法，我们分析有

$$E = \sum_{i=1}^{N}\frac{P_i^2}{2m_i} + U(r_1, r_2, \cdots, r_n)$$

其中 P_i 代表第 i 个蚂蚁的味觉动量(不失一般性，假定只有一种气味起作用)，m_i 为第 i 个蚂蚁对该气味拥有量，$U(r_1, r_2, \cdots, r_n)$ 反应了外加气味势场及蚂蚁气味之间的相互作用量。当然，一般而言，实现上述公式描述的气味活动方程是非常复杂的，只有在一定限制条件下才能进行方程的建立和分析。

9.3.3 检验蚂蚁行为模型的实验设想

上面给出了由简到繁的各种蚂蚁行为波函数模型。从这些模型描述中不难看出，真正想要确切找到给定蚁群的具体行为描述模型还是非常困难的。一般只能对简单的或特定条件下建立某些有效的蚂蚁模型。现在的问题是，即使能够建立起某个描述模型，其描述蚂蚁行为的有效性又如何呢？显然，说明一个理论模型有效性的最有力的手段就是通过具体的实验来检验。为此首先必须对理论模型中的各种蚂蚁行为量有个直观认识。

首先是觉知动量，其直观意义是指蚂蚁在某时某处所能感受到某种气味的有向作用量。很明显，由于趋味性假设，不同气味的觉知动量对蚂蚁产生不同行为模式起着决定作用，而具体蚂蚁在某时某处的行为无疑是同时作用的诸觉知动量的函数，即由行为函数

$$B(P_1, P_2, P_3, \cdots, P_1) \tag{9-48}$$

刻画。

其次是分析觉知位置。对于蚁群而言，在某一时刻所有蚂蚁的位置分布无疑反映了该

蚁群一种即时整体行为模式,可以用

$$G(r_1, r_2, r_3, \cdots, r_n) \tag{9-49}$$

表示。如果把蚁群看做是一个整体生命的话,那么这一模式代表的恰好就是对当时蚁群行为的觉知。其与各个蚂蚁的行为函数一起,构成了蚁群整体行为活动的即时描述,一种整体行为与行为觉知互补性描述,这正是刻画了意识的伴随性性质[143]。

注意,由于觉知动量与位置之间存在着测不准关系,因此这种互补性描述恰好反映了"觉知"行为活动的不确定性。你根本就不可能精确预测蚁群行为的确切模式,而是只能给出某种几率性的预测。这也说明,检验上述理论模型的出发点也必须建立在几率预测的正确性之上。

基于这样的设想,对于任意给定的行为量(一般均是觉知动量和位置的函数),都可以通过描述蚁群的波函数来计算其平均值或行为出现的几率。然后再通过相应条件设定,来对实际蚁群行为进行测量统计,分析与理论预测的一致性。

表 9-2　蚁群行为实验选项设想表列

气味环境 / 蚁群种类	无气味源	单气味源	多同味源	多异味源
单味单蚁	随机行为	趋向味源	随机多重趋向	选择同味趋向
多味单蚁	随机行为	趋向味源	选择同味趋向	多重同味趋向
单味多蚁	随机聚散	协同趋向味源	组队趋向味源	分队选择趋向
多味多蚁	组队聚散	组队趋向味源	选择同味趋向	分队选择趋向
杂味多蚁	杂群聚散	组队趋向味源	分队选择趋向	分队多重趋向
多味杂蚁	分工聚散	组队趋向味源	分队选择趋向	分工综合活动

表 9-2 给出了各种不同情况的分类实验设想。对于比较简单的情况,可以通过上述分析的方程来给出蚁群行为活动的描述的,并在几率上给出这种行为活动的预测。比如对于单个蚂蚁的情况,就可以建立起相应的波函数,并在给定初始条件下,来预测蚂蚁在任意 t 时刻的几率行为,并通过实际的实验检验这样的预测结果。例如,如果理论模型预测在 t 时刻蚂蚁处在 r 处的几率为 50%,而在初始条件的情况下进行 1 000 次试验,结果果真有一半的情况符合理论预测的,那么就说明这样的理论模型是正确的。当然,如果实验结果吻合的较差,那么说明这里的模型是不合理的,期望将来能够进行表 9-2 中的各种实验来检验产生的理论模型。

第 10 章 蚁群算法在优化问题中的应用

蚁群算法作为一种新的群体智能启发式优化方法，主要用于求解组合优化问题，其中包括旅行商问题(TSP)、二次分配问题(QAP)、车间任务调度问题(JSP)、车辆路线问题(VRP)、图着色问题(GCP)、有序排列问题(SOP)以及网络路由问题等。本章在对多种领域的应用情况加以概述的基础上，重点介绍了在电信网络路由、经济调度、机器人路径规划、学习模糊规则等领域的应用例子。

10.1 蚁群算法在求解优化问题中的应用概况

蚁群算法用于求解不同的组合优化问题，一类应用于静态组合优化问题，另一类用于动态组合优化问题。静态问题指一次性给出问题的特征，在解决问题过程中，问题的特征不再改变。这类问题的范例就是经典旅行商问题(TSP)；动态问题定义为一些量的函数，这些量的值由隐含系统动态设置。因此，问题在运行时间内是变化的，而优化算法须在线适应不断变化的环境。这类问题的典型例子是网络路由问题。

10.1.1 在静态组合优化中的应用

(1)旅行商问题(TSP) 蚁群优化算法首先应用于一个测试问题就是旅行商问题。TSP 问题是组合优化中研究最多的 NP—hard 问题之一，该问题就是寻找通过 n 个城市，各 1 次且最后回到原出发城市的最短路径。许多研究表明，应用蚁群优化算法求解 TSP 问题优于模拟退火法、遗传算法、神经网络算法、禁忌算法等多种优化方法[4][75]。

(2)二次分配问题(QAP) 二次分配问题是指分配 n 个设备给 n 个地点，从而使得分配的代价最小，其中代价是设备被分配到位置上方式的函数。QAP 是继 TSP 之后蚁群算法应用的第一个问题，实际上，QAP 是一般化的 TSP[76,77]。

(3)车间任务调度问题(JSP) JSP 问题指已知一组 M 台机器和一组 T 个任务，任务由一组指定的将在这些机器上执行的操作序列组成。车间任务调度问题就是给机器分配操作和时间间隔，从而使所有操作完成的时间最短，并且规定两个工作不能在同一时间在同一台机器上进行。Colorni、Dorigo 等人将蚂蚁算法应用于车间任务调度问题[78]。

混流装配线问题 混流装配线是 JIT 生产方式的具体应用之一，它可以在不增加产品库存条件下满足用户多样化的需求。混流装配线有时也特指混合车型组装线，即在一定时间内，在一条生产线上根据顾客需求的变化生产出各种不同型号的产品，这一类问题同属生产调度问题。文献[79]研究用蚁群算法解决混流装配线调度问题。

(4)车辆路线问题(VRP)　VRP 问题来源于交通运输。已知 M 辆车,每辆车的容量为 D,目的是找出最佳行车路线在满足某些约束条件下使得运输成本最小。文献[80~82]利用蚁群算法研究 VRP 结果表明,该方法优于模拟退火和神经网络,稍逊于禁忌算法。

(5)图着色问题(GCP)　已知一个图 $G=(N,E)$,G 的一个 q 个颜色的着色是一个映射 $C:N\to\{1,\cdots,q\}$ 使得如果 $(i,j)\in E$,则 $C(i)\neq C(j)$。GCP 就是找出图 G 的一种着色,从而使得所使用的颜色数量 q 最小。Costa 和 Heits 提出使用两条信息素轨迹解决图着色问题[83]。

(6)有序排列问题(SOP)　给定一个有向图,图上的弧和节点都加了权,服从于节点间先后次序的约束,SOP 指在有向图上找出一个最优权值的哈密顿路径。SOP 是 NP 难题,它以许多工程实际问题为模型,如有着接载和运送乘客约束的单车选路径问题,生产计划以及柔性制造系统中的运输问题等。Gambardella 和 Dorigo 应用扩展的蚂蚁算法解决 SOP,结果非常理想[84]。

(7)最短的公共父序列问题(SCS)　已知在字母表∑上的一组 L 串,找出一个在 L 中的每个串的父序列并且该串长度最短,其中如果 S 能通过在 A 插入 0 或更好的字母从 A 中获得,则串 S 为串 A 的父序列。这就是 Michel 和 Middendorf(1998)用 AS - SCS 解决的最短公共父序列问题(SCS)[85]。AS - SCS 与 AS 不同是因为它使用了一个预测寒暑,该函数考虑了选择在下一循环中附加的下一符号的影响。由预测函数返回的值取代了概率决策规则中的启发值 η。并且在 AS - SCS 中由一个被称作 LM 的简单启发法返回的值在信息素轨迹相中被分解成因子。Michel 和 Middendorf 通过使用计算的岛屿模型,进一步改善了他们的算法 AS - SCS - LM(不同群落的蚂蚁使用私有的信息素轨迹分布合作地为同一个问题工作;在每固定次数的循环中,它们互相交换所找出的最好的解决方案),并与他们提出专门用于解决 SCS 问题的遗传算法进行了比较。在绝大多数的检测问题上,AS - SCS - LM 都是性能最好的算法。

10.1.2　在动态组合优化中的应用

在动态组合优化问题中,通讯网络是一个典型的例子。网络优化问题有一些特征,如信息和计算分布、非静态随机动态以及不同时的网络状态更新等。路由是网络控制中最关键的组件之一,它涉及建立和使用路由表来指导数据通信量在网络范围内的分配活动。普通路由问题可以理解为是要建立一个路由表使得网络性能中的一些量度最大化。

(1)有向连接的网络路由　在有向连接的网络中,同一个话路的所有数据包沿着一条共同的路径传输,这条路径由一个初步设置状态选出[86]。在国际上 Schoonderwerd 等人首先将 ACO 算法应用于路由问题。后来,White 等人将 ACO 算法用于单对单点和单对多点的有向连接网络中的路由[87]，Bonabeau 等人通过引入一个动态规则机制改善 ACO 算法[88]。Dicarogy、Dorigo 研究将蚁群算法用于高速有向连接网络系统中，达到公平分配效果最好的路由[89]。在国内，开展了基于蚂蚁算法的 QoS 路由调度方法及分段 QoS 路由调度方法研究工作[90,91]。

(2)无连接网络系统路由 在无连接或数据包中，同一话路的网络系统数据包，可以沿着不同的路径传输，在沿着信道从源节点到终节点的每一个中间节点上，一个具体决策是由局部路由组件做出。

随着 Internet 规模不断扩大，在网络上导入 QoS 技术，以确保实时业务的通信质量。QoS 组播路由的目的是在分布的网络中寻找最优路径，要求从源节点出发，历经所有的目的节点，并且在满足所有约束条件下，达到花费最小或达到特定的服务水平。在分析路由问题时，为方便可将网络看成无向带权的连通图。应用蚂蚁算法研究解决包含带宽、延时、延时抖动、包丢失率和最小花费等约束条件在内的 QoS 组播路由问题，效果优于模拟退火算法及遗传算法[92]。

10.1.3 在求解连续空间优化问题中的应用

蚁群算法在求解离散优化问题(即组合优化问题)中已得到越来越多的应用，但对于连续空间优化问题的研究却较少。文献[93]借鉴蚁群算法的进化思想提出了一种求解连续空间优化问题的蚁群算法，这种方法本质上是一种随机搜索算法，通过信息交替按照某种随机性的概率选择机制，并经局部搜索和全局搜索两个过程，最终找到目标解。该算法主要包括全局搜索、局部搜索和信息素强度更新规则。在全局搜索过程中，利用信息素强度和启发式函数确定蚂蚁移动方向；在局部搜索过程中，嵌入了确定性搜索，以改善寻优性能，加快收敛速率。通过求解一个连续函数优化问题，表明该算法的有效性。

10.1.4 在其他领域的应用

(1)管线敷设问题 电缆敷设问题与 TSP 问题类似，要求每一根电缆在从电缆连接起点设备开始，通过不同的通道、竖井至电缆连接终端，连接起来的电缆所经路径最合理且总长度最短。鉴于整个电厂电缆路径所形成的网络相互交叉，敷设系统纷繁复杂，为此将互相独立又相关的树分解成一个个小的蚁群系统，用于解决发电厂计算机电缆敷设复杂系统的问题，获得了比较理想的结果[94]。

(2)机构同构判定问题 在机械设计领域普遍存在的机构同构判定问题，将该类问题转化为求解其邻接矩阵的特征编码值的问题，利用蚁群算法对 NP 完全问题所具有的抵御组合爆炸的能力进行求解，在参数选择合适的情况下，取得了令人满意的结果[95]。

(3)开关盒布线问题 开关盒 SB 是一个 $M \times Q$ 的纵横网络，各线网的引脚分布在此网络的上、下、左、右方，顺着网络中走线，以形成对应于各线网且互不连通的 N 个树形的树支,可分布在 SB 的上、下两层,其间借过孔连接,这类问题的约束条件多,也是 NP 完全问题,可用蚁群算法解决[96]。

(4)学习模糊规则问题　从组成系统模糊语言规则的数据中自动地学习问题,实际上是一个组合优化问题。J. Casillas 等人研究利用蚂蚁优化算法学习模糊规则[97][124]。

10.2　蚁群优化(ACO)算法在动态组合优化中的应用

ACO 算法在动态组合优化问题的应用研究集中于通讯网络方面。这主要是由于网络优化问题有一些特征,如内在信息和计算分布、非静态随机动态以及不同时的网络状态更新,等等,这些与 ACO 现代启发式方法的特征匹配得很好。因此,ACO 算法已经被应用到了网络路由问题上。

10.2.1　电信网路由及其选择方法

电信网是由许多电信通信点相互连接所组成的通信系统的总体。它是由传输、交换、终端设备和信令过程、协议,以及相应的运行支撑系统组成的综合系统。电信网由电话网、公用电报网、用户电报网、数据通信网、传真通信网、图像通信网、可视图文通信网、电视传输网等组成。其中电话网是目前电信业务量最大,服务面最广的专业网,是电信网的基础和基本形式。

电话网的网络结构分为五级,其中一、二、三、四级为长途交换中心,第五级为本地交换中心,亦称为端局,如图 10-1 所示[98]。在电话网中,较高等级的交换中心可以具有较低等级交换中心的功能。

路由选择是电信网将呼叫从源端送达目的端的不可缺少的过程。根据路由所连交换中心在网络中所处的位置,路由选择方式和使用方法的不同可以有不同的分类。路由选择常以路由最短、代价最低,或流量最大、拥塞最小为原则。

按路由选择分为直达路由、迂回路由和常规路由,以及非常规路由和最终路由,一般常用下述五种路由方式。

1.基干路由

基干路由由同一交换区相邻等级交换中心之间低呼损电路群及一级交换中心之间的低呼损电路群所组成,如图 10-2 所示。

2.高效直达路由

为了提高全网的经济性,任意两个交换中心,均可依照高效电路群的设置标准和规定设置高效直达电路群。高效直达路由就是由高效直达电路群组成的路由,如图 10-3 所示。

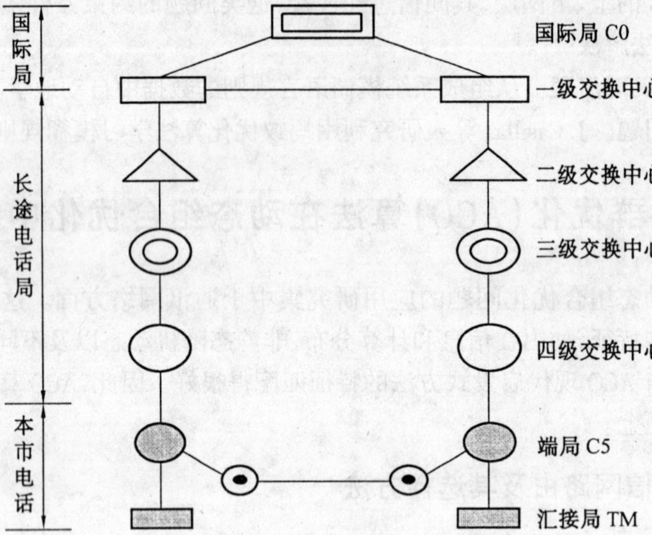

图 10-1 电话网的网络等级结构图

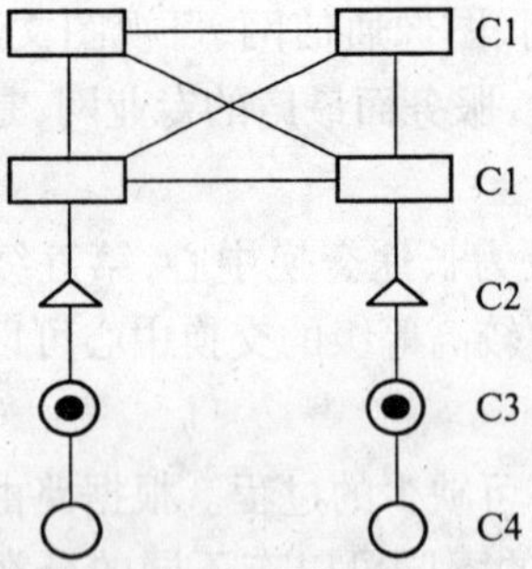

图 10-2 基干路由示意图

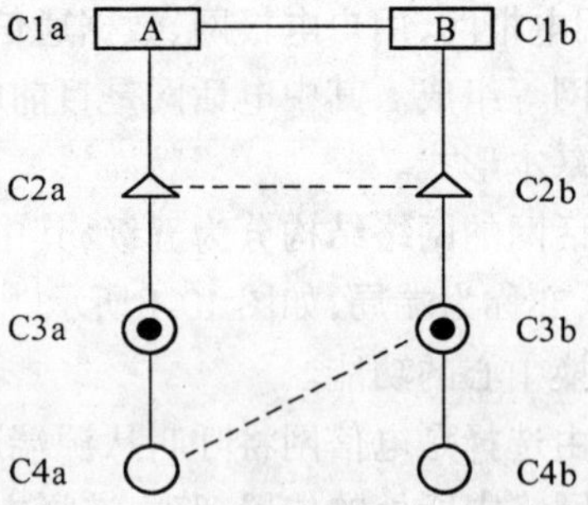

图 10-3 高效直达路由示意图

3.迂回路由

迂回路由是指某一交换中心 A 呼叫另一交换中心 B 时,有多个路由,当直达路由遇忙时,迂回到第二或第三路由,那么第二或第三路由就称为第一路由的迂回路由,如图 10-3所示,C4a—C3b—C4b 是高效直达路由 C4a—C4b 的迂回路由。必须强调指出,迂回路由只是对首选路由而言,迂回路由不一定是低呼损路由。

4.低呼损直达路由

如果两个交换中心之间所建立的电路群的呼损低于所规定的标准,则由此电路群组成的路由称为低呼损直达路由。

5.最终路由

当一个交换中心呼叫另一个交换中心，选择无溢出的低呼损电路群建立呼叫连接时，由这些无溢出的低呼损电路群所组成的路由，称为最终路由。最终路由可以由一般低呼损路由(包括基干路由)组成，也可以是几段低呼损路由(包括基干路由)经交换局串接组成。

10.2.2　基本动态路由方法

静态路由方式不考虑当前网络状态，不能适应网上业务量的变化，不能充分利用现有的网络资源，占用资源又多，在网络结构发生变化的情况下更是无能为力。由于静态路由方式不能适应变化的条件，于是人们开始考虑动态路由算法。

动态路由方法与网络负荷平衡紧密相关，可通过利用网络空余能力而避免当前或潜在的拥塞，并提高网络性能，如它的强健性和灵活性等。动态路由依赖于网络交换机对用户业务不断测量，并不断计算网络状态和性能，它需要更多的处理资源。

与层次结构和时间固定的方法完全不同，动态路由通过增加呼叫在网络中可占用的路数来提高接通的可能性，又不能影响其他呼叫的接通。动态路由的引入使网络连接的有效性提高，同时降低了成本。

基本动态路由方法包括时间依赖路由、状态依赖路由及行为依赖路由三类。

时间依赖路由　针对每天不同时间段业务量不一样的事实，事先编出按时间段区分的路由选择表。它可使话务量均衡，提高电路利用率。但本质上是根据历史上的业务情况事先安排好的顺序。

状态依赖路由　根据网络当前状态信息决定选择哪条路由，它可避开业务量大的链路，对于事先未能规划的业务变化有较好的适应性。它需要较大的管理开销来交换信息，以更有效地优化网络资源的使用。具体又可分为孤立的、集中的和分布的三种，取决于当今网络状态的信息是如何获得的。

在孤立法中，每个交换机仅有它自己出路的状态信息。在集中法中，一个中央网络处理器周期地收集网络中所有链路的状态信息。在分布法中，所有涉及的交换机相互通信以获得当今最好的可选路由。动态路由能有效响应来自时间域、季节等的负荷变化，灵活性和有效性也得以提高。

行为依赖路由　把网络看做是分布式人工智能，用基于协同的移动智能体(Agent)来映象网络，其中应用简单的，没有或很少有记忆或计算能力的蚂蚁 Agent，通过与其他Agent在环境中留下的信息素进行交互，从而实现蚁群整体行为的协同一致。这种基于行为的路由选择方法，为解决网络的动态路由问题给出了新方向。

10.2.3 网络路由与蚁群优化算法

路由是网络控制中最关键环节之一,它涉及建立和使用路由表来指导数据通信量在网络范围内的分配活动。一个普通节点 i 的路由表是一种数据结构,这种数据结构可以判断进入数据包的节点 i,应该是在 i 的邻域组 N_i 中要移动到的下一个节点。在这一部分介绍的应用中,用于数据包的路由表是通过蚂蚁决策表的一些函数转化获得的。

令 $G=(N,A)$为一个有向加权的图,其中在组 N 中的每一个节点都代表一个具有处理/排队和转发功能的网络节点,在 A 中的每一个确定方向的弧都是一个有着相关权值的传输系统(链路),权值是由它的物理属性定义的。网络应用产生于源节点到终节点的数据流。对于在网络中的每一个节点,局部路由组件使用局部路由表来选择最优的链路链接,从而指导接收的数据向着它们的终节点传输。

普通的路由问题可以一般地陈述为,建立一个路由表从而使得网络性能的一些量度最大化。路由问题中应用绝大部分 ACO 的启发式程序一般可以概括为如下形式:

```
Procedure ACO_Meta_heuristic()
while (termination_criterion_not_satisfied)
    schedule_activities
    ants_generation_and_activity();
    pheromone_evaporation();
    daemon_actions();{optional}
    end schedule_activities
    end while
end procedure

procedure ants_generation_and_activity()
    while (available_resources)
    schedule_the_creation_of_a_new_ant();
    new_active_ant();
end while
end procedure
precedure new_active_ant(){ant lifecycle}
initialize_ant();
M = update_ant_memory();
while(current_state≠target_state)
A = read_local_ant-routing_table();
```

```
P = compute_transition_probabilities(A, M, problem_constraints);
next_state = apply_ant_decision_policy(P, problem_constraints);
move_to_next_state(next_state);
if(online_step-by-step_pheromone_update)
deposit_pheromone_on_the_visited_arc();
update_ant-routing_table();
end if
M = update_internal_state();
end while
if (online_delayed_pheromone_update)
evaluate_sooution();
deposit_pheromone_on_all_visited_arcs();
update_ant_routing_table();
end if
die();
end procedure
```

蚂蚁从每一个网络节点被释放,朝着期望的被选终节点移动(释放遵循某个随机的或具体问题的时间表)。蚂蚁,像数据包一样,通过应用一种概率的转移规则,沿着网络移动并建立从源节点到终节点的路径。概率的转移规则充分利用了保持在与链路链接关联的信息素轨迹变量中的信息,和在一些情况下额外的局部信息。具体算法的启发法和信息结构用于评价已经找出的路径和设置蚂蚁释放的信息素量。

用于路由的 ACO 算法的一个共同特征是 Daemon 的作用被大大地削弱了:在大多数应用中它不执行任何动作。

应用于通讯网络的 ACO 分为两类,一类用于有向连接网络,一类用于无连接的网络。在有向连接网络中,同一个话路的所有数据包沿着一条共同的路径传输,这条路径是由一个初步设置状态选出的。相反,在无连接或数据包中,同一话路的网络系统数据包可以沿着不同的路径传输。在沿着信道从源节点到终节点的每一个中间节点上,一个具体包转寄决策是由局部路由组件做出的。在两种类型的网络中,效果最好的路由,即没有保留任何外部资源(软件或硬件)的路由,都能够被传送。而且,在有向连接的网络系统中也可以进行资源的外部保留(软件或硬件)。通过这种方式,可以传送需要特殊特征(在带宽、延迟等方面)的服务。

1.有向连接的网络路由

Schoonderwoerd 和 Holland 等人(1996)最早将 ACO 算法应用于路由问题[99,100]。他们的算法,被称为基于蚂蚁的控制,被应用于英国电信电话网络系统的一个模型中。网络系

统由一个图 $G=(N,A)$ 模拟，其中每个节点 i 和有着限制连接性(容量)的纵横交换和有着相同的功能性，并且连接线路有着无限的容量(就是说，它们能支持无限数量的连接)。每个节点 i 有一组 N_i 的邻域，并且通过一个总容量 C_i 和一个剩余容量 S_i 来描述。C_i 表示节点 i 能够建立连接的最大个数，而 S_i 表示对新连接仍然可用的容量的百分率。连接节点 i 到 j 的每一条线路都有一个关联的信息素轨迹值 τ_{ijd} 的向量，$d=1,\cdots i-1,i+1,\cdots,n$。值 τ_{ijd} 表示当终节点为 d 时的选择连接 (i,j) 的期望的一个量度。

由于该算法不能充分利用任何额外的局部启发信息，因此只有信息素值被用于定义蚂蚁决策表值：$a_{ind}(t)=\tau_{ind}(t)$。蚂蚁随机决定策略使用信息素如下：$\tau_{ind}(t)$ 给出了一只已知的蚂蚁在时间 t 从被给定的路线的节点 i 到临节点 n 的概率，这只蚂蚁的终节点是节点 d。在蚂蚁决策中加入了一个探索机制：在一些低概率情况下，蚂蚁能够遵循均匀随机方案在所有当前邻域中选择要移动的领域。蚂蚁内部状态只记录了蚂蚁的源节点和开始移动的时间。没有关于被访问节点的记忆被保存来避免蚂蚁循环。用于访问的路由表是通过决定使用蚂蚁决策表获得的：在设置的时候，从节点 s 到节点 d 的路径通过顺序地决定选择建立，从节点 s 开始直到达节点 d，节点 s 为有着最高概率值的邻域节点。一旦以这种方式设置了访问，在被选路径上的每一个节点 i 的剩余容量 S_i 就减少一定数量。如果在话路设置的时候，沿着正在建设中的路径上的任一节点都没有剩余容量，那么访问被拒绝。当一个访问终止的时候，在它路径上节点的相应保留的容量又重新对其他访问可用。蚂蚁在有规律的时间间隔被释放，从所有的节点朝着以均匀随机的方式选择的终节点。蚂蚁只在线逐步地在朝着它们访问的路径上释放信息素(路径已经建立后它们不释放信息素，就是说，它们不实施 ACO 现代启发式算法的 30～34 行的程序)。一只在节点 s 生成并在时间 t 从节点 i 到达节点 j 的蚂蚁增加一定数量 $\Delta\tau^k(t)$ 的信息素到存储在链接 (j,i) 中的 $\tau_{jis}(t)$ 值上。被更新的值 $\tau_{jis}(t)$ 表示了从节点 j 通过 i 到终节点 s 的期望，与正在更新的蚂蚁做反方向移动的蚂蚁将使用这个 $\tau_{jis}(t)$ 值。当网络系统(大约)代价对称的时候，就是说，当使用一个从节点 i 到达节点 j 的代价估计作为从节点 j 到节点 i 的代价估计是合理的时候，这种更新策略可以应用。在 Schoonderwoerd 等人使用的网络模型中，代价对称是在转换器和传输链结构上做出的假设的一个直接结果。信息素轨迹更新公式为

$$\tau_{ijs}(t) \leftarrow \tau_{ijs}(t) + \Delta\tau^k(t) \tag{10-1}$$

被访问的记录被更新后，所有记录的信息素值相对于终节点 s 衰减了。与往常一样，信息素衰减对应于真实信息素的挥发。在这种情况下衰减因子被设为 $1/(1+\Delta\tau^k(t))$，从而使得它执行了一个信息素值的标准化，因此信息素值作为概率继续可用

$$\tau_{ijs}(t) \leftarrow \frac{\tau_{ins}(t)}{(1+\Delta\tau^k(t))}, \quad \forall n \in N_i \tag{10-2}$$

其中 $\Delta\tau^k(t)$ 为蚂蚁年龄的一个函数。蚂蚁在与真实网络结构相同的控制网络上移动。

经过每个节点跳跃之后，它们会变老，并且事实上作为节点剩余容量的一个功能，它们在节点上被延迟了。根据这个简单的机制，蚂蚁释放的信息素的量反比于被选路径的长度和拥塞程度。因此，蚂蚁对信息素轨迹值的总影响使得被频繁访问和被“年轻”蚂蚁访问的路径在建立路径路由新的访问时将更受欢迎。

在 ABC 中，算法不包括 Daemon 行为。每个新的访问被接受或拒绝基于一个设置包，设置包通过决定性的探索路由表显示的最佳路径寻找拥有剩余容量的路径。ABC 已经在上面描述的英国电信电话网络系统(30 个节点)的模型上被检测，使用了一个顺序离散时间模拟器，并且根据被接受访问的百分率与由 BT 研究人员开发的一个基于主体的算法进行了比较。在各种不同的通信量情况下，ABC 总能表现出明显的优良特性。

White 和 Pagurek 等(1998)将一种 ACO 算法用于单对单点和单对多点的有向连接网络系统中路由[101]。该算法遵循了一个与 AS 非常相似的方案，蚂蚁决策表与 AS 的形式相同，而且决策规则完全一样。启发信息 η 通过链路代价局部地估计。从每个引入连接源节点，一组蚂蚁被释放来搜索路径。在起始阶段，每只蚂蚁 k 设置个人路径代价变量 C_k 为 0，当通过后，链路代价 L_{ij} 增加了路径代价：$C_k \leftarrow C_k + L_{ij}$。当到达终点时，蚂蚁返回它们的源节点，并在每个节点上，它们使用一个简单的增加规则在被访问的连接上释放信息素。被释放的信息素的数量是路径总代价 C_k 的一个函数，并且只有这种在线逐步被更新用于更新的信息素。当所有蚂蚁返回到源节点时，一个简单的局部 Daemon 算法根据沿着同一路径的蚂蚁的百分率决定是否分配一个路径。而且，在整个连接期间，如果网络系统出现拥塞或故障的情况，局部 Daemon 释放并协调探索的蚂蚁来重新路由连接通道。

一种遗传算法在线地用于进化转移规则公式的参数 α 和 β，转移规则公式决定了信息素和链路代价的相对权重(由于这种机制该算法被称为 ASGA，即蚂蚁系统加遗传算法)。经过在几个网络系统上的检测和使用了几个链路代价函数，获得了一些初步结果。该算法能够计算出最短的路径，而且规则参数的遗传适应性大大提高了该算法的性能。

Bonabeau 和 Henaux 等人(1998)通过引入一个动态规划机制改善了 ABC 算法[102]。他们更新一个蚂蚁路径上所有链路的信息素轨迹值，不仅关于该蚂蚁的源节点，而且也与源节点和蚂蚁当前节点之间子路径上的所有中间节点有关。

Di Caro 和 Dorigo(1998)研究将 Antnet - FS 用在高速有向连接网络系统中达到公平分配效果最好的路由[103]。Antnet - FS 是 Antnet 的一个派生，蚂蚁网络的开发为在无连接网络系统中提供了一种效果最好的路由算法。

2. 无连接网络系统路由

几种 ACO 算法已经被用于在无连接网络中路由，它们总的来说是受到 AS 的启发，特别是也受到了 ABC 的启发而生成的。

Di Caro 和 Dorigo 开发了多种蚂蚁网络[104~108]。蚂蚁网络是一种用在效果最好的无网络数据网络系统(类似于因特网)中进行分布适应路由的 ACO 算法。ABC 与蚂蚁网络之间的主要不同点是:①在蚂蚁网络中,蚂蚁的真实运行时间(蚂蚁和数据包在同样的真实网络上移动)和局部策略模型是用于评估路径的优势。②一旦建立了一个完整的路径就会释放信息素(这是一个选择,它由网络系统所做假设的不对称代价所限定)。③蚂蚁决策规则充分利用了关于当前通信量状态的局部启发信息 η。

在蚂蚁网络中,节点 i 的蚂蚁决策表 $A_i = [a_{ind}(t)]_{|N_i|}, |N|-1$ 是通过局部信息素轨迹值与局部启发值的结合得到的

$$a_{ind}(t) = \frac{\omega\tau_{ind}(t) + (1-\omega)\eta_n}{\omega + (1-\omega)(|N_i|-1)} \tag{10-3}$$

其中 N_i 是节点 i 的邻域组,$n \in N_i$,d 为终节点,η_n 为一个[0,1]之间被标准化了的启发值,它反比于将朝着临节点 n 传送的局部链接队列的长度,$\omega \in [0,1]$ 为一个加权因子,分母为一个标准化的项。位于节点 i 并且被指导向着终节点 d 移动的蚂蚁的决策规则,使用了蚂蚁决策表的记录 $a_{ind}(t)$:$a_{ind}(t)$ 仅仅是选择临节点 n 的概率。这个概率选择被蚂蚁应用于所有还未访问的临节点上,或在所有的临节点都已经被蚂蚁访问过的情况下应用于所有的临节点。在建立通向终节点路径的过程中,蚂蚁使用与数据相同的链接队列移动。以这种方式,蚂蚁和数据包一样被延迟,在从源节点 s 向终节点 d 移动的过程中所消耗的时间 T_{sd} 可以被用做路径质量的量度。一个路径的总质量因数通过行程时间 T_{sd} 和局部适应策略模型的一个启发函数进行评估。事实上,路径需要相对于网络状态来评估,因为在低阻塞的情况下评价为低质量的行程时间 T 可以成为高通信负荷下的高质量。一旦完成一个路径,蚂蚁在被访问节点上释放一定量的信息素,其与它们建立路径的质量因数成正比。蚂蚁网络中的蚂蚁只使用这种在线延迟的方法来更新信息素,与 ABC 不同。ABC 只使用在线逐步策略。为了这个目的,蚂蚁达到它们的终节点后沿着相同但方向相反的路径返回源节点,并使用高优先权队列,使得被收集的信息能够快速传输(在 AntNet 中,词组“前进的蚂蚁”指从源节点向终节点移动的蚂蚁,词组“返回的蚂蚁”用来指返回源节点的蚂蚁)。在返回路径期间,每个被访问链路的信息素值用一个与 ABC 的规则相似的规则来更新。

AntNet 在 ABC 很多较次要的细节上也不同,其中最重要的是:①蚂蚁朝着所选的终点从每个节点被释放并概率地与通信模式相匹配;②在一个蚂蚁路径上所有信息素值被更新,它与(前进)路径上的所有后续节点都有关;③循环被从蚂蚁的路径上在线地移除;④通过使用路由表概率地路由数据包。路由表是通过使用蚂蚁决策表的一个简单的函数转换而获得的。一个连续时间离散事件的网络系统模拟器,在各种不同空间和时间的通信条件下,以及在几种真实的随机产生的网络结构下(从 8 个到 150 个节点)对 AntNet 进行了检测。对顶级的静态适应性路由算法进行对比研究结果表明,AntNet 在吞吐量和包延迟方面都显示出了惊人的优越性能。而且,它看起来对蚂蚁的产生率具有非常好的鲁棒性,对网络资源的影响几乎可以忽略。

Di Caro 和 Dorigo 开发了一个 AntNet 的增强版，称做 AntNet – FA。AntNet – FA 除了只在如下两个方面与 AntNet 不同外，其他方面两者完全相同。首先，前进的蚂蚁被所谓的“飞蚁”代替。在建立一个从源节点到终节点的路径过程中，飞蚁充分利用了高优先权队列并且不存储行程时间 T。其次，每个节点保持着局部连接队列耗尽过程的一个简单局部模型。通过使用这个模型，粗略估计失去的前进蚂蚁行程时间。返回的蚂蚁在线地读取这些估计值并使用它们来估计路径的质量，从而计算出要释放的信息素量。AntNet – FA 看上去更容易做出反应，被蚂蚁收集的信息更接近最新的信息并且比在原来的 AntNet 中传播得更快。经过观察，在结果最好的无连接网络中 AntNet – FA 比原来的 AntNet 表现好得多。

从 AntNet – FA 开始，Di Caro 和 Dorigo 研究开发了一个路由和流程控制系统 AntNet – FS，用来在有向连接高速网络系统中管理多通路适应性公平共享的路由[103]。在 AntNet – FS 中，一些蚂蚁有一些额外的功能支持搜索和为每个新引入的用户话路分配多路径。前进设置的蚂蚁分开搜索合适的多通道来分配话路。对话路终端为局部的一个 daemon 组件决定是否接受由前进设置蚂蚁发现的虚拟线路。被接受的虚拟线路由返回的设置蚂蚁分配，同时在线路的节点上以公平共享的方式保留话路的带宽。在一个新话路到来或一个旧话路撤出之后，被分配的带宽动态地重新分配和匹配。AntNet – FS 方法对高速网络(如 ATM)有较好的应用前景。

Subramanian, Druschel 和 Chen(1997)提出了规则的蚂蚁算法，它本质上是 Schoonderwoerd 的 ABC 算法在包转换网络系统中的一个应用，其中惟一的不同是使用了连接代价代替了蚂蚁年龄[109]。他们的蚂蚁使用链路代价的方式要求网络系统的代价大约是对称的。他们还提出了统一的蚂蚁，就是说，蚂蚁没有一个精确的目的地，它们在网络中生存一定量的时间并通过在临节点上使用统一的概率方案来探索该网络。统一的蚂蚁不使用自催化机制，该机制表现了所有 ACO 算法的特征，因此统一的蚂蚁不属于 ACO 现代启发式算法。

Heusse, Guerin, Snyers 和 Kuntz(1998)开发了一种新算法用于普遍的代价不对称网络，称为协作的不对称前向网络(CAF)[110]。在 CAF 中每个数据包从节点 i 传输到节点 j 之后，在节点 j 上释放关于从节点 i 经历过的等待和通过的时间总和的信息。这种信息被用做从 i 到 j 传输的时间距离的一个估计值，并且被沿着反向移动的蚂蚁读取用来执行在线逐步地信息素更新(在这种情况下不使用在线延迟的信息素更新)。该算法的作者在一些静态和动态的情况下检测了 CAF，使用在队列中等待的包的平均数量和平均包延迟作为性能指标。他们将 CAF 与一种非常类似于 AntNet 早期的算法进行了比较。在所有的检测情况下，CAF 都表现优良的性能。

Van der Put 和 Rothkrantz(1998)设计出了 ABC – backward，一个可用于代价非对称网络 ABC 算法的扩展[111,112]。他们使用了与 Antnet 中相同的前进返回蚂蚁机制：前进的蚂蚁，在从源节点到终节点移动的过程中,收集关于网络状态的信息,而返回的蚂蚁使用这些信息来更新在它们从终节点返回源节点的过程中所访问过的线路的信息素轨迹。在 ABC - backward 中返回的蚂蚁使用一个更新公式来更新信息素轨迹,这个更新公式除了其中的蚂蚁年龄被蚂蚁前进过程中经历的行程时间所代替,其他与 ABC 中使用的完全相同。Vander Put 和 Rothkrantz 通过实验显示:ABC - backward 在代价对称和代价不对称网络系统中的性能都比 ABC 好。在代价对称网络中好的原因是因为返回的蚂蚁能避免循环地释放信息素。他们将 ABC - backward 应用到了荷兰最大的电话公司(KPN 电信)提出的传真分配问题中。

10.3 应用蚂蚁算法对 QoS 组播路由问题求解

随着 Internet 规模的不断扩大,网上的实时业务量也在不断增长,由于实时业务对网络传输的延时、延时抖动、带宽、包丢失率、花费等特性较为敏感,当突发性高的 FTP 或含有图像文件的 HTTP 等业务量在网络上传输时,实时业务会受到影响。因此应在网络上导入 QoS 技术,以确保实时业务的通信质量。

QoS 组播路由问题是指在分布的网络中寻找最优路径,要求从源节点出发,历经所有的目的节点,找到一条满足所有的约束条件且花费最小的网络路径。QoS 组播路由问题是 NP 完全问题。

文献[92]提出采用启发式的蚂蚁算法解决包含带宽、延时、延时抖动、包丢失率和最小花费等约束条件在内的 QoS 组播路由问题。实验表明该算法能快速找到最优解,而且具有良好的扩充性。

10.3.1 QoS 组播路由模型

QoS 组播路由的目的就是在分布的网络中寻找最优路径,要求从源节点出发,历经所有的目的节点,并且满足所有的约束条件,达到花费最小或达到特定的服务水平。为了方便,在分析路由问题的时候可将网络看成无向带权的连通图。

设 $N<V,E>$ 表示网络(为了与文献[113]的算法进行比较,因此这里的网络模型与文献[113]中一致),其中 V 表示网络节点集,E 表示双向链路集,$s\in V$ 为组播源点,$M\subseteq\{V-\{s\}\}$ 为组播终点集,$\mathbf{R}_+$ 表示正实数集,$\mathbf{R}^+$ 表示非负实数集。对于任意链路 $e\in E$,定义 4 种度量,延时函数:$\mathrm{delay}(e):E\to\mathbf{R}_+$,网络延时是指一个 IP 包在网络上传输平均所需的时间;延时抖动函数 $\mathrm{delay\_jitter}(e):E\to\mathbf{R}^+$,网络抖动是指 IP 包传输时间的长短变化,这两个函数是可能导致网络传输质量下降的因素;带宽函数 $\mathrm{bandwidth}(e):E\to\mathbf{R}_+$,网络的带宽是减少端到端延迟的决定因素;费用函数 $\mathrm{cost}(e):E\to\mathbf{R}_+$。

对于任意网络节点 $n \in V$,也定义 4 种度量,分别为延时函数 $\mathrm{delay}(n): V \to \mathbf{R}_+$,费用函数 $\mathrm{cost}(n): V \to \mathbf{R}_+$,包丢失率函数 $\text{packet-loss}(n): V \to \mathbf{R}^+$,和延时抖动函数 $\text{delay\_jitter}(n): V \to \mathbf{R}^+$,IP 包在传送过程中有可能损坏或被丢失/丢弃,如果丢失率过高将会使得数据受到明显损害,则对于给定的源点 $s \in V$,终点集 M,s 和 M 组成的组播树 $T(s,M)$ 存在下列关系

$$\mathrm{delay}(P_T(s,u)) = \sum_{e \in P_T(s,u)} \mathrm{delay}(e) + \sum_{n \in P_T(s,u)} \mathrm{delay}(n) \tag{10-4}$$

$$\mathrm{cost}(T(s,M)) = \sum_{e \in P_T(s,u)} \mathrm{cost}(e) + \sum_{n \in P_T(s,u)} \mathrm{cost}(n) \tag{10-5}$$

$$\mathrm{bandwidth}(P_T(s,u)) = \min\{\mathrm{bandwidth}(e), n \in P_T(s,u)\} \tag{10-6}$$

$$\text{delay-jitter}(P_T(s,u)) = \sum_{e \in P_T(s,u)} \text{delay-jitter}(e) + \sum_{n \in P_T(s,u)} \text{delay-jitter}(n) \tag{10-7}$$

$$\text{packet-loss}(P_T(s,u)) = 1 - \prod_{n \in P_T(s,u)} (1 - \text{packet-loss}(n)) \tag{10-8}$$

其中 $P_T(s,u)$ 为组播树 $T(s,M)$ 上源点 s 到终点 u 的路由路径。

进行 QoS 路由的结果就是要寻找一棵组播树满足下面定义的 QoS 组播路由问题中约束条件:

(1) 延时约束　$\mathrm{delay}(P_T(s,u)) \leqslant D$

(2) 带宽约束　$\mathrm{bandwidth}(P_T(s,u)) \geqslant B$

(3) 延时抖动约束　$\text{delay-jitter}(P_T(s,u)) \leqslant DJ$

(4) 包丢失率约束　$\text{packet-loss}(P_T(s,u)) \leqslant PL$

(5) 费用约束　满足上述条件的组播树中,cost $(T(s,M))$ 最小。

其中,B,D,DJ 和 PL 分别是组播树 $T(s,M)$ 的带宽、延时、延时抖动和包丢失率约束,在本模型中假设所有的组播终点的带宽约束相同,而延时、延时抖动和包丢失率约束可以互不相同。为方便与文献[113]进行比较,因此采用与其一样的 8 个网络节点网络结构模型(如图 10-4 所示),节点中各个边的特性用四元组(d,dj,b,c)描述,节点用四元组(d,dj,pl,c)描述,其中,b,d,dj,pl,c 分别表示带宽,延时,延时抖动,包丢失率和花费。

10.3.2　基于蚂蚁算法的 QoS 组播路由问题

用蚂蚁算法求解 QoS 组播路由问题可分为以下几步:

(1) 初始化网络节点

给出各个节点的(d,dj,pl,c)的取值,以及每条存在边的(d,dj,b,c)取值。给出约束条件中 D,DJ,B,PL 的值:

$t := 0$　{t 是时间计数器,可以省略}

$NC := 0$　{NC 是循环计数器}

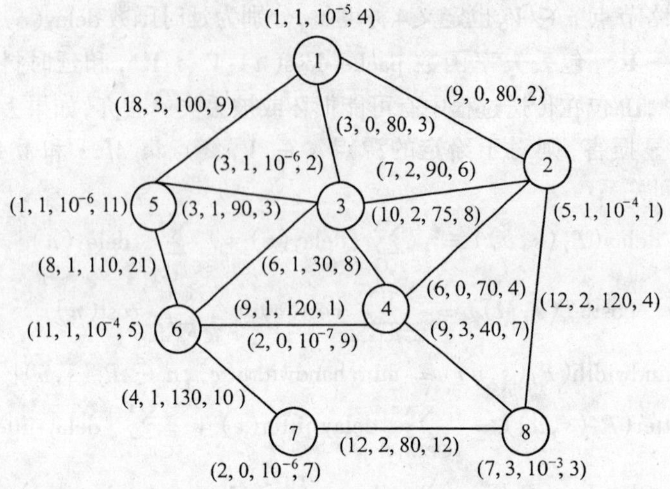

图 10-4　8 个网络节点网络结构模型

为每条(i,j)边的信息素浓度设置一个初始值 $\tau_{ij}(t) = ph$,并且 $\Delta\tau_{ij} = 0$;
将 m 个蚂蚁都放到源节点上。

(2) 根据各个节点(d,dj,pl,c)中的分量 pl(即包丢失率) 删减一些不满足约束条件 packet-loss$(P_T(s,u)) \leqslant PL$ 的节点,当然与此节点相连的边也应删除。

(3) 根据每条边(d,dj,b,c)中的分量 b(即带宽) 删减一些不满足约束条件 bandwidth$(P_T(s,u)) \geqslant B$ 的边。

(4) 将源点值置于 tabu_k 表的第一列中($k = 1,2,\cdots,m$, m 为蚂蚁总数);
用 s 表示 tabu_k 表的列数,最初 $s = 1$;
tabu_k 是用来保存第 k 只蚂蚁的行走路径的表。

(5) 重复本步骤直到 tabu_k 列表被填满
s 的值每次加 1;
对于每只蚂蚁根据概率选择式

$$p_{ij}^{i}(t) = \begin{cases} \dfrac{[\tau_{ij}(t)^{\alpha} \cdot [\eta_{ij}]^{\beta}]}{\sum_{u \in \text{allowed}_k} [\tau_{iu}(t)^{\alpha} \cdot [\eta_{iu}]^{\beta}]} & \text{如果 } j \in \text{allowed}_k \\ 0 & \text{其他} \end{cases} \tag{10-9}$$

由当前节点 i 选择下一个节点 j,式中的 $\tau_{ij}(t)$ 是指 t 时刻(i,j)边上信息素的浓度,
α 为轨迹的相对重要性($\alpha \geqslant 0$),
β 为能见度的相对重要性($\beta \geqslant 0$),
$\text{allowed}_k = \{0,1,\cdots,n-1\}$ 表示第 k 个蚂蚁下一步可以选择的节点集;
在用蚂蚁算法解决 TSP 问题时 $\eta_{ij} = 1/d_{ij}$, d_{ij} 是 i,j 之间的距离,而路由问题由于影响

概率选择的不再是路径的长短，而是连接节点 i 与下一个节点 j 的边的延时和延时抖动约束，所以选取 $\eta_{ij} = 1/(d_{ij} + dj_{ij})$，然后按照概率选择下一个节点 j；

计算出移动到节点 j 之后的延时和延时抖动的值，与延时 D 和延时抖动 DJ 进行比较，若超出约束值则重新选择节点，否则移动第 k 个蚂蚁到节点 j；

将节点 j 插入 tabu_k 中的第 s 列。

(6) 根据每只蚂蚁的行走路径改变每条 (i,j) 路径上的信息素的量

$\Delta\tau_{ij}^k$ 是由第 k 个蚂蚁在 t 到 $t+n$ 时刻在 (i,j) 边上留下的信息素的量，$\Delta\tau_{ij}$ 是本次循环在 (i,j) 边上留下的总的信息素的量，它由下式给出

$$\Delta\tau_{ij}^k = \begin{cases} \dfrac{Q}{L_k} & \text{如果}(i,j) \in \text{tabu}_k \text{ 描述的边} \\ 0 & \text{否则} \end{cases} \tag{10-10}$$

$$\Delta\tau_{ij} := \Delta\tau_{ij} + \Delta\tau_{ij}^k \tag{10-11}$$

在原来的蚂蚁算法中 L_k 是第 k 个蚂蚁的总路程长度，这里的 L_k 是第 k 个蚂蚁在路径中经历的所有节点和边的 d 与 dj 的和；

Q 是一个常数。

(7) 根据等式 $\tau_{ij}(t+\Delta t) = \rho \times \tau_{ij}(t) + \Delta\tau_{ij}$ 为每一条边 (i,j) 计算 $\tau_{ij}(t+\Delta t)$

参数 ρ 必须设置成一个小于 1 的值，以避免信息素的无限累加。

$t := t + \Delta t$

$NC := NC + 1$

为每一条边 (i,j) 设置 $\Delta\tau_{ij} := 0$

(8) 如果 $NC < NC_{\max}$ 并且是非不发展状态

清空所有 tabu_k 列表，转到第 2 步；否则，输出最短花费的路径，直到每个目的节点都已经过为止。

10.3.3　实验结果及分析对比

下面从两个方面分析对比用蚂蚁算法解决此类问题的优越性。

1. 用蚂蚁算法和遗传算法[113] 解决 QoS 组播路由问题的比较

用图 10-4 中的网络进行仿真(同文献[113]，选择的参数 $\alpha = 1, \beta = 1, \rho = 0.5$。其中节点 1 为源节点，节点 2、4、5、7 为目的节点，即信息要发送的节点)。

约束条件为 $B = 70, D = 46, DJ = 8, PL = 0.001$(与文献[113] 相同)。

图 10-5 所示的为网络模型的各个节点及边。

图 10-6 所示的为根据对网络带宽的约束条件 $\text{bandwidth}(P_T(s,u)) \geqslant B$ 求解得到的模型图。因 3 与 6 之间的带宽不满足条件，所以将它去掉。

图 10-7 所示的为根据对包丢失率的约束 packet-loss$(P_T(s,u)) \leqslant PL$ 求解得到的模型图。

图 10-8 所示的为根据对边中属性(延时、延时抖动、花费)以及节点属性(延时、延时抖动、花费)的路由选择求解得到的结果模型图(是经过 20 次迭代得到的)。

图 10-9 所示为蚂蚁算法的搜索组播树的代价、延时、延时抖动随迭代次数变化的曲线图,图 10-10 为遗传算法(文献[113])的搜索组播树的代价、延时和延时抖动随进化代数变化的曲线。

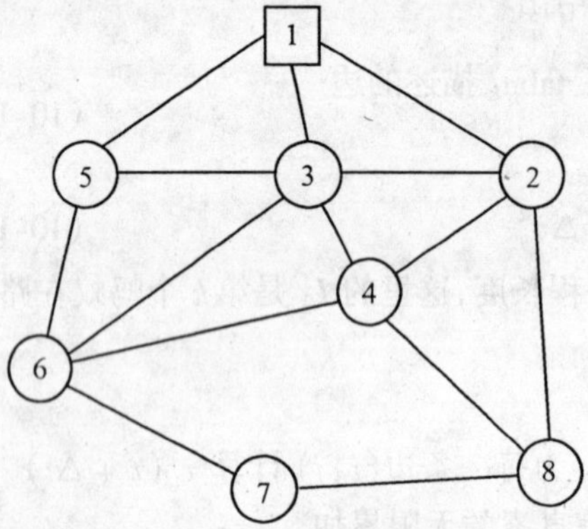

图 10-5　完全图

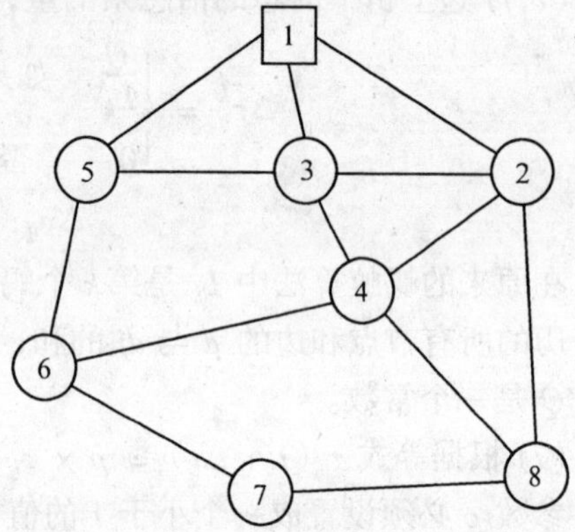

图 10-6　应用带宽约束条件

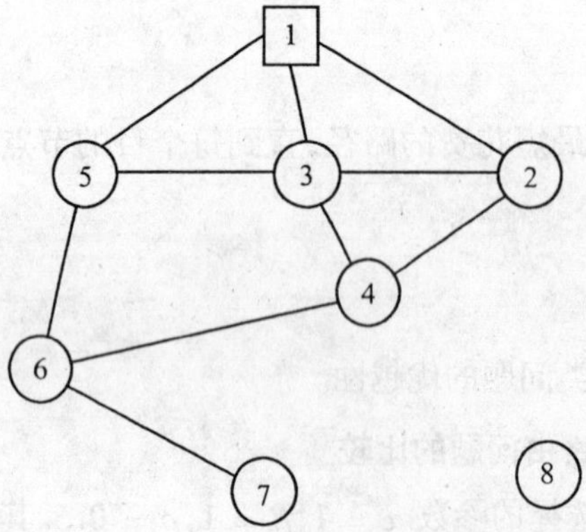

图 10-7　应用包丢失率的约束条件

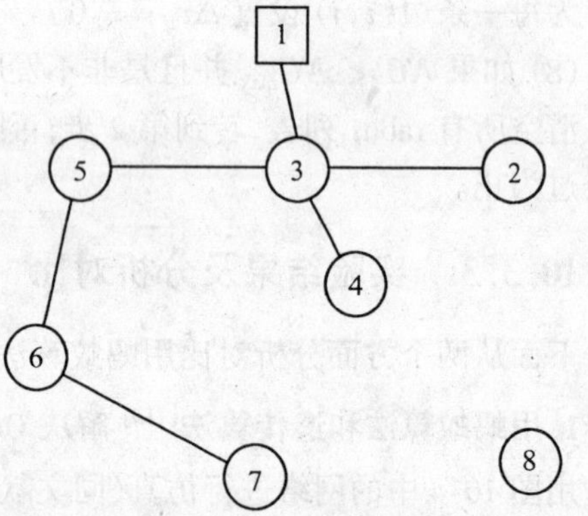

图 10-8　结果图

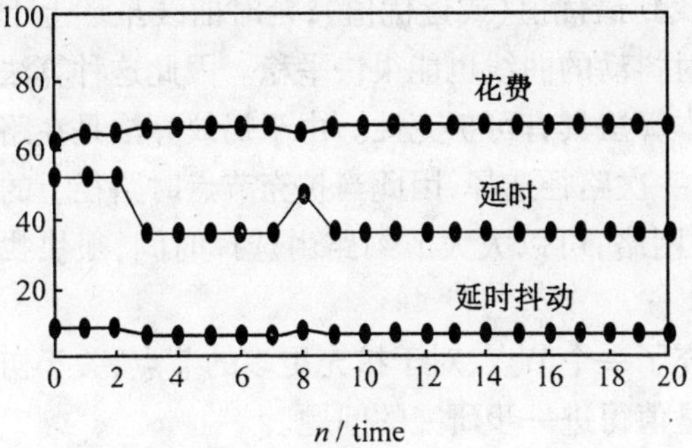

图 10-9　蚂蚁算法的曲线图

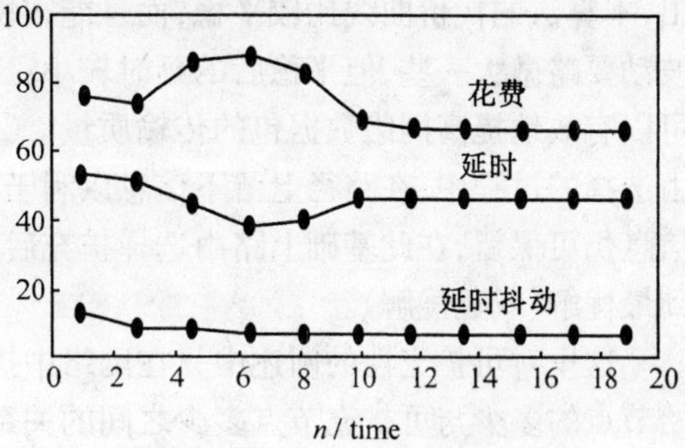

图 10-10　遗传算法的曲线图

从图中可以看出，本算法的代价曲线比遗传算法的代价曲线要平稳，而且能更快地找到最优值(或近优值)。延时曲线虽然上下波动要略微大一些，但平稳后的延时比遗传算法的小。对于延时抖动的曲线，两幅图相差不大，因此本算法应用于组播路由中要优于遗传算法(文献[113])。

2. 蚂蚁算法具有可扩充性

本算法的另一个优点是具有可扩展性。图 10-11 和 10-12 分别画出了网络不利用扩充前信息和利用扩充前信息的代价和延时随迭代次数变化的曲线图。图 10-11 是以 8 节点网络为模型，在进行路由选择前路径上没有路由信息，只有约束条件而得出的曲线图；图 10-12 是先利用蚂蚁算法在 7 节点网络模型上选择最优路径(或近优路径)，然后在 7 节点网络上扩一个节点，成为与图 10-11 中一样的 8 节点网络，最后在原 7 节点路由信息的基础上用蚂蚁算法路由求解扩充后的 8 节点网络，得出图 10-12 所示的曲线图，从图中可以看到利用扩充前的路径信息能很快地找到最优解(或近优解)，达到稳定。

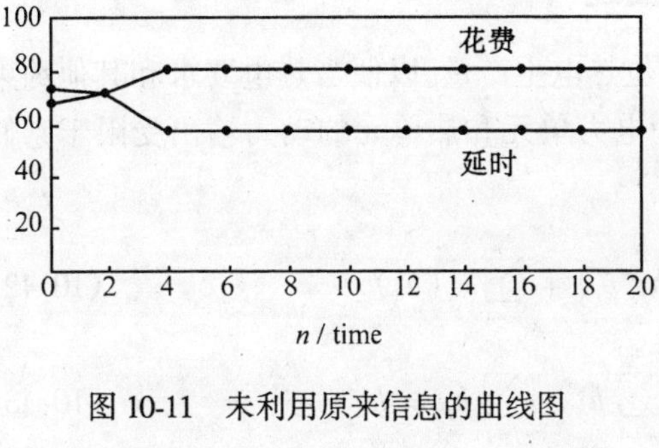

图 10-11　未利用原来信息的曲线图

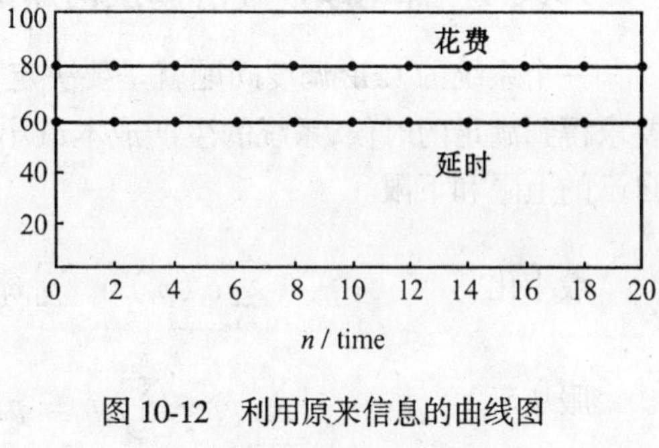

图 10-12　利用原来信息的曲线图

3. 结 论

应用蚂蚁算法求解 QoS 组播路由问题的算法，是针对网络中的延时、延时抖动、带宽、包丢失率和最小费用等约束条件而设计的。该算法有以下几个特点：①从曲线图可以看出，本算法的代价曲线比较平稳，而且能很快找到最优值(或近优值)；延时曲线虽然上下波动要略微大一些，但平稳后的延时较小；延时抖动的曲线也能很快平稳。因此这种算法可以有效地提高网络数据包的传输质量。②本算法具有可扩充性。由于蚂蚁算法是在路由选择的过程中，在路径上留下信息以利于下一次路径选择，因此当扩充节点时路径上的信息仍可保留，在此基础上路由选择扩充后的网络，可以大大节约路由选择时间，很快找到最优解(或近优解)。

这里对可扩充性的阐述中只在网络中扩充了一个节点，对于扩充更多的节点，关于初始节点的多少与可扩充节点多少之间的关系是值得进一步研究的问题。

10.4 改进的蚁群搜索算法在热电联产经济调度中的应用

热电联产(CHP)是一个早已成熟的技术，它比其他的能量供应形式有更好的能量效率和环保优势，因而被广泛用于工厂、商业等部门。日益减少二氧化碳排放量，并能达到动力产生的实时优化对 CHP 的意义是十分重要的。但是，多重要求和协同生产单位的热电能力的相互依赖对于动力系统经济调度中的协同生产单元的结合带来了复杂性。

热电联产经济调度(CHP)的困难在于多目标的约束条件。热动力的相互依赖使得很难发现一个可行的区域，更不要说优化。对这个问题英国布鲁内尔大学 Y. H. Song 和 T. J. Stonham等人给出了一个新颖的蚁群搜索算法(ACSA)[114]。它的主要特征是正反馈、分布计算和使用结构化的贪婪启发式算法。正反馈有助于好的解法快速发现，分布计算避免了早熟收敛，贪婪启发式算法帮助在搜索过程的早期阶段找到可行的解。并通过应用其他的搜索技术去提高 ACSA 的性能，得到的数字结果令人满意。

10.4.1 热电联产经济调度问题的描述

一个系统的 CHP 调度问题就是要决定单位热电生产量，以便当热电要求和其他约束要求得到满足的时候，系统的生产成本最小。电力单元和热单元的动力输出受限于它们自己的上限和下限。

最小化
$$\sum_{i=1}^{n_p} c_i(p_i) + \sum_{j=1}^{n_c} c_j(h_j, p_j) + \sum_{k=1}^{n_h} c_k(h_k) \tag{10-12}$$

服从于
$$\sum_{i=1}^{n_p} p_i + \sum_{j=1}^{n_c} p_j = p_d, \sum_{k=1}^{n_h} h_k + \sum_{j=1}^{n_c} h_j = h_d \tag{10-13}$$

$$p_i^{\min} \leqslant p_i \leqslant p_i^{\max}, i = 1, \cdots, n_p$$

$$p_j^{\min} \leqslant p_j \leqslant p_j^{\max}, i = 1, \cdots, n_c$$

$$h_k^{\min} \leqslant h_k \leqslant h_k^{\max}, k = 1, \cdots, n_h$$

$$h_j^{\min}(p_j) \leqslant h_j \leqslant h_j^{\max}(p_j), j = 1, \cdots, n_c$$

其中 c 是单位生产成本；p 是单位发电量；h 是单位热产量；h_d、p_d 分别是系统对热、电的要求；i,j,k 分别是传统的电单位、协作生产单位和热单位的指数；n_p, n_c, n_h 是上述单位的数量；$p^{\min}, p^{\max}, h^{\min}, h^{\max}$ 是对单位电能力和热能力的限制。

在一个联合循环协作生产单位的热电可行性区域中，电输出和热输出受限于它们各自的上下限，在某些情况下，变化一个影响另一个。很明显，CHP 经济调度中特别约束间的相互依赖具有复杂性。

10.4.2　简单的蚁群搜索算法及其在 CHP 中的困难

1. 蚁群搜索算法

在某种程度上，ACSA 算法是模拟真实蚁群的行为。众所周知，蚁群在没有任何可见提示下，有能力寻找到从食物源到蚁穴的最短路径，它们也有能力适应环境的变化。例如，一旦出现新的障碍物，旧的路径不再可用，蚁群有能力寻找一个新的最短路径。生物学家研究发现，因为所谓的信息素轨迹，这样的能力十分重要。蚂蚁用它交流关于路径和决定如何去走的信息。蚂蚁在走过的路径上存放一定数量的信息素，每一只蚂蚁概率地寻找信息素丰富的路径。

简单的蚁群搜索算法的基本步骤如下：

(1) **初始化 $A(t)$**　把问题参数编码成一个实数。每一次运行前，蚁群的初始数量（穴），在一个半径不超过 R 的可行性区域内随机分布。

(2) **评价 $A(t)$**　根据目标函数评价蚂蚁的适应度。

(3) **增加轨迹**　正比于蚂蚁的适应度，在蚂蚁选择的方向上增加轨迹数量。

(4) **转移蚂蚁 $A(t)$**　根据目标函数，将他们的成绩作为适应度，直接影响轨迹数量的水平，增加蚂蚁选择的特定方向。每一个蚂蚁在移动到下一个节点的过程中考虑两个参数，即节点的可视性和其他蚂蚁留下的轨迹强度。转移蚂蚁的过程是使用两个参数的竞争选择，选择路径，转移蚂蚁。从第 i 个节点开始的第 k 个蚂蚁以概率 p_{ij}^k 移动到节点 j，即

$$p_{ij}^k(t) = \begin{cases} \dfrac{[\tau_{ij}(t)]^\alpha [\eta_{ij}]^\beta}{\sum\limits_{k \in \text{allowed}_k} [\tau_{ik}]^\alpha [\eta_{ik}]^\beta}, & \text{如果 } j \in \text{allowed}_k \\ 0 & \text{其他} \end{cases} \tag{10-14}$$

其中可视度 $\eta_{ij} = |\mu - \Delta F|$；移动值 ΔF 等于原始总成本减去新的总成本；μ, α, β 是定义的启发参数；$\tau_{ij}(t)$ 是边 (i,j) 上时刻 t 加强的轨迹。每一只蚂蚁在 t 时刻选择下一个节点，时间增加为 $t+1$。在 ACSA 的每一次迭代上，在时间 $(t, t+1)$ 中，m 个蚂蚁执行了 m 步移动。在算法的每 n 次迭代中，每一只蚂蚁完成一次循环。此时，轨迹强度更新如下

$$\tau_{ij}(t+n) = \rho\tau_{ij}(t) + \Delta\tau_{ij} \tag{10-15}$$

其中 ρ 是一次循环中轨迹持续性的系数,定义为

$$\Delta\tau_{ij} = \sum_{k=1}^{m} \Delta\tau_{ij}^{k} \tag{10-16}$$

其中 $\Delta\tau_{ij}^{k}$ 是时间 t 与 $t+n$ 之间,第 k 只蚂蚁在边 (i,j) 单位长度的轨迹数量。在这个搜索过程中,包含更多适应状态的新的蚂蚁(蚁王)将影响其他蚂蚁的搜索行为,并最终获得对其他蚂蚁的控制。同时利用信息素轨迹积极地进行蚁群间的交流。所以,出现的合作效应是一种自催化行为,在这条特殊的路径上出现更多的蚂蚁,这条路径对下一个蚂蚁有更大的吸引力。从而引发了蚁群全面的行为,这就是 ACSA 的宏进化水平。

(5) 挥发　最终,信息素轨迹挥发,开始点(穴)被最新发现的旅程替代。

2. 简单蚁群搜索算法在热电联产中的困难

(1) 约束　将 ACSA 算法应用在 CHP 问题中时,处理约束变成一个重要问题。通常的做法是应用惩罚函数将约束问题重新设计为有关的非约束问题。但是,设计一个惩罚函数,并把它与成本联系起来非常困难。如果惩罚集设置得太大,将导致早熟收敛;相反,如果惩罚太适当,将有一些违背现实。此外,过多的违背将导致算法偏离最优解。

(2) 连续搜索空间　ACSA 是由基于排序问题而发展而来的(即旅行商类型的问题)。但是,当问题是关于连续搜索空间时,除非一些基于次序的问题外,不能使用 ACSA。

(3) 早熟收敛　简单 ACSA 模型的主要问题是在真正的全局最优解被发现之前,产品早熟收敛。在蚂蚁的搜索过程中,当每一只蚂蚁是同一的,或近似同一,则过程收敛。

10.4.3　改进蚁群搜索算法的技术

1. 处理不同约束的系统化方法

在一个更普遍的形式中,考察具有约束的 CHP 优化问题如下:

最小化 $f(x)$,服从于 $g_i(X) \geqslant 0, i = 1,2,\cdots,m$,其中 m 是约束的数量。然后,等价的非约束优化问题可以描述为最小化,即

$$F(X) = f(X) + P(X) \tag{10-17}$$

将惩罚函数设置成目标函数,它惩罚任何对于约束的违背,强迫非约束优化朝着可行的区域进行。奖惩函数 $P(X)$ 定义如下

$$P(X) = \sum g_i^2(X) R_i, \quad i = 1,2,\cdots,m \tag{10-18}$$

其中 R_i 是惩罚参数,被认为是奖惩因子。依靠违背的水平,相应地变化 R_i。在这种方法中,R_i 起着关键的作用,它的定义为

$$R_i = (2\tau)^{-1} r_i \tag{10-19}$$

其中 τ 和 r_i 根据下面两个原则定义。

(1) 参数 r_i 根据对约束偏离的程度而改变　于是,引入一个基于约束的新的距离来

更好地平衡搜索收敛和可行性要求之间冲突的必要条件。当函数有上、下限时，以同样的方式处理对于边界约束的违背是非常重要的。否则，如果对于一边的惩罚超过另一边，将会引起种群向惩罚少的方面转移。其次，构建一个惩罚函数不仅要综合约束方程中的信息，而且要综合关于多远的解不在可行性区域的信息。通过对每一个约束赋予一个距离，其值作为一个奖惩系数 r_i，我们能充分考虑这两个重点。当与可行性区域的距离 d_i 下降时，奖惩系数也单调地下降。连接加权系数 r_i 与距离 d_i 最直接的方法是通过一个线性方程

$$r_i = c_i d_i = a_i g_i(X) + b_i \tag{10-20}$$

其中 c_i 的实际值依赖于特定的应用。

(2) 考虑到蚂蚁的进化过程，通过循环改进解　于是，可以采用一个与退火时间表相似的方法去减少惩罚函数对于连续迭代的影响，惩罚函数直接随着生产的数量变化。通过迭代的下降 τ 到零来完成这个工作。τ 经过一定数量的循环后发生作用。这将保证仅有一个目标函数最终最小化到带有一个可行性方案，而不是产生一个低边带 $F(X)$ 的一个不可行解决方案。

2. 连续的搜索空间

为了在 CHP 经济调度问题中应用 ACSA 算法，需要设计一个离散的巢穴周围结构。如图 10-13 所示，从一些基本点出发的有限的方向作为矢量，这些矢量随着蚂蚁的适应度进行时间进化。

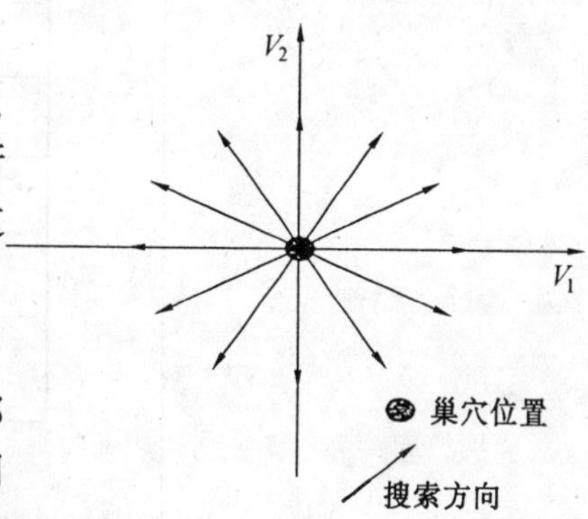

图 10-13　二维巢穴领域模型

3. 早熟收敛的遗传禁忌算法

在交换问题中，成对的交换经常用来定义邻居，确定从一个答案到另一个答案的移动。使用 ACSA 解决 PED 问题的基本观点是将动力从一个发电机转移到另一个，同时维持动力的平衡。每一个蚂蚁的材料结构都包含每一个发电机的细节，如产生的电、燃料的成本、发电机的转换等。与每一次转换相关联的是移动值，它代表了目标函数值中提出的交换结果的变化。移动值对于估价移动的质量提供一个基础。令 k 表示一个蚂蚁，它的任务是作一次旅行，参观一些定义好的交换对。对每一个中间的移动，一只蚂蚁将移向一个不稳定的状态，停在一个稳定的状态。在成对的交换中，流动的方向在解决收敛中起着重要的作用。尽管蚂蚁贪婪的天性趋向于朝着更好适应度的方向移动，增加一个百分比预定的噪声影响一个蚂蚁的判断，它的影响与遗传算法中交叉算子的作用是相同的，维持搜索的多样性[115]。通过探索新的可能解决方案既有利于更理想的结果，又阻止蚂蚁重复相同的移动(停滞行为)。

另一方面，蚁群中有比状态更多的蚂蚁，不止一只蚂蚁停在同一个稳定的状态上是可能的。最坏的情形是，如果这个路径是非常良好的话，则大多数蚂蚁搜寻同样的路径，最后

导致停滞行为。为了阻止大多数蚂蚁簇拥在同一个稳定状态，我们将分类禁止最近参观过的地点，这个想法是由禁忌搜索激发产生的[116]。分类依靠搜索的历史，特别地说明了参与产生过去方案的属性的频率。

改进的 ACSA 算法的结构如图 10-14 所示。

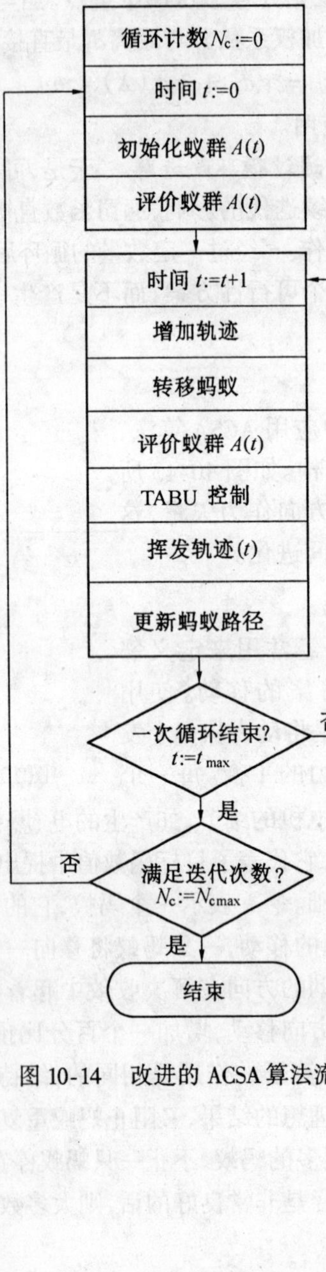

图 10-14　改进的 ACSA 算法流程图

10.4.4　数字测试结果及结论

1. 单纯的经济调度

首先用带有 6 个热单位的一个简单系统[117]，说明 ACSA 的搜索能力。选择下面的参数：蚂蚁数 = 100；循环数 = 20；$\alpha = 0.5$；$\beta = 0.05$；$\mu = 10$；$\rho = 0.5$；$Q = 50$。这些参数对 ACSA 的性能影响很大[118,119]。

测试是以 1 800 MW 的要求为例，与相同条件的传统遗传算法做比较(即 100 个个体和 20 代)。表 10-1 的燃料成本和单位调度显示了 ACSA 比 CGA 有更好的性能。蚁群中更多的蚂蚁在同一个时间内的搜索导致更高的成绩，因为覆盖了更大的空间。而且，成绩以非线性的方式提高。所有的蚂蚁似乎有很好的视觉穿过错误的顶点，戏剧性地辨别解决方案。这表明发生了结构性的交互影响，导致出现一个比个体总和更高的合作计算能力。图 10-15 表明了 100 只蚂蚁中的 3 只蚂蚁的行为。

表 10-1　两种算法 ACSA 与 CGA 调度性能对比

算法	1 单元	2 单元	3 单元	4 单元	5 单元	6 单元	计算时间 /s	燃料成本 / $
CGA	254.96	244.51	77.07	561.91	329.57	331.98	36.7	16 581.86
ACSA	248.27	217.36	74.94	588.37	335.78	335.28	23.4	16 579.33

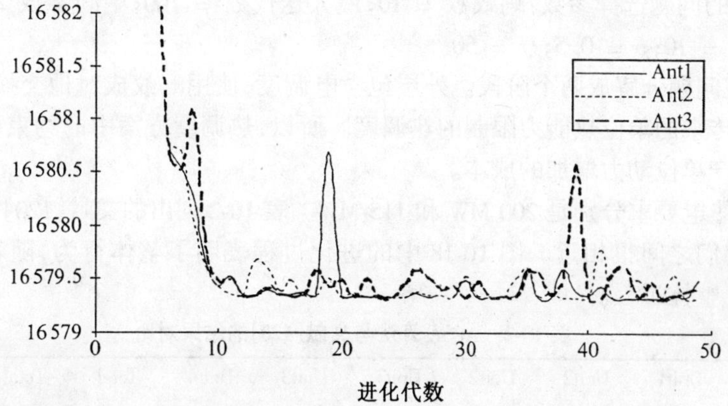

图 10-15　蚁群中 3 个蚂蚁的进化过程

2. 热电联产经济调度

用包含 4 个发电机的探测系统来测试改进的 ACSA 算法的性能。

$$\left.\begin{aligned}c_1 &= 50p_1;\\ c_2 &= 2650 + 14.5p_2 + 0.0345p_2^2 + 4.2h_2 + 0.03h_2^2 + 0.031p_2h_2;\\ c_3 &= 1250 + 36p_3 + 0.0435p_3^2 + 0.6h_3 + 0.027h_3^2 + 0.011p_3h_3;\\ c_4 &= 23.4h_4\end{aligned}\right\} \tag{10-21}$$

服从于 $0.0 \leqslant p_1 \leqslant 150$ MW；$0.0 \leqslant H_4 \leqslant 2\,695.2$ MW 和图 10-16、图 10-17 给出的可用区域条件。

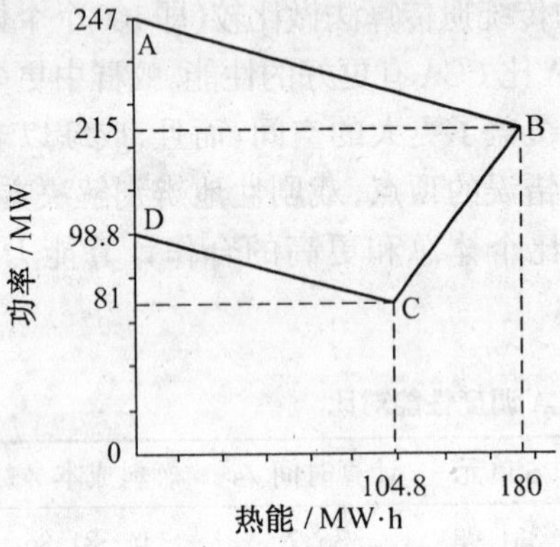

图 10-16　2 号机热能可用区域

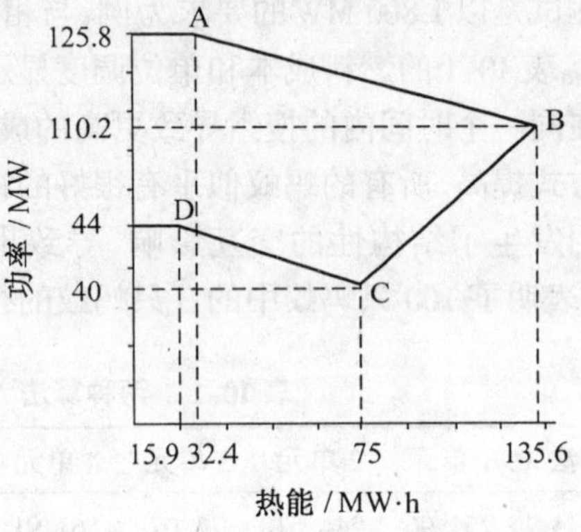

图 10-17　3 号机热能可用区域

对下面的问题选择参数：蚂蚁数 = 10；最大迭代数 = 100；中间步数 = 5；$\alpha = 0.5$；$\beta = 0.05$；$\mu = 10$；$\rho = 0.5$；$Q = 50$。

ACSA 把问题分解成两个阶段。外层包含电调度，使用蚂蚁成对地交换来完成；内层解决由外层传来的单位热能力限制的热调度。所以，热调度方案中的约束反馈到外层以修改联合生产单位动力增加的成本。

系统的热电要求分别是 200 MW 和 115 MW。表 10-2 列出的文献[120]中的结果和提出的方法，它们之间很相近。图 10-18 中的进化过程表明了整体行为，随着蚂蚁数的提高，它加速了整体过程。

表 10-2　ACSA 算法与文献[120]的结果对比

	Unit1 power	Unit2 power	Unit2 heat	Unit3 power	Unit3 heat	Unit4 heat	Total power	Total heat	Total cost ($)
Ref.[120]	0.00	160.00	40.00	40.00	75.00	0.00	200.00	115.00	9527.00
ACSA	0.08	150.93	48.84	49.00	65.79	0.37	200.00	115.00	9452.20

3.结 论

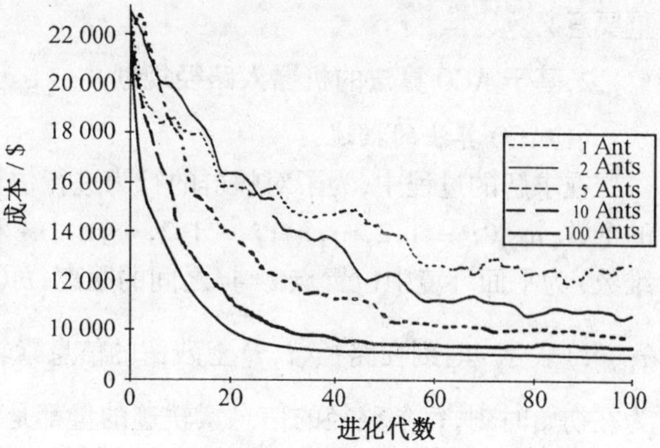

图 10-18　不同蚂蚁数 ACSA 算法的进化过程

改进的基于分布自触发式过程的搜索算法 ACSA 采用了一个双重遗传的过程,在微进化层次上有一些蚂蚁,可以用一组行为轨迹来描述。在过程的每一步中,每一个留下它行动的痕迹,并概率式地改变了它未来要做的决定;在宏进化层次上,个体蚂蚁继承了"女王"的经验,并加以归纳。大量并行的蚂蚁合作使得蚂蚁能够越过局部优化,容易地辨别正确的串,然后找到一个好的方案。

ACSA 的性能通过对 CHP 经济调度问题的数字测试表明,结果是令人满意的。

10.5　蚁群算法在机器人中的应用

机器人作为一种智能体,在复杂工作环境下的路径规划问题,多机器人之间的协作策略问题,在很大程度上类似于蚂蚁觅食优选路径以及蚂蚁群体中个体之间通过信息素形成的协作。本节介绍蚁群算法在这两个方面应用的仿真研究成果。

10.5.1　蚁群优化算法在机器人路径规划中的应用

1.机器人路径规划问题

路径规划算法是实现机器人控制和导航的基础之一,一般将路径规划算法分为全局规划和局部规划两大类。通过两类算法的结合使用,可有效地实现机器人的路径规划,在全局规划算法领域中,目前使用的方法包括 Petri 网算法、基于数据融合的模糊规划、神经网络算法、人工势场法、计算几何法和遗传算法等。但上述算法在复杂的工作环境下进行路径规划时,会存在一些明显不足。例如,算法的计算代价过大,有时甚至得不到最优解;对于遗传算法和一些近似算法而言,在初始可行解的有效构造以及针对复杂环境特点设计相应的遗传算子等方面,存在着较大的困难,为克服这些算法的不足,特别是对包含大量非规则障碍物的复杂环境中机器人轨迹规划问题,文献[121]提出使用蚁群优化(ACO)算法对其进行求解。

复杂工作环境中的机器人(最优时间)路径规划问题,严格地说,是一个带约束条件的连续函数优化问题,研究解决此类问题的 ACO 算法,对于扩大 ACO 算法的应用范围具有重要意义。

2.基于 ACO 算法的机器人路径规划

(1)ACO 算法的描述

在求解的过程中,为了对蚁群的行为进行仿真,引入以下描述符号:W 为蚁群中蚂蚁的个数;$d_{i,j}(i = 1,2,\cdots,n_1;j = 1,2,\cdots,n_2;n_1$ 和 n_2 分别是对平面工作环境的二维划分维数)为平面环境中位置点 i 与 j 之间的距离;$b_i(t)$ 为 t 时刻位于位置点 i 处的蚂蚁数目;$\tau_{i,j}(t)$ 表示 t 时刻在路径 $\langle i,j\rangle$ 上残留的信息素轨迹的量。显然,有等式 $W = \sum_{i=1}^{n} b_i(t)$。因为在初始时刻,每条路径的信息素轨迹的量都是相等的,所以有预设条件 $\tau_{i,j}(0) = C$,C 是一定常数。

蚂蚁 $k(k = 1,2,\cdots,W)$ 在运动过程中,会根据各条路径上的信息素轨迹量决定其下一步的转移方向。在时刻 t 时,蚂蚁 k 要从位置点 i 向 j 转移,其对应的转移概率可定义为

$$p_{i,j}^{k}(t) = \begin{cases} (\tau_{i,j}^{\alpha}(t)\eta_{i,j}^{\beta}(t))/\left(\sum\limits_{r\in S_i^k}(\tau_{i,r}^{\alpha}(t)\eta_{i,r}^{\beta}(t))\right), & j \in S_i^k \\ 0, & \text{否则} \end{cases} \tag{10-22}$$

式中,$\eta_{i,j}(t)$ 是能见度的局部启发式函数(在该问题中定义为 $1/d_{i,j}$);参数 α 和 β 分别表示 $\tau_{i,j}(t)$ 和 $\eta_{i,j}(t)$ 对整个转移概率的影响权值;S_i^k 表示蚂蚁 k 在位置点 i 处的可行邻域(即与点 i 相邻且尚未被蚂蚁 k 访问过的位置点的集合),借助于种群的记忆功能,这个集合在进化过程中将会不断地动态调整。

随着时间的推移,信息素轨迹将会逐渐地挥发,用 ρ 表示在某条路径上信息素轨迹挥发后的剩余度。在经过 h 个时刻后,蚁群会完成一个循环的移动。此时,各条路径上信息素轨迹的量将按照

$$\tau_{i,j}(t+h) = \rho\tau_{i,j}(t) + \sum_{k=1}^{W}\Delta\tau_{i,j}^{k} \tag{10-23}$$

全局调整准则进行调整。式中,$\Delta\tau_{i,j}^{k}$ 表示蚂蚁 k 在本次循环中留在路径 $\langle i,j\rangle$ 上的信息素轨迹的量,可基于局部调整准则对其定义为

$$\Delta\tau_{i,j}^{k} = \begin{cases} Q/L_k, & \text{如果蚂蚁 } k \text{ 在本次循环中经过了路径} \langle i,j\rangle; \\ 0, & \text{否则} \end{cases} \tag{10-24}$$

式中,Q 为表示信息素轨迹强度的一定常数;L_k 表示蚂蚁 k 在本次循环中经过的所有路径的长度。

在初始时刻,有 $\tau_{ij}(0) = C$,$\Delta\tau_{i,j}^{k} = 0(i = 1,2,\cdots,n_1;j = 1,2,\cdots,n_2;k = 1,2,\cdots,W)$。此外,$\tau_{i,j}(t)$,$\Delta\tau_{i,j}^{k}$ 和 $p_{i,j}^{k}(t)$ 的表达式也可根据算法的具体应用而有所调整。

(2)机器人路径规划 ACO 算法的步骤

Step1:产生初始时刻的蚂蚁种群移动路径　根据移动过程中途经各点周围的距离启发式信息概率,产生多条从起点到终点的可行移动路径,每一条路径代表了一只蚂蚁的爬行轨迹。

Step2:信息素的调整　对所产生的每一条可行移动路径,分别计算路径的长度和所对应信息素的增量,再采用设计的信息素轨迹更新函数(如式(10-23))对路径上各点所对应的信息素进行更新。

Step3:对产生的每一可行路径进行一定的修正处理　在这里,是将蚂蚁所走的弯曲路径逐段拉直为一条由直线段连接的可行路径(即成为一折线)。将此可行路径与记录的目前最短路径进行比较,如果路径长度更小,则用该路径替换最短路径。对路径上的所有点的信息素也根据 Step2 中的方法进行更新。如果当前时刻已达到预先设定的终止时刻,则转 Step5。

Step4:下一时刻蚂蚁路径的产生　综合使用当前点周围的距离启发式信息概率和基于信息素轨迹的转移概率(如式(10-22)),产生由起点到终点的可行路径,并转 Step2。

Step5:算法结束　将当前路径作为最短路径输出。

注 1(距离启发式信息概率的定义)　Step1 与 Step4 中出现的距离启发式信息概率定义为

$$\varphi_{i,j}^{k}=\begin{cases}\dfrac{((\text{MaxDistance}_{A(i),e}-\text{Distance}_{j,e})\omega+\mu)^{\lambda}}{\sum\limits_{j\in \text{Available}(i)}((\text{MaxDistance}_{A(i),e})-\text{Distance}_{j,e})\omega+\mu)^{\lambda}}, & j\in \text{Available}(i)\\ 0, & \text{否则}\end{cases}\tag{10-25}$$

式(10-25)决定了只依赖于距离信息时,编号为 k 的蚂蚁从当前点 i 向其周围一点的移动概率。Available(i)是点 i 周围1个单位距离内非障碍区中点的集合,算法中蚂蚁只能向前、后、左、右4个方向移动,因此 $0<|\text{Available}(i)|\leqslant 4$。$\text{Distance}_{j,e}$ 是从 j 点到终点 e 的距离,其值在算法执行前被预先计算出。$\text{MaxDistance}_{A(i),e}$ 是 $\text{Distance}_{j,e}$ 中的最大值。因为 Available(i)的各个 $\text{Distance}_{j,e}$ 之间相差不到 2,所以需要对 $\text{Distance}_{j,e}$ 重新定标以体现它们之间的差别,否则启发式概率将变成一个随机函数,达不到应有的启发效果。这里引入 3 个待定系数 ω,μ 和 λ。根据多次试验,算法中取 $\omega=10,\mu=2,\lambda=2$。

注 2(权值系数 α 和 β 的确定)　如前所述,α 和 β 两个参数分别决定了信息素轨迹和启发式函数(能见度)的相对重要性。在一般的蚂蚁算法中,α 和 β 是常数,在算法执行过程中不做改变。但在路径规划问题中,由于蚂蚁可经过的点太多(在一个 400 × 200 位图表示的环境中有 80 000 个点,而研究旅行商问题一般达到几百规模就已经非常大了),很难确保每个点都获得信息素,这样将带来一个严重的问题,即如果获得信息素的点越少,那么结果陷入局部解的可能性就越大。仿真实验发现将 α 和 β 设为常数后，通常情况下不能找到较好的解。因此在设计的 ACO 算法中，α 和 β 将随时间变化而调整，即

$$\alpha = \begin{cases} 4q/m, & 0 \leqslant q < m \\ 4, & m \leqslant q \leqslant u \end{cases} \tag{10-26}$$

$$\beta = \begin{cases} (3m - 1.5q)/m, & 0 \leqslant q < m \\ 1.5, & m \leqslant q \leqslant u \end{cases} \tag{10-27}$$

式中，m 为临界时刻，在 m 时刻前，由于各点上的信息量较少，蚂蚁寻路过程中的主导因素为启发式因素(即基于式(10-25) 所表示的概率)，这样能使更多的点获得信息素；在 m 时刻后，蚂蚁寻路过程中的主导因素变为信息素因素(即基于式(10-22) 所表示的概率)，从初始时刻0到临界时刻 m，α 值随时间线性递增，β 值随时间线性递减；从临界时刻 m 到终止时刻 n，α 和 β 值均为常数，且 $\alpha > \beta$。

注 3(对可行路径的修正处理) 在 Step3 中，对可行路径进行了一定的修正处理，目的是基于以下考虑：因为算法中的蚂蚁是在所设定的由像素点构成的位图环境中爬行，当位图环境中的像素点过多(密) 时，蚂蚁在某段特定距离内的爬行路径可能变成曲线段，从而人为地造成移动路径长度的增加。为避免这种情况的出现，可人为地将蚂蚁在某段特定距离内弯曲的爬行路径“拉直” 为一直线段，从而减少移动路径的长度。

注 4(距离启发式信息概率和转移概率的综合使用) 在 Step4 中提到从当前点到下一个可行点的转移是由距离启发式信息概率和基于信息素轨迹的转移概率综合决定的。这里所使用的综合决定方法是基于比例选择(即赌盘) 策略。通过比例选择，可交替使用 3 种概率：式(10-22) 所示的基于信息素轨迹的转移概率，式(10-25) 所示的距离启发式信息概率和综合考虑上述两种概率所产生的转移概率，以决定下一个具体的可行移动点。

3. 仿真研究

仿真示例中取蚂蚁的数目 $W = 10$，临界时刻 $m = 10$，信息素挥发的剩余度 $\rho = 0.7$，图 10-19 是一个给定的大小为 400 × 200 像素的环境位图(图中有大量的不规则障碍物，靠近左上角和右下角的位置分别表示起点和终点)，并表示 10 只蚂蚁在第 10 个时刻累积的移动路径曲线。从图 10-19 可以发现，大多数蚂蚁所选择的路径都位于连接起点和终点线段两侧的一个限定范围内，这使得该区域内的信息量高于其他区域。图 10-20 是第 50 个时刻累积的蚁群移动路径曲线。与图 10-19 相比，越来越多的蚂蚁的移动路径落入了连接起点和终点线段两侧的限定区域内，这导致其中所含的信息量渐渐高于其他区域。图 10-21 表示在第 120 个时刻蚁群最终的收敛移动路径。所有蚂蚁经过的点所对应的信息素轨迹用灰度表示，而实线表示一条已被修正处理过的最短移动路径。图 10-22 表示最短移动路径长度的收敛曲线。由该图可以发现，通过使用所设计的 ACO 算法，在第 70 个时刻就能得到收敛的路径解，而从第 70 ~ 120 个时刻没有得到更好的解，这表明算法的收敛效果趋于稳定。

由上述仿真结果可以看出，将 ACO 算法引入机器人路径规划这一新的应用领域，解决了带约束条件的连续函数优化问题，所设计的算法，在距离启发式信息概率的构造、重要权值系数的动态确定、可行解的有效构造以及在移动过程中为蚂蚁选定转移概率等方面，均做了一些创造性的工作。仿真实验结果验证了所设计算法的实用性和有效性。

图 10-19　在第 10 个时刻累积的蚁群移动路径曲线

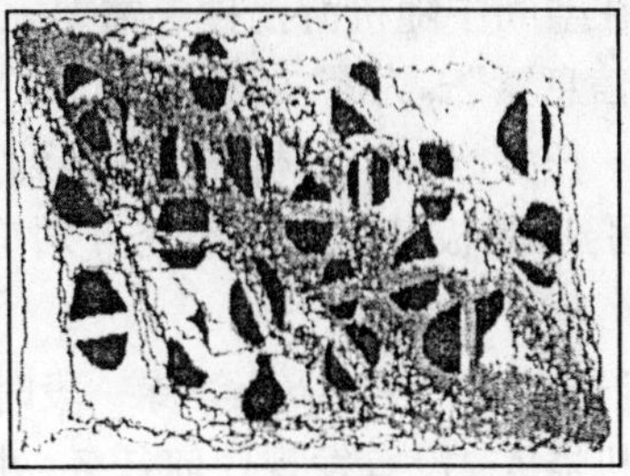

图 10-20　在第 50 个时刻累积的蚁群移动路径曲线

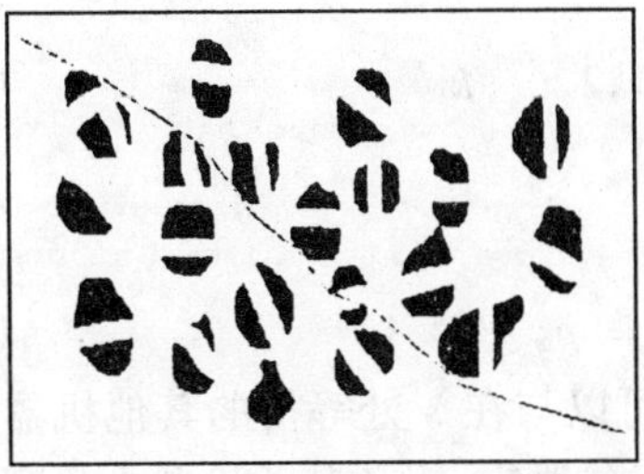

图 10-21　在第 120 个时刻蚁群最终的收敛移动路径曲线

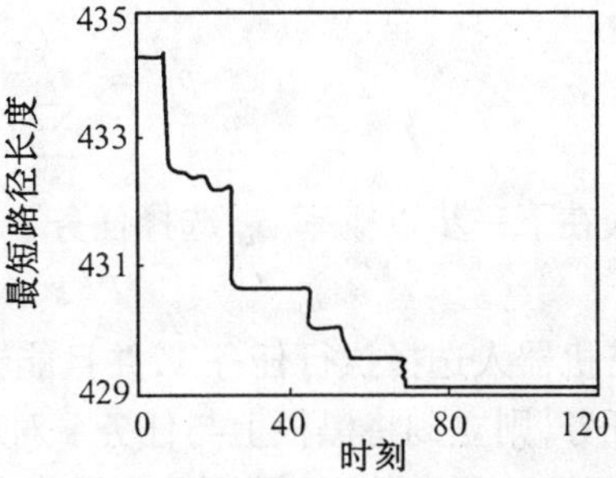

图 10-22　最短移动路径长度的收敛曲线

10.5.2　蚁群算法在多机器人协作策略中的应用

1. 基于蚁群算法的多机器人协作策略

多机器人系统是一个松散结构的分布式系统，其优点在于既可独立工作，又可在需要时进行协作，文献[122]受到蚁群算法的启发，将“外激励”的方法引入多机器人系统中，在机器人工作过程中赋予不同的任务以不同的信息素，通过对难度较大的工作设置较大的信息素浓度，以吸引其他机器人进行协作。在这一思想的基础上，设计了基于蚁群算法的多机器人协作策略。

多机器人系统中常用的局部通信方式有两种。一种是两个机器人之间进行单向或双向通信，另一种是采用“黑板原理”的通信方式，即系统中每个机器人都以一定的频率将一些和自己相关的简单信息写在“黑板”上的一定数据区域，同时从“黑板”上的某些数据区读取自己所感兴趣的信息。“黑板原理”的通信方式具有灵活、鲁棒性强的特点，不会由于局部的失误影响全局的性能，所以采用这种通讯方式。

设 n 个机器人进入一包含 m 件任务未知区域，它们开始进行独立的任务搜索，即各个机器人在空间中随机游荡搜寻需要完成的任务。开始时刻对应于所有任务 $j(j=1,2,\cdots,m)$ 的“信息素”τ_j 为零。若机器人 $i(i=1,2,\cdots,n)$ 发现一件任务 j 时，它首先尝试着独自完成这一任务。如成功，机器人 i 得到一个奖励信号；如不成功，它将任务 j 的相关信息（如位置）写到“黑板”上，并将任务 j 对应的“信息素”量 τ_j 赋予大于零的值，于是

$$\tau_j = \Delta\tau > 0 \tag{10-28}$$

同时，机器人 i 在任务 j 处等待一段时间。

若机器人 i 没有发现任何任务，处于“空闲”状态（没有执行具体任务的状态）时，它每隔一段时间在“黑板”的任务相关区上进行搜索，如未发现与某件任务相关的“信息素”大于零，则继续在空间中搜索任务；若发现有 k 件任务的“信息素”$\tau_s(s=1,2,\cdots,k)$ 大于零，则计算与之相关的概率

$$p_{is} = \frac{(\tau_s)^{\alpha}}{\sum_{s=1}^{k}(\tau_s)^{\alpha}}, \quad s = 1,2,\cdots,k \tag{10-29}$$

机器人在下一步以概率 p_{is} 选择任务 s

$$P(s=0 \to s=1) = p_{is} \tag{10-30}$$

若机器人选择执行任务 s，并且能够胜任，或者可以与在 s 处等待的其他机器人一起完成任务，则立刻将黑板上与任务 s 对应的“信息素”τ_s 置零，以免其他机器人受到错误的指导，仍向 s 所在的区域靠拢，造成劳力资源的浪费，并且过多的机器人聚集在同一个区域可能会造成阻塞。若任务仍然未被完成，τ_s 继续保持大于零。如果在两个机器人协作的情况下尚不能完成任务，则将 τ_s 更新为

$$\tau_s = \tau_s + \Delta\tau \tag{10-31}$$

其中，$\Delta\tau$ 是增加的“信息素”浓度。这样做的目的是加大信息素的浓度，以吸引更多的机器人进行协作。这样，难度越大的任务就会逐步被赋予越来越大的信息素浓度，从而吸引多个机器人进行协作。

2.采用自适应衰减因子防止任务死锁状态

“死锁”指机器人失去运动可能的状态。与之相类似，多机器人系统中，可能会出现“任务死锁”的情况。

机器人的任务死锁是指机器人执着于执行一件自己“力所不及”的任务，从而丧失了完成其他任务的可能。

考虑到在未知环境中，存在着某一件任务 s，它的艰巨性很大，是系统中所有机器人

协作也完成不了的。当一个机器人 i 首先发现这一任务，并且得出依靠自身力量难以胜任的结论，这一任务会被赋予一定的“信息素”τ_s；随后，另一个机器人 j 受到 τ_s 的吸引，前来协助机器人 i 完成这一任务，结果却发现在二者协作的情况下仍然不能完成任务，于是 τ_s 的值继续增大。随着 τ_s 的不断增加，越来越多的机器人受到它的吸引，前来加入协作，结果却是导致 τ_s 的进一步加大。尽管我们设定当机器人在任务 s 处尝试一段时间后，若发现没有进展就放弃这一选择，重新根据概率选择需要执行的任务，但是由于 τ_s 的值足够大，使得与之对应的 p_{is} 也很大，因此当机器人放弃任务 s 之后，很有可能马上又受到任务 s 的吸引，再次尝试执行这一任务。这样，系统中的机器人很可能会全部被聚拢在一件无法完成的任务旁，结果使系统丧失了行动能力。

为了防止这样的局面，在前一部分的算法中加入了一个自适应衰减因子，使机器人具有摆脱任务死锁的能力。

当一个处于空闲状态的机器人发现环境中有 s 件任务的“信息素”浓度大于零，分别为 $\tau_s(s=1,2,\cdots,k)$，则计算与之相关的概率

$$p_{\text{is}} = \frac{(\tau_{\text{is}})^{\alpha}}{\sum_{s=1}^{k}(\tau_{\text{is}})^{\alpha}} \tag{10-32}$$

其中，τ_{is} 是机器人 i 所感触到的“信息素”浓度，初始化时，$\tau_{\text{is}} = \tau_s$，机器人在下一步以概率 p_{is} 选择任务 s

$$P(s=0 \to s=1) = p_{\text{is}} \tag{10-33}$$

经历一段时刻 T 后，机器人 i 若未能完成任务 s，则放弃 s，重新进行选择，同时引入衰减因子 λ，修改 τ_{is} 为

$$\tau_{\text{is}} = \lambda\tau_{\text{is}} \tag{10-34}$$

$$\lambda = \mu^{\text{select}_{\text{is}}}, 0 < \mu < 1 \tag{10-35}$$

其中，μ 为一个小于 1 的常数，$\text{select}_{\text{is}}$ 为机器人 i 连续选择任务 s 的次数。可以看出，当 $\text{select}_{\text{is}}$ 增大时 λ 减小，τ_{is} 减小，p_{is} 随之也减小，这就使得机器人放弃任务 s 而执行其他任务成为可能。

3. 仿真结果

仿真环境为一 4 m × 4 m 的房间，其顶点坐标分别为(0,0)、(0,4)、(4,0)、(4,4)，如图 10-23 所示。

在房间中分布着 4 个箱子，质量分别为 3 kg，3 kg，5 kg，9 kg。有 4 个机器人参与工作，它们的目的是在房间找到这些箱子并将它们搬运回“家”(房间右部中间的正方形区域)。可以看出，至少需要有 2 个机器人协作才能搬运 5 kg 的箱子，而至少 3 个机器人协作才能将 9 kg 的箱子搬运回家。在开始工作之前，机器人对环境信息一无所知，机器人的速度为

0.2 m/s,载重为 3 kg。具有向左、右转弯的功能,机器人的传感器探测距离为 1 m。图 10-23 中所示阶段,3 个机器人协同工作搬运一个 9 kg 箱子,另一个机器人在搜寻工作。

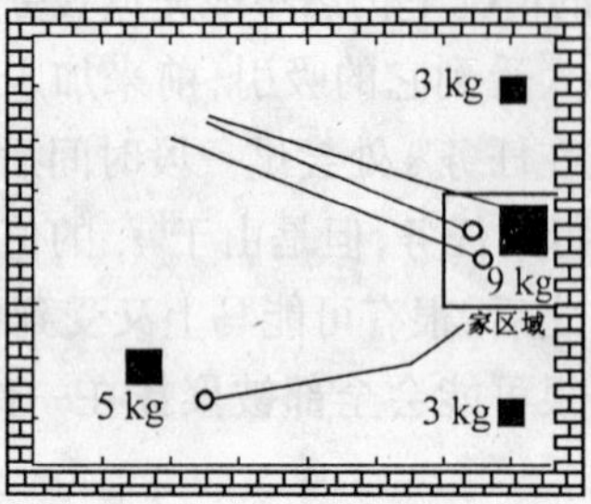

图 10-23　机器人工作阶段 1

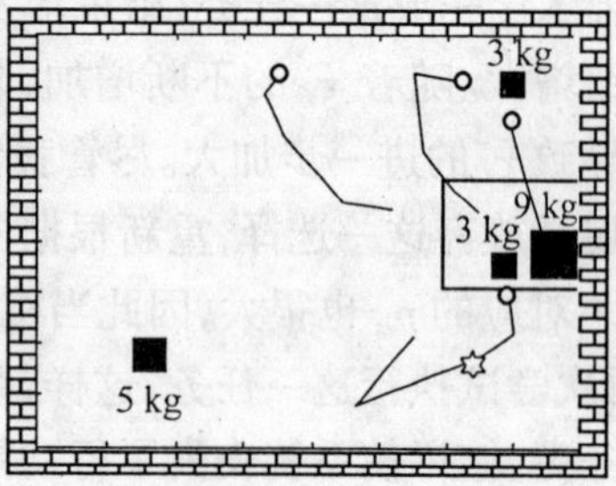

图 10-24　机器人工作阶段 2

图 10-24 中,在右下角,1 个机器人在运动过程中找到一个 3 kg 的箱子,并将其搬运回家;右上角,两个机器人在运动过程中都发现了一个 3 kg 的箱子,并向它靠拢,准备搬运它;中部上方,1 个机器人在随机游荡,寻找任务。

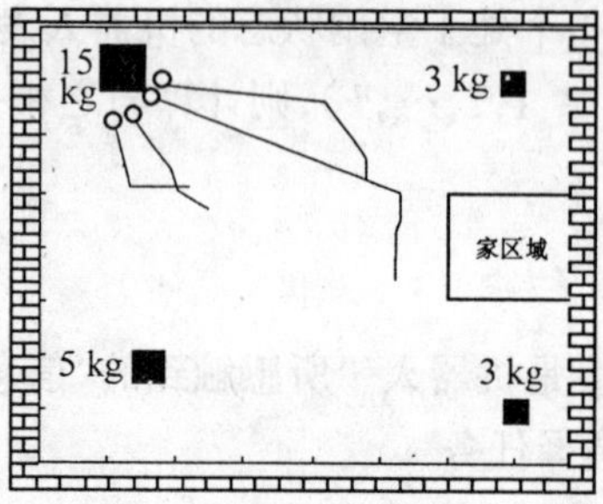

图 10-25　机器人的任务死锁状态

设各个机器人具有下述的能力:

知道自己当前的位置 $X_i = (x_i, y_i)$;知道"家"的坐标范围;可以感知测量范围内的机器人或障碍物与自己的距离;可以探测出箱子的存在并能将其抓起;具有局部通讯功能,采用"黑板原理"的通信方式。

采用行为主义的方法[123],每个机器人所具有的基本行为有:

避障　当机器人视野中出现障碍物时,会随机地转动一个角度以绕开障碍;

游荡　机器人在每一步以一定的概率随机决定是转一定的方向还是沿当前朝向前进;

回家　机器人沿当前位置与家区域之间的最短路径向家运动。

实验开始时,4 个机器人被随机地赋予一个初始坐标,之后,它们在房间中随机游荡,当它们的传感器探测范围内出现箱子时,它们就向之靠拢,尝试独立或与已经等候在那里的机器人协作共同将箱子推回家中。若成功,则将与这一箱子对应的信息素值置零;反之,若不成功,则根据协作的机器人数来修改信息素值。

首先采用不带衰减因子的策略,进行 100 次实验,每次实验中机器人的工作时间为 30 min。在全部的 100 次实验中机器人在规定时间内将所有的箱子搬运回家,占实验次数的 100%。这说明改进的算法可以成功地为多机器人系统实现协作规划。

此后改变了箱子的质量,用一个 15 kg 的箱子取代了 9 kg 的箱子。可以看出,4 个机器人同时协作也不能将 15 kg 的箱子搬运回家。同样进行 100 次实验,仍然使用不带有衰减因子的协作策略。只有其中的 28 次实验,机器人将除去 15 kg 箱子之外的其他 3 个箱子都搬运回家。有 26 次发生了任务死锁,即在其他箱子还没有搬运完时,4 个机器人都被吸引到了 15 kg 的箱子处,从而使系统失去了继续工作的能力。这说明任务死锁这一现象在实际情况中很有可能发生,并且会严重地破坏系统的性能。

换用带有衰减因子的策略,衰减因子为 0.8,同样进行 100 次实验。在所有的实验中机器人在 30 min 内将除去 15 kg 箱子的所有其他箱子搬运回家,占全部实验次数的 100%;没有发生任务死锁。

通过仿真可以看到,基于蚁群算法的多机器人协作策略可以帮助多机器人系统在未知环境中进行协作规划,而衰减因子的引入有效地防止了任务死锁状态的出现。

10.6　应用蚁群优化算法学习模糊规则

基于模糊规则的系统(Fuzzy Rule - Based System, FRBS) 是模糊集合理论应用最广泛的领域之一。从一个难于精确描述的复杂系统的输入输出数据中提取模糊规则,是对复杂系统模糊建模与模糊控制的首要任务。提取模糊规则有应用神经网络、遗传算法等方法。西班牙 Granada 大学 J. Casillas[124] 等人提出通过蚁群优化算法学习模糊规则,并通过与模拟退火(SA) 和遗传算法(GAS)、优化方法进行了对比表明,ACO 算法具有快速收敛性,有时也能获得更好的结果。

10.6.1　基于模糊规则的系统

FRBS 由知识库和推理机两部分组成。

1. 知识库(KB)

知识库由规则库(RB) 和数据库(DB) 组成。规则库由语言规则以及连接词构成;数据库包含词集和定义词集的隶属函数。在 FRBS 中有关求解问题的知识是通过"IF - THEN"形式的模糊语言规则表示为

$$R_i: \text{IF } X_1 \text{ is } A_{i1} \text{ and } \cdots \text{ and } X_n \text{ is } A_{in} \text{ THEN } Y \text{ is } B_j \tag{10-36}$$

其中,$X_1,\cdots,X_n$ 和 Y 分别是输入、输出语言变量;$A_{i1},\cdots,A_{in}$ 和 B_j 均为由模糊集合所定义的语言变量。

2. 推理机

推理机包括三部分:模糊化接口,它把精确的输入数据转化为模糊集合;推理系统,它和 KB 一起完成模糊推理的过程;解模糊化接口,它把每个模糊推理的输出量转化为最后

的精确量。

基于模糊语言规则的系统一般结构如图 10-26 所示。

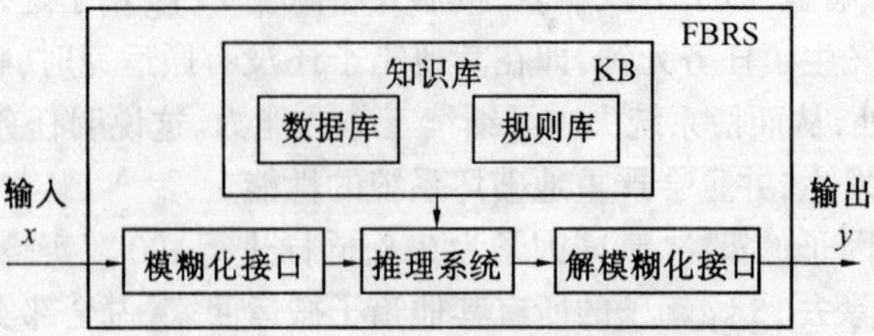

图 10-26　基于模糊规则系统的一般结构

推理系统是根据经典逻辑的假言推理的扩展,即广义假言推理法,依靠推理的合成规则完成推理任务,它的最简单形式为[125]

$$R_i(x_0,y) = \mu_{B'_i}(y) = I(\mu_{A_i}(x_0),\mu_{B_i}(y)) \tag{10-37}$$

其中,$x_0 = (x_1,\cdots,x_n)$ 是系统当前的输入,$\mu_{A_i}(x_0) = T(\mu_{A_{i1}}(x_1),\cdots,\mu_{A_{in}}(x_n))$ 是规则的前提和输入的匹配度,而 $\mu_{A_{ik}}(\cdot)$ 是语言变量 A_{ik} 的隶属函数,T 是一个逻辑乘 t 范数算子,I 是一个模糊蕴涵算子。

10.6.2　模糊规则学习问题

针对一个具体的应用问题,在设计一个 FRBS 的任务中,最重要也是最困难的是找到一个合适的待解决问题的 KB,以后我们称之为模糊规则学习(FRL)问题。把专家的知识表示成模糊规则存在着困难,迫使人们研究自动完成这项工作的多种方法,这方面的详细情况参见[126]。

所以这些方法都是在输入 - 输出数据集 $E = \{e_1,\cdots,e_N\}, e_l = (x_1^l,\cdots,x_n^l,y^l)$(表示待解决问题的行为)和初始 DB 定义(由输入 - 输出原始的模糊分割构成)的基础上完成的。在这里,我们要考虑对称模糊分割,用一些交点在高为 0.5 的三角形隶属函数表示,7 个模糊集的情况如图 10-27 所示。因此,FRL 问题限定在得到这样一些规则,即综合前提的描述和为每个前提组合分配一个特定的结果。

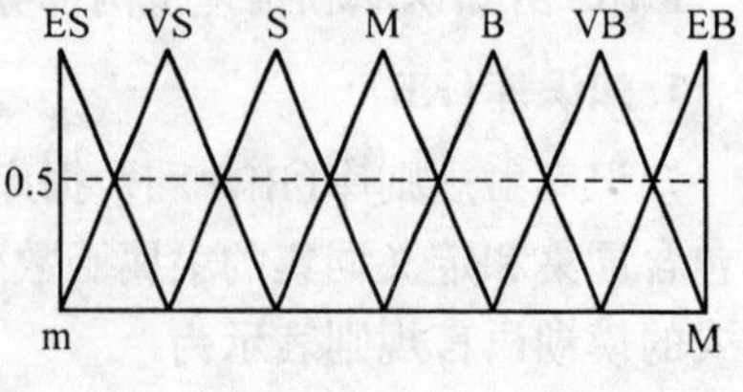

图 10-27　模糊语言变量的隶属函数

10.6.3 模糊规则学习的蚁群优化算法

要把 ACO 应用到一个特定问题中,要进行以下几个步骤:

(1) 获得一个用蚁群算法概括所研究问题的描述,如图形或者相似的结构。

(2) 定义一种方法来确定蚂蚁在每个步骤中产生的各个方案的排列优先权。

(3) 建立一种恰当的方法对信息进行初始化。

(4) 定义一个优化的评价函数。

(5) 选择一种 ACO 算法并应用到本问题中。

1.问题的描述

为了把 ACO 算法应用到 FRL 问题中,简单起见,可以把它看做组合的优化问题,它允许用图形来表示。用这样的方法,我们可以把 FRL 问题看做对于一定数量的规则,它就是一种涉及到用最优判据来给每个规则分配结论(即输出部分用模糊分割的语言描述)的方法。

因此,我们实际上要处理的是分配问题,这个问题和通常解决的二次分配问题(QAP)[127,128] 相似,但是有一些不同之处。我们将会得到一些规则与装置、结论与定位之间的相似之处。然而,和 QAP 不同的是,每个规则所对应的可能的结论集合是不同的,而且也不可能为超过两个的规则分配一个结论(两个规则有同一个结论)。从这些特性可以推断,为每个规则选择结论的次序不起决定作用,也就是分配次序是不相关的。

为了构造图形,采取以下步骤:

(1) 确立规则

一个规则 $R_i, i = 1,\cdots,N_r$ 由前提组合来定义为

$$R_i = \text{IF } X_1 \text{ is } A_{i1} \text{ and } \cdots \text{ and } X_n \text{ is } A_{in} \tag{10-38}$$

这个规则当且仅当存在

$$\exists e_l = (x_1^l,\cdots,x_n^l,y^l) \in E \text{ 使得 } \mu_{A_{in}}(x_1^l)\cdot\cdots\cdot\mu_{A_{in}}(x_n^l) \neq 0 \tag{10-39}$$

才起作用。也就是,在规则前提所定义的子空间中,至少存在一个满足条件的样本。

(2) 连接规则和结论

当且仅当下面条件满足时,规则 R_i 才和结论 $B_j(j = 1,\cdots,N_c$,它来源于输出模糊分割的描述集合) 连接起来。

$$\exists e_l = (x_1^l,\cdots,x_n^l,y^l) \in E \text{ 使得 } \mu_{A_{in}}(x_1^l)\cdot\cdots\cdot\mu_{A_{in}}(x_n^l)\cdot\mu_{B_j}(y^l) \neq 0 \tag{10-40}$$

也就是,至少在输入模糊子空间有一个样本,被这样一个结论所包含。

图 10-28 是系统具有 4 条规则,每个输入变量有 2 个条件,每个输出变量有 3 个结论的一个例子。在图 10-28(a) 中,给出了对每个前提组合的结论。为了构造完全的解决方法,一个蚂蚁反复地检查每个规则,然后习惯上依据试验信息 T_{ij} 和试探信息 η_{ij} 来选择可能的

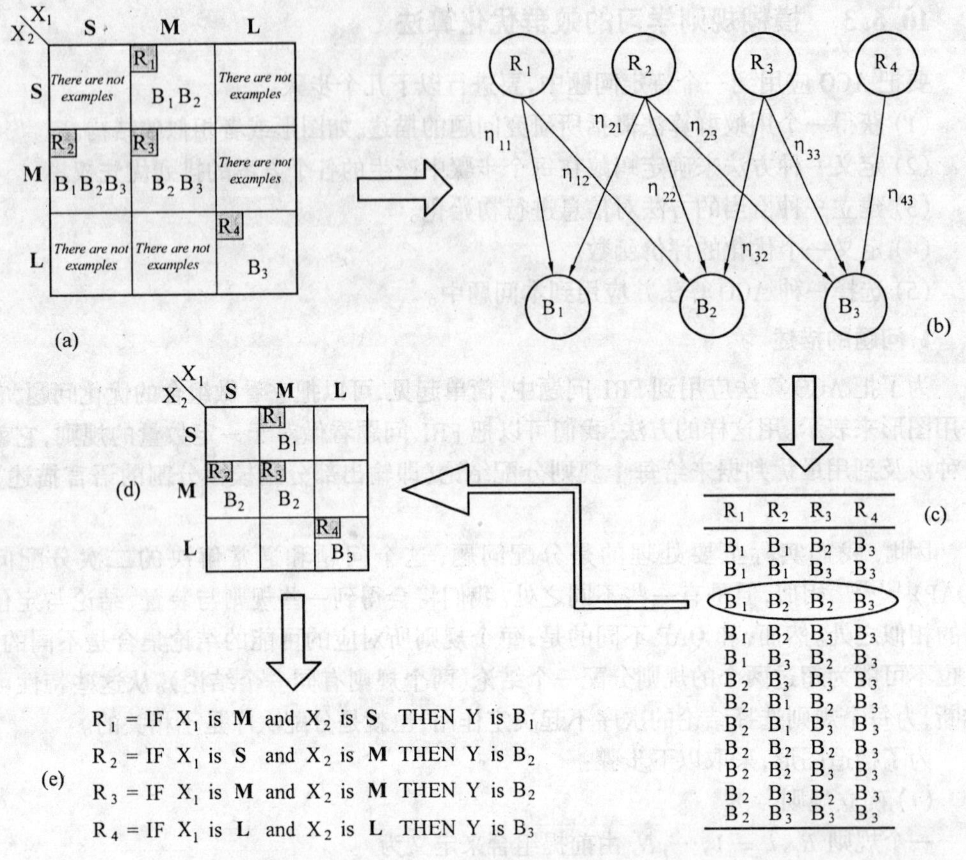

图 10-28　具有 2 输入 3 输出和 4 条规则的一个简单问题的学习过程

结论，如图 10-28(b) 所示。如前所述，选择规则的次序是不相关的。在图 10-28(c) 中，我们可以看到在一个指定例子里一个蚂蚁可能采取的各种路径。

图 10-28 有 2 个输入变量，4 条规则，3 类输出划分的一个简单问题的学习过程：(a) 每个规则对应的可能结论集合（只考虑至少有一个样本位于相应子空间的规则）；(b) 路径图，这里除了 η_{13}、η_{31}、η_{41}、η_{42} 为零，其他的 $\eta_{ij} \neq 0$；(c) 可能采取的 12 条不同路径（结论的组合）；(d) 对第三种组合的规则决定表；(e) 从第三种组合得到的 RB。

2. 启发式的信息

启发式的信息，即对每个前提组合（规则）选择一个指定结论 B_j 的可能推理过程中的信息，是综合考虑以下一些判据来决定的（图形描述的探索性行为如图 10-29 所示），由前提组合

$$R_i = \text{IF } X_1 \text{ is } A_{i1} \text{ and } \cdots \text{ and } X_n \text{ is } A_{in} \quad i = 1, \cdots, N_r \tag{10-41}$$

所定义的每个规则要完成如下功能：

(1) 建立由输入 – 输出数据对组成的集合 E'_i，这些数据位于由 R_i 定义的输入子空间中，即

$$E'_i = \{e_l = (x_1^l, \cdots, x_n^l, y^l) \in E \text{ such that } \mu_{A_{i1}}(x_1^l) \cdot \cdots \cdot \mu_{A_{in}}(x_n^l) \neq 0\} \tag{10-42}$$

(2) 利用包含判据的初始化函数给出每个启发式选择的优先权。也要考虑许多其他不同的选择[129]。这里我们将要在被最好样本覆盖的隐含判据的基础上工作。

因为启发性信息是基于隐含判据得到的，所以如果在所包含的模糊输入子空间没有样本存在，启发式信息就为零。这意味着我们只考虑那些规则，即它们所连接的结论的启发式信息大于零。在图 10-28(b) 中，我们要以看到，结论 B_3 没有分配给规则 R_1，结论 B_1 也没有分配给规则 R_3，B_1 和 B_2 没有分配给规则 R_4，因为它们的启发式信息（隐含的程度）都是零。

在图 10-29 给定的两个输入变量中，每个变量有 5 个划分；N_c 个输出模糊划分的系统中，规则 R_i 对应每个结论的启发式信息。包含最好样本的划分就认为是启发式信息。启发式信息设定为

$$\eta_{ij} = \max_{e_l \in E'_i} \min(\mu_{A_{i1}}(x_1^l), \cdots, \mu_{A_{in}}(x_n^l), \mu B_j(y^l))$$

、　(10-43)

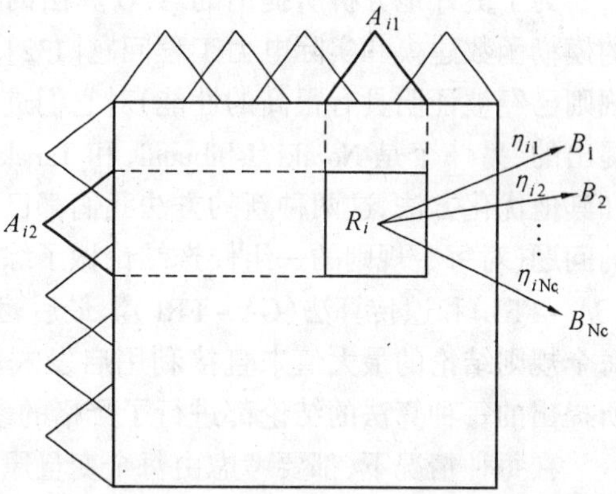

图 10-29　规则 R_i 的启发式信息

3. 信息初始化

每个分配信息的初始值由式

$$\tau_0 = \frac{\sum_{i=1}^{N_r} \max_{j=1}^{N_c} \eta_{ij}}{N_r} \tag{10-44}$$

给出。用这种方法，初始信息就是每个规则依据启发式信息采用最好结论构建的路径值的平均值（一个最理想的分配）。

4. 评价函数

评价函数决定了解的质量，用均方差(MSE) 函数来估计为

$$\text{MSE}(RB_k) = \frac{1}{2 \cdot |E|} \sum_{e_l \in E} (y^l - F_k(x_0^l))^2 \tag{10-45}$$

其中，$F_k(x_0^l)$ 是 FRBS(依靠蚂蚁 k，RB_k 建立起来的 RB) 的输出，x_0^l 是 FRBS 的输入，y^l 是系统的期望输出。估计值越接近于零，解越好。

5. 蚁群优化算法

如前所述，ACO 算法是用来解决模糊规则学习问题的。在这一部分介绍 2 个著名的

ACO 算法:蚂蚁系统(AS)[130] 和蚁群系统(ACS)[131]。根据下面讨论的 ACO 算法,提出了两个解决方法:AS – FRL 和 ACS – FRL。这些 ACO 算法里也要已知解的构造和试验信息更新规则。应用它们解决 FRL 问题仅需要考虑以下三点:

(1) 在构建解的过程中,2 种 ACO 算法如果改变规则,从 R_i 得到的点的集合都满足 $J_k(i) = \{j$ 满足 $\eta_{ij} \neq 0\}$。

(2) 蚂蚁 k 对整个解增加的耦合信息量用 $1/\mathrm{MSE}(RB_k)$ 表示,RB_k 对应于 RB 中蚂蚁 k 产生的。

(3) ACS 算法的局部试验信息规则更新中,最常用的计算 $\Delta\tau_{ij}$ 的方法是令 $\Delta\tau_{ij} = \tau_0$,也就是考虑简单 ACS 算法。

10.6.4 在模糊建模和电力工程中的应用

为了更好地分析所提出的 ACO 算法的性能,选择了两个不同的应用例子:三维空间的模糊函数建模和实际电力工程问题[132]。通过使用两个有名的 ad hoc 学习规则(这种规则已经被证明具有很高的性能)对它们进行比较,一个是 Wang 和 Mendel(WM 方法)[133] 提出的,另一个是 Nozaki, Ishibuchi, 和 Tanaka(NIT 方法)提出的[134]。为了比较 ACO 算法和其他优化方法,这两种新的方法我们都已经做了改进。这两种方法都是基于本文提出的问题(对每个规则的一组候选结论做了综合研究)做了改进,但都应用了模拟退火算法(SA – FRL)和遗传算法(GA – FRL)。最后,我们提出了一个理想的算法,它是通过得到对每个规则结论的最大值来直接利用启发式信息(HI – FRL),这个方法文献[129]提出过。所提出的每种算法的结论都进行了严格的参数试验,以便找出最好的性能。

在每种情况下,都要考虑由每个变量原始模糊划分所构成的初始 DB。每个划分由 7 个三角形的描述函数来均匀刻画,选择恰当的刻度把全部论域转化为包含所研究问题的每个变量的一个论域。至于 FRBS 所采用的推理方法,选择了最小最大 t 范数法作为推理和连接算子,重心匹配法作为解模糊算子[125]。

ACO 算法中用到的参数,蚂蚁的数量也就是每种情况模糊规则的数量,重复次数是 50,其他的参数(α、β、ρ)已经在试验中进行了研究,表 10-3、10-4 中所示的是最好的结果。

1. 简单的三维函数语言模型

为了建模,我们考虑一个简单的单峰三维函数

$$F(x_1, x_2) = x_1^2 + x_2^2 \tag{10-46}$$

其中,$x_1, x_2 \in [-5,5]$,因此 $F(x_1, x_2) \in [0,50]$。先提供一个具有1 681个数据的训练样本集,然后提供一个有 168 个数据的样本集来计算所选学习方法的性能,要避免数据和训练样本中的数据有偏差。

这7种学习方法的分析结果如表10-3所示,这里R代表规则的数量,MSE_{tra}和MSE_{tsl}分别代表训练集和检验集的计算值,EBS是得到最佳计算结果的计算次数。最佳计算结果用黑体字来表示。

表10-3　7种学习方法获得的模型

学习方法	#R	MSE_{tra}	MSE_{tst}	EBS	参　数
WM - method	**49**	2.048137	2.255928	0	—
NIT - method	98	2.465487	1.768125	0	—
HI - FRL	**49**	2.048137	2.255928	0	—
SA - FRL	**49**	1.609891	**1.213388**	3 528	Init. temp. = 40, No. of neighbors = 98
GA - FRL	**49**	1.606097	1.514651	20 555	500 gen., 61 indiv., $Pc = 0.6$, $Pm = 0.2$
AS - FRL	**49**	1.660622	1.419587	**686**	$\alpha = 1, \beta = 2, \rho = 0.2$
ACS - FRL	**49**	**1.601071**	1.350340	1 225	$\alpha = 1, \beta = 1, \rho = 0.2, q_0 = 0.4$

通过分析这些计算结果可以看出,ACO算法具有很高的性能。和3种ad hoc学习法相反的是,由AS - FRL和ACS - FRL方法产生的模型在逼近性(MSE_{tra})和推广性(MSE_{tsl})方面都明显地好得多。集中观察基于组合研究的几种方法,ACS - FRL是最好的方法,它得到了逼近性和推广性两方面都最精确的模型。然而,这4种方法得到了相似的结果(AS - FRL产生的模型相似性稍稍差一点),在收敛速度上ACO方法最为突出。ACS - FRL比SA法找到最佳解要快3倍,比GA法快17倍。AS - FRL和其他方法的区别也是很明显的。因为这两种方法在学习过程中都应用了指导ACO算法的启发式信息。

2.电力分配网络问题

有时,有必要测量一个电力公司所拥有的电线长度。这种测量有很多方面的好处,而估算整个网络维护费用是主要目的。这个问题包括寻找一个模型,把安装在乡镇的低压电线的整个长度和城镇中居民的数量,以及市中心到三个最远用户之间的平均距离联系起来。这个模型用来估计要维护的整个电线的长度。

为了比较这些方法把直接测量得到的495个数据的样本随机地分成两个样本,一个包含396个数据,另外一个包含99个数据,称为训练样本和校验样本。表10-4列出了应用这些种方法得到的结果。

从表10-4中得到的结果,我们又一次注意到ACO方法在性能上超过了其他三种ad hoc学习法。从这四种组合研究算法中,AS - FRL在其他性能上比其他方法差一点,但表现出了最好的概括性。ACS - FRL得到较好的模型,仅稍次于SA - FRL法。其次,ACO算法的优点体现在收敛速度上,ACS - FRL法是SA法收敛速度的2倍,是GA - FRL的25

倍，而且，ACO 算法得到了最精确的模型。

表 10-4　几种学习方法在电力网络问题中的结果

学习方法	# R	MSE_{tra}	MSE_{tst}	EBS	参　数
WM - method	**24**	222,654	239,962	0	—
NIT - method	64	185,395	170,489	0	—
HI - FRL	32	239,393	275,953	0	—
SA - FRL	32	**174,295**	161,261	1,248	Init. temp. = 500, No. of neighbors = 32
GA - FRL	32	175,122	187,605	20,512	500 gen., 61 indiv., $Pc = 0.6$, $Pm = 0.2$
AS - FRL	32	178,119	**158,662**	**384**	$\alpha = 1, \beta = 2, \rho = 0.6$
ACS - FRL	32	175,096	165,561	576	$\alpha = 1, \beta = 2, \rho = 0.2, q_0 = 0.2$

3. 结　论

从应用启发式的 ACO 算法来解决两个实际的 FRL 问题（包括从组成 FRBS 的 RB 中的数据进行自学习）的过程中可以看到，与其他的 ad hoc 学习法相比，ACO 算法得到的模型性能明显优于其他方法。而且，与 SA 和 GAS 优化方法相比，由于 ACO 算法利用了启发式信息来指导全局搜索，使其具有快速收敛性，有时还能获得更好的结果。

附　录

附录 1　常用的几种蚁群算法伪码程序

蚁群算法 1:AS－TSP(旅行商问题蚂蚁算法,参考文献[5][18])

```
/ * Initialization * /
For every edge (i,j) do
  τ_ij(0) = τ_0
End For
For k = 1 to m do
  Place ant k on a randomly chosen city
End For
Let T^+ be the shortest tour found from beginning and L^+ its length
/ * Main loop * /
For t = 1 to t_max do
  For k = 1 to m do
    Build tour T^k(t) by applying n - 1 times the following step:
    Choose the next city j with probability
```

$$p_{ij}^k(t)=\frac{[\tau_{ij}(t)]^\alpha\cdot[\eta_{ij}]^\beta}{\sum_{l\in J_i^k}[\tau_{il}(t)]^\alpha\cdot[\eta_{il}]^\beta}$$

```
    where i is the current city
  End For
  For k = 1 to m do
    Compute the length L^k(t) of the tour T^k(t) produced by ant k
  End For
  If an improved tour is found then
    update T^+ and L^+
  End If
  For every edge (i,j) do
    Update pheromone trails by applying the rule
    τ_ij(t) ← (1 - ρ)·τ_ij(t) + Δτ_ij(t) + e·Δτ^e_ij(t) where
```

$$\Delta\tau_{ij}(t)=\sum_{k=1}^{m}\Delta\tau_{ij}^k(t)$$

$$\Delta\tau_{ij}(t)=\begin{cases}Q/L^k(t) & \text{if } (i,j)\in T^k(t)\\0 & \text{otherwise}\end{cases}$$

and

$$\Delta\tau_{ij}^e(t)=\begin{cases}Q/L^+ & \text{if } (i,j)\in T^+\\0 & \text{otherwise}\end{cases}$$

```
  End For
  For every edge (i,j) do
    τ_ij(t+1) = τ_ij(t)
  End For
End For
Print the shortest tour T^+ and its length L^+
Stop
/ * Values of parameters used in experiments * /
```

$\alpha=1,\beta=5,\rho=0.5,m=n,Q=100,\tau_0=10^{-6},e=5$

蚁群算法 2:ACS - TSP(旅行商问题蚁群算法,参考文献[7][18][72][73])

/ * Initialization * /
For every edge (i,j) do
  $\tau_{ij}(0) = \tau_0$
End For
For $k = 1$ to m do
  Place ant k on a randomly chosen city
End For
Let T^+ be the shortest tour found from beginning and L^+ its length
/ * Main loop * /
For $t = 1$ to $t_{\max}$ do
  For $k = 1$ to m do
    Build tour $T^k(t)$ by applying $n-1$ times the following steps:
    If exists at least one city $j \in$ candidate list then
      Choose the next city $j, j \in J_i^k$, among the cl cities in the candidate list as foolows

$$j = \begin{cases} \arg\max_{u \in J_i^k} \{[\tau_{iu}(t)] \cdot [\eta_{iu}]^\beta\} & \text{if } q \leqslant q_0 \\ J & \text{if } q > q_0 \end{cases}$$

      Where $J \in J_i^k$ is chosen according to the probability

$$p_{ij}^k(t) = \frac{[\tau_{ij}(t)] \cdot [\eta_{ij}]^\beta}{\sum_{l \in J_i^k} [\tau_{il}(t)] \cdot [\eta_{il}]^\beta}$$

      and where i is the current city
    Else
      choose the closest $j \in J_i^k$
    End If
    After each transition ant k applies the local update rule
    $\tau_{ij}(t) \leftarrow (1-\rho) \cdot \tau_{ij}(t) + \rho \cdot \tau_0$
  End For
  For $k = 1$ to m do
    Compute the length $L^k(t)$ of the tour $T^k(t)$ produced by ant k
  End For
  If an improved tour is found then
    update T^+ and L^+
  End If
  For every edge $(i,j) \in T^+$ do
    Update pheromone trails by applying the rule
    $\tau_{ij}(t) \leftarrow (1-\rho) \cdot \tau_{ij}(t) + \rho \cdot \Delta\tau_{ij}(t)$ where $\Delta\tau_{ij}(t) = 1/L^+$
  End For
  For every edge (i,j) do
    $\tau_{ij}(t+1) = \tau_{ij}(t)$
  End For
End For
Print the shortest tour T^+ and its length L^+
Stop
/ * Values of parameters used in experiments * /
$\beta = 2, \rho = 0.1, q_0 = 0.9, m = 10, \tau_0 = (n \cdot L_{nn})^{-1}, cl = 15$

蚁群算法 3:AS - QAP(二次分配问题的蚂蚁系统　参考文献[5][14][156])

```
/* Initialization */
For every coupling (i, j) do
    τ_ij(0) = τ_0
End For
Compute the distance and flow potentials and the coupling matrix B
Set the heuristic desirability to η_ij = b_ij
For k = 1 to m do
    Place ant k on a randomly chosen city
End For

/* Main loop */
For t = 1 to t_max do
    For k = 1 to m do
        Build solution A^k(t) by applying n - 1 times the following two steps:
        (1) Choose the location i with the lowest distance potential among those yet not assigned
        (2) Choose the activity j to assign to location i by the probabilistic rule
```

$$p_{ij}^{k}(t)=\frac{[\tau_{ij}(t)]^{\alpha}\cdot[\eta_{ij}]^{\beta}}{\sum_{l\in J_i^k}[\tau_{il}(t)]^{\alpha}\cdot[\eta_{il}]^{\beta}}$$

```
    End For
    For k = 1 to m do
        Compute the cost C^k(t) of the assignment A^k(t) produced by ant k
    End For
    If an improved assignment is found then
        update best assignment found
    End If
    For every coupling (i, j) do
        Update pheromone trails by applying the rule
        τ_ij(t) ← (1 - ρ)·τ_ij(t) + Δτ_ij(t) where
```

$$\Delta\tau_{ij}(t)=\sum_{k=1}^{m}\Delta\tau_{ij}^{k}(t)$$

and

$$\Delta\tau_{ij}^{k}(t)=\begin{cases}Q/C^{k}(t) & \text{if } (i,j)\in A^{k}(t)\\ 0 & \text{otherwise}\end{cases}$$

```
    End For
    For every coupling (i, j) do
        τ_ij(t + 1) = τ_ij(t)
    End For
End For
Print the best assignment
Stop
/* Values of parameters used in experiments */
α = 1, β = 1, ρ = 0.9, m = n, Q = 10, τ_0 = 10^-6
```

蚁群算法 4:HAS - QAP(二次分配问题的混合蚂蚁系统,参考文献[5][51])

```
/* Initialization */
For k = 1 to m do
  generate a random initial permutation π^k
  π^k = loc - opt(π^k)
End For
Let π+ be the best solution
For For every coupling (i,j) do
  τ_ij(0) = 1/(Q·C(π+))
End For
Activate intensification
/* Main loop */
For t = 1 to t_max do
  /* solution manipulation */
  For k = 1 to m do
    aply R pheromone-trail-based swaps to π^k(t) to obtain π̂^k(t)
    π̂^k(t) = loc-opt(π̂^k(t))
  End For
  /* Intensification */
  For k = 1 to m do
    If intensification is active then
      π^k(t+1) = best-of{π^k(t), π̂^k(t)}
    Else
      π^k(t+1) = π̂^k(t)
    End If
  End For
  If π^k(t+1) = π^k(t) for each ant k then
    deactivate intensification
  End If
  If C(π̂^k(t)) < C(π+) for at least one ant k then
    π+ = π̂^k
    activate intensification
  End If
  /* Pheromone trail updating */
  For every coupling (i,j) do
    Update pheromone trails by applying the rule
    τ_ij(t) ← (1 - ρ)·τ_ij(t) + Δτ_ij(t) where
```

$$\Delta\tau_{ij}(t) = \begin{cases} 1/C(\pi^+) & \text{if } (i,j) \in \pi^+ \\ 0 & \text{otherwise} \end{cases}$$

```
  End For
  For every coupling (i,j) do
    τ_ij(t+1) = τ_ij(t)
  End For
  /* Diversification */
  If S iterations have been performed without improving π+ then
    For every coupling (i,j) do
      τ_ij(t) = 1/(Q·C(π+))
    End For
  End If
End For
/* Values of parameters used in experiments */
ρ = 0.1, m = 10, q = 0.9, Q = 100, R = n/3, S = n/2
```

蚁群算法 5:ACO algorithm(基本的蚁群优化算法,参考文献[18][36][156])

```
/* Initialiation */
For every edge (i,j) do
  τ_ij(0) = τ_0
End For
For k = 1 to m do
  Place ant k on a randomly chosen city
End For
/* Main loop */
For t = 1 to t_max do
  For k = 1 to m do
    Build a solution S^k(t) by applying n - 1 times a probabilis constrction/modification rule
    where choices are a function of a pheromone trail τ ant of an heuristic desirability η
  End For
  For k = 1 to m do
    Compute the cost C^k(t) of the solution S^k(t) built by ant k
  End For
  If an improved solution is found then
    update best solution found
  End If
  For every edge (i,j) do
    Update pheromone trails by applying a pheromone trail update rule
  End For
End For
Print the best solution
Stop
```

蚁群算法 6:ACS-3-opt(蚁群算法局部优化步骤,参考文献[5][72][73])

```
For k = 1 to m do
  T^k(t)←3-opt (T^k(t))   {apply the local optimizer to each T^k(t)}
End For

/* Values of parameters used in experiments */
β = 2, ρ = 0.1, q_0 = 0.98, m = 10, τ_0 = (n·L_nn)^-1, cl = 20
```

蚁群算法 7:ABC(有向连接网络路由算法,参考文献[99][100])

```
/* Initialization */
For t = 1 to t_initialize do
    For node = 1 to n do
        Launce ant
    End For
    For each ant do
        Choose next node j among neighbors using probabilistic routing tables
        Update routing tables according to Eqs.
```

$$r_{i-1,s}^{i}(t+1)=\frac{r_{i-1,s}^{i}(t)+\delta r}{1+\delta r}$$

and

$$r_{n,s}^{i}(t+1)=\frac{r_{n,s}^{i}(t)}{1+\delta r},n\neq i-1$$

```
    End For
End For
/* Main loop */
For t = 1 to t_max do
    For node = 1 to n do
        Launce ant
    End For
    For each ant do
        Choose next node j among neighbors using probabilistic routing tables
        Update routing tables according to Eqs.
```

$$r_{i-1,s}^{i}(t+1)=\frac{r_{i-1,s}^{i}(t)+\delta r}{1+\delta r}$$

and

$$r_{n,s}^{i}(t+1)=\frac{r_{n,s}^{i}(t)}{1+\delta r},n\neq i-1$$

```
    End For
    Remove expired calls from the network
    Add new calls to the network
    Compute network statistics
End For
/* Values of algorithm parameters used in experiments */
a = 0.08, b = 0.05, c = 80, d = 0.075
```

蚁群算法 8:AntNet(无向连接网络路由算法,参考文献[103]~[106])

```
/ * Initialization * /
/ * The initialization phase is the same as the main loop, but without data traffic * /
t = current time
Δt = time interval between ants generations
/ * Main loop * /
For each node do / * concurrently over all network nodes * /
  While t ≤ t_max do
    If ((t mod Δt) = 0) do
      Select destination node
      Launch forward ant
    End If
    For each forward ant do / * concurrently for all forward ants * /
      While (current node ≠ destination node) do
        Select link using routing table and link queuse
        Put ant on link queue
        Wait on data link queue
        Cross the link
        Push the elapsed time information on the stack
      End While
      Launch backward ant
      Die
    End For
    For each backward ant do / * concurrently for all backward ants * /
      While (current node ≠ destination node) do
        Choose next node by popping the stack
        Wait on high priority link queue
        Cross the link
        Update the traffic model
        Update the routing table
      End While
    End For
  End While
End For

/ * Values of algorithm parameters used in experiments * /
δ = 1.2, Δt = 0.3 seconds
```

附录 2　旅行商问题的蚁群算法源程序

蚂蚁系统和蚁群系统的源程序

```
# include < stdio.h >
# include < stdlib.h >
# include < math.h >
# include < time.h >
# include < assert.h >
# define N 10                          //城市数
# define Q 100                         //影响轨迹更新规则的 Q 值大小
static const int M = 10;               //蚂蚁数量
//城市坐标
double C[N][2] = {{5.294,1.558},{4.286,3.622},{4.719,2.774},{4.185,2.230},
{0.915,3.821},{4.771,6.041},{1.524,2.871},{3.447,2.111},{3.718,3.665},{2.649,
2.556},{4.399,1.94},{4.660,2.949},{1.232,6.440},{5.036,0.244},{2.710,3.140},
{1.072,3.454},{5.855,6.203},{0.194,1.862},{1.762,2.693},{2.682,6.097}};
  typedef int Tour [N][2];
  typedef double doubleMatrix [N][N];
  double Matrix D;
  //两城市之间的几何距离
  double dist (int i, int j)
  {
    return sqrt(pow((C[i][0] - C[j][0]),2.0) + pow((C[i][1] - C[j][1],2.0));
  }
  //由矩阵表示的城市之间的距离长度
  void calc _ dist()
  {
    for (int i = 0; i < N; i+ + )
      for (int j = 0; j < N; j+ + )
        D[i][j] = dist(i,j)
  }
  //两城市之间的最大距离
```

```
double max _ dist()
{
  double max _ dist = 0.0;
  for (int i = 0; i < N; i + + )
    for (int j = 0; j < N; j + + )
      if (dist(i,j) > max _ dist)
        max _ dist = dist (i,j);
  return max _ dist;
}
//经过 n 个城市的一条路径长度
double calc _ length(Tour * tour)
{
  double l = 0.0;
  for (int n = 0;n < N;n + + )
  {
    int i = ( * tour)[n][0];
    int j = ( * tour)[n][1];
    l + = D[i][j];
  }
return (l);
}
//用矩阵表示的经过 n 个城市的路径长度
int sum _ sequence (int array[], int count)
{
  int sum = 0;
  for (int i = 0; i < count; i + + )
    sum + = array[i];
  return (sum);
}
/* * * * * * * * * * * * * * * * * * * * * * * * * * * * * * * * * * * * * * * * * * * */
class Ant
{
  protected:
    int START _ CITY, CURRENT _ CITY;          //初始城市,当前城市
```

```
    int ALLOWED[N];                          //禁忌表
    Tour CURRENT _ TOUR;                     //当前路径
    int CURRENT _ TOUR _ INDEX;              //当前路径索引
  public:
    inline Ant (int start _ city)
      {
        START _ CITY = start _ city;
      }
     //蚂蚁移到下一个城市
     inline void moveTO (int to _ city)
      {
        ALLOWED[to _ city] = 0;
        CURRENT _ TOUR[CURRENT _ TOUR _ INDEX][0] = CURRENT _ CITY;
        CURRENT _ TOUR[CURRENT _ TOUR _ INDEX][1] = to _ city;
        CURRENT _ TOUR _ INDEX + + ;
        CURRENT _ CITY = to _ city;
      }
};
class NNAnt: Ant
{
  public:
    inline NNAnt (int start _ city): Ant (start _ city) {};
    //找出一个城市周围最短的边
    inline int choose()
      {
        double best _ length = (double)N * max _ dist();
        int best _ choose = - 1;
        for (int j = 0; j < N; j + + )
          {
            if ((ALLOWED[j] = = 1)&&(D[CURRENT _ CITY][j] < best _ length))
              {
                best _ choose = j;
                best _ length = D[CURRENT _ CITY][j];
              }
```

```
        }
        return best _ choose;
      }
    //沿着找出的最短的边进行搜索
      inline Tour * search()
      {
          CURRENT _ CITY = START _ CITY;
          COURRENT _ TOUR _ INDEX = 0;
          for (int i = 0; i < N; i + + )
            ALLOWED[i] = 1;
          ALLOWED[CURRENT _ CITY] = 0;
          while (sum _ sequence (ALLOWED, N) > 0)
            moveTo(choose());
          ALLOWED[START _ CITY] = 1;
          moveTo(START _ CITY);
          return & CURRENT _ TOUR;
      }
};
class AntColonySystem;
class ACSAnt: Ant
{
  private:
    AntColonySystem * ACS;
  public:
    ACSAnt (AntColonySystem * acs, int start _ city): Ant (start _ city)
      {
          ACS = acs;
      }
      inline int choose();
      inline Tour * search();
};
class AntColonySystem
{
  private:
```

```
    double ALPHA, BETA, RHO, TAUO, HALPHA1;        //定义参数
    doubleMatrix TAU, dTAU;
    ACSAnt * ANTS[M];
  public:
    double Q0;
    AntColonySystem(double alpha, double beta, double rho, double q0, double alphal);
    inline double calc _ tan0();
    inline void init _ tau _ by _ value (double value);
    inline void init _ tau _ by _ matrix (double Matrix matrix);
    inline void init _ uniform();
    inline void init _ random();
    inline void init _ randomMOAPC();
    inline double ETA(int i, int j);
    inline double transition(int i, int j);
    inline double sum _ transition(int i, int allowed[]);
    inline void local _ update _ rule(int i, int j);    //在蚁群系统中有些定义
    inline void clear _ global _ update();
    inline void add _ global _ update (Tour * tour, double length);
    inline void global _ update _ rule();
    inline doubleMatrix * get _ tau();
    inline Tour * search(int T);
  }
```

//若 $q < q_0$ 则按公式(3-7)选择移动方向;若 $q > q_0$,则按概率公式进行选择,将 q_0 设为0,则为蚂蚁系统

```
 inline int ASCAnt::choose()
 {
   double q = rand()/(double)RAND _ MAX;
   if (q < = ACS - > Q0)
   {
     double best _ value = - 1.0
     int best _ choose = - 1;
     for (int j = 0;j < N;j + + )
     {
       if ((ALLOWED[j] = = 1)&&
```

```
    (ACS - > transition(CURRENT _ CITY,J) > BEST _ VALUE))
    {
      best _ choose = j;
      best _ value = ACS - > TRANSITION(CURRENT _ CITY,j)
    }
  }
  return best _ choose;
 }
 //按概率选择移动方向
 double sum = ACS - > sum _ transition (CURRENT _ CITY, ALLOWED);
 double p = rand()/(double)RAND _ MAX;
 double p _ j = 0.0;
 for (int j = 0;j < N;j + + )
 {
  if (ALLOWED[j] = = 1) p _ j + = ACS - > transition (CURRENT _ CITY,j)/sum;
  if ((p < p _ j) && (ALLOWED[j] = = 1))
   return j;
 }
 return  - 1;
}
//选择移动方向,应用局部更新公式进行激素更新
//以下为蚁群系统的实现过程
inline Tour * ACSAnt::search()
{
 CURRENT _ CITY = START _ CITY;
 int tocity;
 CURRENT _ TOUR _ INDEX = 0;
 for (int i = 0; i < N; i + + )
  ALLOWED[i] = 1;
 ALLOWED[CURRENT _ CITY] = 0
 int LAST _ CITY;
 while (1)
 {
  LAST _ CITY = CURRENT _ CITY;
```

```
        tocity = choose();
        if(tocity = = -1)
        {
          break;
        }
        moveTo(tocity);
      ACS - > local _ update _ rule(LAST _ CITY,CURRENT _ CITY);
      }
      ALLOWED[START _ CITY] = 1;
      ACS - > local _ update _ rule(CURRENT _ CITY,START _ CITY);
      moveTo(START _ CITY);
      return & CURRENT _ TOUR;
    }
    */
    //蚂蚁系统不运行上述程序
    /* * * * * * * * * * * * * * * * * * * * * * * * * * * * * * * * * * * * */
    AntColonySystem:: AntColonySystem (double alpha, double beta, double rho, double q0,
double alphanl)
    {
      ALPHA = alpha;
      BETA = beta;
      RHO = rho;
      Q0 = q0;
      ALPHA1 = alpha1;
    }
    //设定初始的信息量
    inline double AntColonySystem::calc _ tau0()
    {
      double best _ length = (double)N * max _ dist();
      for (int n = 0; n < N; n + +)
      {
        NNAnt * nnANT = new NNAnt(n);
        Tour * tour;
        tour = nnANT - > search();
```

```
    double tour_length = calc_length(tour);
    if (tour_length < best_length)
      best_length = tour_length;
    delete nnANT;
  }
  return 1.0/((double)best_length);
  //在蚁群系统中为 return 1.0/((double)N * best_length);
}
//初始化τ0
inline void AntColonySystem::init_tau_by_value (double value)
{
  TAU0 = value;
  for (int i = 0; i < N; i++)
    for (int j = 0; j < N; j++)
      TAU[i][j] = TAU0;
}
//用矩阵表示的初始信息量
inline void AntColonySystem::init_tau_by_matrix(doubleMatrix matrix)
{
  for (int i = 0; i < N; i++)
    for (int j = 0; j < N; j++)
      TAU[i][j] = matrix[i][j];
}
inline void AntColonySystem::init_uniform()
{
  //蚂蚁均匀分布在城市上
  for (int k = 0; k < M; k++)
    ANTS[k] = new ACSAnt(this,(k%N));
}
inline void AntColonySystem::init_random()
{
//随机分布
  for (int k = 0; k < M; k++)
    ANTS[k] = new ACSAnt(this, (int)((double)N * (rand()/(double)RAND_MAX)));
```

```
}
//每个城市最多有一只蚂蚁
inline void AntColonySystem::init_randomMOAPC()
{
  //randomly distributed with MOAPC (most one ant per city)
  bool MOAPCarray[N];
  assert (M< =N);
  for (int n=0; n<N; n+ +)
    MOAPCarray[n]=false;
  for (int k=0; k<M; k+ +)
  {
    int c;
    do
    {
      c=(int)((double)N*(rand()/(double)RAND_MAX));
    }
    while (MOAPCarray[c]);
    MOAPCarray[c]=true;
    ANTS[k]=new ACSAnt(this, c);
  }
}
//η值的确定
inline double AntColonySystem::ETA(int i, int j)
{
  return (1.0/D[i][j]);
}
//概率转移规则
inline double AntColonySystem::transition (int i, int j)
{
  if (i!  =j)
    return (pow(TAU[i][j],ALPHA1)*pow(ETA(i,j),EBTA));
  else
    return(0.0);
}
```

```
inline double AntColonySystem::sum_transition(int i, int allowed[])
{
  double sum = 0.0;
  for (int j = 0; j < N; j + +)
    sum + = ((double)allowed[j] * transition(i,j));
  return (sum);
}
//在蚁群系统中执行如下操作
inline void AntColonySystem::local_update_rule(int i, int j)
{
  Q + = TAU[i][j];
  //symmetric TSP
  TAU[j][i] = TAU[i][j];
}
//在蚂蚁系统中不执行上述操作
//清除全局更新轨迹量
inline void AntColonySystem::clear_global_update()
{
  for (int i = 0; i < N; i + +)
    for (int j = 0; j < N; j + +)
      dTAU[i][j] = 0.0;
}
//进行全局更新
inline void AntColony System: add_glohal_updat(Tour * tour, double length)
{
  for (int n = 0; n < N; n + +)
  {
    int i = ( * tour)[n][0];
    int j = ( * tour)[n][1];
    dTAU[i][j] + =(1.0/length);
    //symmetric TSP
    dTAU[j][i] + =(1.0/length);
  }
}
```

```
//全局更新规则
inline void AntColonySystem::global _ update _ rule()
{
  for (int i = 0; i < N; i + + )
    for (int j = 0; j < N; j + + )
      TAU[i][j] = (1.0 - ALPHA) * TAU[i][j] + ALPHA * dTAU[i][j];
}
//用矩阵表示更新后的轨迹量
inline doubleMatrix * AntColonySystem::get _ tau()
{
  return &TAU;
}
//找出当前循环的最短路径,并进行全局激素更新
inline Tour * AntColonySystem:: search(int T)
{
  static Tour best _ tour;
  Tour * tour;
  double best _ length = (double)N * max _ dist(),tour _ length;
clear _ global _ update();
  int a,b;
  int t;
  for (t = 0; t < T; t + + )
  {
    //printf("loop %d: \ n",t);
    for (int k = 0; k < M; k + + )
    {
      tour = ANTS[k] - > search();
      tour _ length = calc _ length(tour);
      / * printf(" \ tant %d length: %f:", k, tour _ length);
      for (int i = 0; i < N; i + + )
      {
        printf("%d,"( * tour[i][0]);
      } * /
      //printf(" \ n");
```

```
            if (tour _ length < best _ length)
            {
               a = t;
               b = k;
               for (int i = 0; i < N; i + + )
               {
                  best _ tour[i][0] = ( * tour)[i][0];
                  best _ tour[i][1] = ( * tour)[i][1];
               }
               best _ length = tour _ length;
               clear _ global _ update( );
               add _ global _ update(tour, tour _ length);
               printf("[ %d/%d]: %lf \ n",t,T,tour _ length);
            }
         }
      global _ update _ rule( );
      }
      //print("[ %d/%d] best tour (length = %f): \ n",t,T,best _ length);
      //print _ tour(best _ tour);
      //print('[ %d/%d] iterations done \ n',t,T);
      printf("best _ length: %f, %d %d \ n",best _ length,a,b);
      for(int i = 0; i < N i + + )
      {
         printf("%d",best _ tour[i][0]);
      }
      return (&best _ tour);
   }
//产生随机数
int main(int argc, char *  argv[])
{
   //PRNG initalisieren
   time _ t timer, timerl;
   time(&timer);
//pid _ t pid = getpid( ) + getppid( );
```

```
    unsigned long seed = timer;
  /* if (see = =0)
    {
       time(&timer);
       seed = 7 * timer * pid;
       if (seed = =0) seed = pid; else seed = seed % 56000;
    }  slse*
    seed = seed % 56000;
    srand((unsigned int)seed);
    calc _ dist();
    //Ant Colony System
    AntColonySystem * acs = new AntColonySystem (0.999, 5.0, 1.0, 0.0, 1.0);
    double tau0 = acs - > calc _ tau0();
    acs - > init _ tau _ by _ value(tau0);
    acs - > init _ uniform();
    acs - > search(10000);
    time(&timer1);
    int t = timer1 - timer;
    printf(" \ n time used: %d s",t);
    return(0);
  }
```

最大－最小蚂蚁系统和最优－最差蚂蚁系统的源程序

```
ModuleMMAS.bas:
Attribute VB _ Name = "ModuleMMAS"
Public MaxAnts              '''''定义蚂蚁数
Public MaxCities            '''''定义城市数
''''''''''定义参数''''''''''
Public Alpha As Double
Public Beta As Double
Public Rou As Double
Public TaoMax As double
Public TaoMin As double
```

```
Public Tao0 As Double
Public MaxIter As Integer
Public W As Double
Public Sigma As Double
Public CalcTimes As Double
Public Q0 As Double
Public Type Tour_Of_Ant
    fromCity As Integer
    toCity As Integer
    Prob As Double               '''''蚂蚁选择城市所依据的概率
End Type
public Type Ant_MMAS
    Tour() As Tour_Of_Ant
StartingCity As Integer
CurrentCity As Integer
Visited() As Boolean
LengthOfPath As Double
End Type
Public Type City_Type
    x As Double
    y As Double
End Type
Public Ant() As Ant_MMAS
Public City() As City_Type
PUblic Dis() As Double
Public Tao() As Double
Public NTao() As Boolean
Public SignUseNew As Boolean
Public SignComputeAvg As Boolean
Public SignAlwaysCleanResult As Boolean
Public SignDrawBestLen As Boolean
Public SignDrawAvgLen As Boolean
Public SignDrawTogether As Boolean
Public SignDrawPath As Boolean
```

```
Public SignDrawTao As Boolean
Public SignShowStep _ by _ Step As Boolean
Public SignPause As Boolean
Public SignShowNextMove As Boolean
Public CityXMax As Double, CityXMin As Double, CityYMax As Double, CityYMin As Double
Public TaoMaxInIter As Double

Public Function Init _ MMAS()
  Dim TspFile As String
  Alpha = Val(frmMMAS.txtAlpha.Text)
  Beta = Val(frmMMAS.txtBeta.Text)
  Rou = Val(frmMMAS.txtRou.Text)
  TaoMax = Val(frmMMAS.txtTaoMax.Text)
  TaoMin = Val(frmMMAS.txtTaoMin.Text)
  MaxIter = Val(frmMMAS.txtMaxIter.Text)
  Tao0 = Val(frmMMAS.txtTao0.Text)
  Sigma = Val(frmMMAS.txtSigma)
  W = al(frmMMAS.txtW.text)
  CalcTimes = Val(frmMMAS.txtCalcTime.Text)
  Q0 = Val(frmMMAS.txtQ0.Text)
  MaxAnts = Val(frmMMAS.txtMaxAnts.Text)
  TspFile = frmMMAS.lstCityData.Text + ".txt"
  Open TspFile For Input As #1
  Input #1, MaxCities
  ReDim City(1 To MaxCities)
  ReDim Ant(1 To MaxAnts)
  ReDim Dis(1 To MaxCities, 1 To MaxCities)
  ReDim Tao(1 To MaxCities, 1 To maxCities)
  ReDim Ntao(1 To MaxCities, 1 To MaxCities)
  For i = 1 To MaxAnts
    ReDim Ant(i).Tour(1 To MaxCities)
    ReDim Ant(i).Visited(1 To MaxCities)
  Next i
  For i = 1 To MaxCities
```

```
    Input #1, a
    Input #1, City(i).x
    Input #1, City(i).y
  Next i
  Close #1
''''''''''Prepare for init PictureBoxes''''''''''
  CityXMin = City(1).x:CityXMax = City(1).x
  CityXMin = City(1).y:CityXMax = City(1).y
  For i = 2 To MaxCities
    If City(i).x > CityXMax Then
      CityXMax = City(i).x
    Else
      If City(i).x < CityXMin Then
        CityXMin = City(i).x
      End If
    End if
    If City(i).y > CityYMax Then
      CityYMax = City(i).y
    Else
      If City(i).y < CityYmin Then
        CityYMin = City(i).y
      End If
    End If
  Next i
''''''''''''''''''''

  For i = 1 To MaxCities
    For j = 1 To MaxCities
      Tao(i,j) = Tao0
      NTao(i,j) = False
    Next j
  Next i
  For i = 1 To MaxAnts
    Ant(i).StartingCity = 1
    Ant(i).CurrentCity = 0
```

```
        Ant(i).LengthOfPath = 0
        For j = 1 To MaxCities
            Ant(i).Tour(j).fromCity = 0
            Ant(i).Tour(j).toCity = 0
        Next j
        Ant(i).Visited(i) = False
        Ant(i).Tour(1).fromCity = Ant(i).StartingCity
    Next i
    For i = 1 To MaxCities
        For j = 1 To MaxCities
            Dis(i,j) = Sqr((City(i).x - City(j).x) ^ 2 + (City(i).y - City(j).y) ^ 2)
        Next j
    Next i
End Function
Public Sub Init_for_Avg_Calc()
    For i = 1 To MaxCities
        For j = 1 To MaxCities
            Tao(i,j) = Tao0
            NTao(i,j) = False
        Next j
    Next i
    For i = 1 To MaxAnts
        Ant(i).StartingCity = 1
        Ant(i).CurrentCity = 0
        Ant(i).LengthOfPath = 0
        For j = 1 To MaxCities
            Ant(i).Tour(j).fromCity = 0
            Ant(i).Tour(j).toCity = 0
        Next j
        Ant(i).Visited(i) = False
        Ant(i).Tour(1).fromCity = Ant(i).StartingCity
    Next i
End Sub
Public Funcition Iteration_Init() As Integer
```

```
  For i = 1 To MaxAnts
    Ant(i). StartingCity = 1
    Ant(i).CurrenCity = 0
    Ant(i).LengthOfPath = 0
    For j = 1 To MaxCities
      Ant (i).Tour(j).fromCity = 0
      Ant (i).Tour(j).toCity = 0
      Ant (i).Visited(j) = False
    Next j
    Ant(i).Tour(1).fromCity = Ant(i).StartingCity
  Next i
End Function

Public Function SelectCity (ByVal n As Integer, ByVal Notour As Integer) As Integer
  Dim STao As Double, P As Double, Sp As Double
  Dim STaoMax As Double, ArgSTaoMax As Interger
  Randomize Time
  P = Rnd
  If P < = Q0 Then
    STaoMax = 0
    j = Ant(n).CurrentCity
    For i = 1 To MaxCities
      If Ant (n).Visited(i) = False Then
        If STaoMax < Tao (j,i) Then
          STaoMax = Tao(j,i)
          ArgStaoMax = i
        End If
      End If
    Next i
    SelectCity = ArgSTaoMax
    Exit Function
  End If
  STao = 0
  j = Ant(n).CurrentCity
```

```
  For i = 1 To MaxCities
    If Ant(n).Visited(i) = False Then
      STao = STao + (Tao(j,i)^Alpha) * ((1/Dis(j,i))^Beta)
    End If
  Next i
  If STao = 0 Then
    MsgBox "Error! Travel has been completed, but the ants are still running. STao = 0"
    SelectCity = -1
    Exit Function
  End If
'''''蚂蚁选择一条路径的依据'''''
''''''''''''''''''''''''''''''''''''''''
  Randomize Time
  P = Rnd * STao
  Sp = 0
  For i = 1 To MaxCities
    If Ant(n).Visited(i) = False Then
      Sp = Sp + (Tao(j,i)^Alpha) * ((1/Dis(j,i))^Beta)
      If Sp > = P Then
        SelectCity = i
        Ant(n).Tour(NoTour).Prob = ((Tao(j,i)^Alpha) * ((1/Dis(j,i))^Beta)/STao
        Exit Function
      End If
    End If
  Next i
  MsgBox"Error! STao > Sp"
  SelectCity = -1
End Function
Public Function Local_Update(ByVal i As Integer, ByVal j As Integer)
  Tao(i,j) = (1 - Rou) * Tao(i,j) + Rou * Tao0
  Tao(j,i) = Tao(i,j)
End Function
Public Function PhUpdate (ByVal n As Integer) As Integer
  Dim aa As Double, bb As Double
```

```
  For i = 1 To MaxCities
    For j = 1 To MaxCities
      Tao(i,j) = (1 - Rou) * Tao(i,j)
      NTao(i,j) = False
      NTao(j,i) = False
      If Tao(i,j) > TaoMax Then
        Tao(i,j) = TaoMax
      Else
        If Tao(i,j) < TaoMin Then
          Tao(i,j) = TaoMin
        End If
      End If
      Tao(j,i) = Tao(i,j)
    Next j
  Next i
  For i = 1 To MaxCities
    aa = Ant(n).Tour(i).fromCity
    bb = Ant(n).Tour(i).toCity
    Tao(aa,bb) = Tao(aa,bb) + W/Ant(n).Length0fPath
    NTao(aa,bb) = True
    NTao(bb,aa) = True
    If Tao(aa,bb) > TaoMax Then
      Tao(aa,bb) = TaoMax
    Else
      If Tao(aa,bb) < TaoMin Then
        Tao(aa,bb) = TaoMin
      End If
    End If
    Tao(bb,aa) = Tao(aa,bb)
  Next i
  PhUpdate = 1
End Function
'Public Function PhUpdatel(ByVal n As Integer) As Integer
'   DIm aa As Double, bb As Double
```

```
'  For i = 1 To MaxCities
'    For j = 1 To MaxCities
'      Tao(i,j) = (1 - Rou) * Tao(i,j)
'      If Tao(i,j) > TaoMax Then
'        Tao(i,j) = TaoMax
'      Else
'        If Tao(i,j) < TaoMin Then
'          Tao(i,j) = TaoMin
'        End If
'      End If
'      Tao(j,i) = Tao(i,j)
'    Next j
'  Next i
'  For i = 1 To MaxCities
'  aa = Ant(n).Tour(i).fromCity
'  bb = Ant(n).Tour(i).toCity
'  Tao(aa,bb) = Tao(aa,bb) - Sigma * W/Ant(n).LengthOfPath
'    If Tao(aa,bb) > TaoMax Then
'      Tao(aa,bb) = TaoMax
'    Else
'      If Tao(aa,bb) < TaoMin Then
'        Tao(aa,bb) = TaoMin
'      End If
'    End If
'    Tao(bb,aa) = Tao(aa,bb)
'  Next i
'  PhUpdatel = 1
'End Function
Public Function PhUpdatel (ByVal i As Integer, ByVal j As Integer, ByVal k As Double, 1 As Double) As Integer
  Tao(i,j) = (1 - Rou) * Tao(i,j) - Sigma * W * k/1        '''''最差蚂蚁激素更新公式
  If Tao(i,j) > TaoMax Then
    Tao(i,j) = TaoMax
  Else
```

```
    If Tao (i,j) < TaoMin Then
      Tao(i,j) = TaoMin
    End If
  End If
  Tao(j,i) = Tao(i,j)
  PhUpdatel = 1
End Function
Public Function CalcLen(ByVal n As Integer) As Double
  Dim aa As Integer, bb As Integer, cc As Double
  For i = 1 To MaxCities
    aa = Ant(n).Tour(i).fromCity
    bb = Ant(n).Tour(i).toCity
    cc = cc + Dis(aa,bb)
  Next i
  CalcLen = cc
End Function
'''''''''''''''''''''''''''''''''''''''''''''''
  ''''''''''''接下来的程序用于结果输出''''''''''''
'''''''''''''''''''''''''''''''''''''''''''''''
Public Sub Dra _ XOY()
  Dim StepX As Double, StepY As Double
  frmMMAS.AxisBestLenX.ScaleX (Val(frmMMAS.txtBestLenXMax.Text) - Val(frmMMAS.
txtBestLenXMin.Text))
  frmMMAS.AxisBestLenY.ScaleY (Val(frmMMAS.txtBestLenYMax.Text) - Val(frmMMAS.
txtBestLenYMin.Text))
  If Val(frmMMAS.txtBestLenNX.Text) > 0 And Val(frmMMAS.txtBestlenNY.Text) > 0 Then
    StepX = frmMMAS.AxisBestLenX.Width/Val(frmMMAS.txtBestLenNX.Text)
    StepY = frmMMAS.AxisBestLenY.Height/Val(frmMMAS.txtBestLenNY.Text)
    For i = 1 To Val (frmMMAS.txtBestLenNX.Text) - 1
      frmMMAS.AxisBestLenX.Line(0,StepX * i) - (StepX * i,frmMMAS.AxisBestLenX.Height)
    Next i
    For i = 1 To Val(frmMMAS.txtBestLenNy.Text) - 1
      frmMMAS.AxisBestLenX.Line(StepX * i,0) - (frmMMAS.AxisBestLenY.Width,StepY *
i)
```

```
    Next i
  End If
  frmMMAS. AxisAvgLenX. ScaleX ( Val ( frmMMAS. txtAvgLenXMax. Text ) - Val ( frmMMAS.
txtAvgLenXMin. Text) )
  frmMMAS. AxisAvgLenY. ScaleY ( Val ( frmMMAS. txtAvgLenYMax. Text ) - Val ( frmMMAS.
txtAvgLenYMin. Text) )
  If Val( fmMMAS. txtAvgLenNX. Text) > 0 And Val (frmMMAS. txtAvgLenNY. Text) > 0 Then
    StepX = frmMMAS. AxisAvgLenX. Width/Val( frmMMAS. txtAvgLenNX. text)
    StepY = frmMMAS. AxisAvgLenY. Height/Val( frmMMAS. txtAvgLenNY. text)
    For i = 1 To Val( frmMMAS. txtAvgLenNX. Text) - 1
      frmMMAS. AxisAvgLenX. Line ( StepX * i, 0) - ( StepX * i, frmMMAS. AxisAvgLenX.
Height)
    Next i
    For i = 1 To Val ( frmMMAS. txtAvgLenNY. Text) - 1
      frmMMAS. AxisAvgLenY. Line (0, Step Y * i) - ( frmMMAS. AxisAvgLenY. Width, StepY
* i)
    Next i
  End If
End Sub
Public Sub Draw _ Best _ Graph( ByVal i As Integer, ByVal k As Double)
'i Iteration; k LBest
  If i = 1 Then
    frmMMAS. picBestLen. PSet (i, k)
  Else
    frmMMAS. picBestLen. Line - (i, k)
  End If
End Sub
Public Sub Draw _ Avg _ Graph ( ByVal i As Integer, ByVal k As Double, ByVal DrawTogether As
Boolean)
  If DrawTogether = False Then
    If i = 1 Then
      frmMMAS. picAvgLen. PSet (i. k)
    Else
      frmMMAS. picAvgLen. Line - (i, k)
```

```
        End If
    Else
    End If
End Sub
Public Sub Init _ Pic()
    frmMMAS.picBestLen.ScaleTop = Val(frmMMAS.txtBestLenYMax.Text)
    frmMMAS.picBestLen.ScaleHeight = Val(frmMMAS.txtBestLenYMin.Text) - Val(frmMMAS.
txtBestLenYMax.Text)
    frmMMAS.picBestLen.ScaleLeft = Val(frmMMAS.txtBestLenXMin.Text)
    frmMMAS.picBestLen.ScaleWidth = Val(frmMMAS.txtBestLenXMax.Text) - Val(frmMMAS.
txtBestLenXMin.Text)
    frmMMAS.picAvgLen.ScaleTop = Val(frmMMAS.txtAvgLenYMax.Text)
    frmMMAS.picAvgLen.ScaleHeight = Val(frmMMAS.txtAvgLenYMin.Text) - Val(frmMMAS.
txtAvgLenYMax.Text)
    frmMMAS.picAvgLen.ScaleLeft = Val(frmMMAS.txtAvgLenXMin.Text)
    frmMMAS.picAvgLen.ScaleWidth = Val(frmMMAS.txtAvgLenXMax.Text) - Val(frmMMAS.
txtAvgLenXMin.Text)
End Sub
Public Sub Draw _ City _ Init()
    If CityXMax - CityXMin > CityYMax - CityYMin Then
        frmMMAS.picCityMap.ScaleLeft = CityXMin - 5
        frmMMAS.picCityMap.ScaleWidth = CityXMax - CityXMin + 10
        frmMMAS.picCItyMap.ScaleTop = frmMMAS.picCityMap.ScaleLeft
        frmMMAS.picCityMap.ScaleHeight = frmMMAS.picCityMap.ScaleWidth
    Else
        frmMMAS.picCityMap.ScaleLeft = CityYmin - 5
        frmMMAS.picCityMap.ScaleWidth = CityYMax - CityYMin + 10
        frmMMAS.picCityMap.ScaleTop = frmMMAS.picCityMap.ScaleLeft
        frmMMAS.picCityMap.ScaleHeight = frmMMAS.picCityMap.ScaleWidth
    End If
End Sub
Public Sub Draw _ City()
    Dim Ra As Double
    frmMMAS.picCityMap.Cls
```

```
    Ra = FrmMMAS.picCityMap.ScaleHeight/200
    For i = 1 To MaxCities
      frmMMAS.picCityMap.Circle (City(i).x, City(i).y), Ra, vbRed
    Next i
End Sub
Public Sub Draw_Path (ByVal n As Integer)
    Dim Ra As Double
    frmMMAS.picCityMap.Cls
    Ra = frmMMAS.picCityMap.ScaleHeight/200
    For i = 1 To MaxCities
      frmMMAS.picCityMap.Circle (City(i).x, City(i).y), Ra, vbRed
      frmMMAS.picCityMap.Line (City (Int(Ant(n).Tour(i).fromCity)).x,
City(Int(Ant(n).Tour(i).fromCity)).y) - (City(Int(Ant(n).Tour(i).toCity)).x,
City(Int(Ant(n).Tour(i).toCity)).y), vbRed
    Next i
End Sub
Public Sub Draw_Tao_Init()
    If CityXMax - CityXMin > CityYMax - CityYMin Then
      frmMMAS.picTao.ScaleLeft - CityXMin - 5
      frmMMAS.picTao.ScaleWidth = CityXmax - CityXMin + 10
      frmMMAS.picTao.Scaletop = frmMMAS.picTao.ScaleLeft
      frmMMAS.picTao.ScaleHeight = frmMMAS.picTao.ScaleWidth
    Else
      frmMMAS.picTao.ScaleLeft = CityYMin - 5
      frmMMAS.picTao.ScaleWidth = CityYMax - CityYMin + 10
      frmMMAS.picTao.ScaleTop = frmMMAS.picTao.ScaleLeft
      frmMMAS.picTao.ScaleHeight = frmMMAS.picTao.ScaleWidth
    End if
End Sub
Public Sub Draw_Tao()
    Dim ColorTao As Byte
    Dim Ra As Double
    Ra = frmMMAS.picCityMap.ScaleHeight/200
    frmMMAS.picTao.Cls
```

```
    TaoMaxInIter = 0
    For i = 1 To MaxCites
        For j = 1 To MaxCities
            If TaoMaxInIter < Tao(i,j) Then
                TaoMaxInIter = Tao(i,j)
            End If
        Next j
    Next i
    frmMMAS.txtMaxTaoInIter.Text = TaoMaxInIter
    For i = 1 To MaxCities
        For j = 1 To MaxCities
            ColorTao = Int(((TaoMaxInIter - Tao(i,j))/TaoMaxInIter) * 255)
            frmMMAS.picTao.Line (City(i).x, City(i).y) - (City(j).x, City(j).y), RGB
(ColorTao, ColorTao, ColorTao)
        Next j
    Next i
    For i = 1 To MaxCities
        frmMMAS.picTao.Circle (City(i).x,City(i).y),Ra,vbRed
    Next i
End Sub
Public Sub Show_Ant_Move_Init()
    If CityXMax _ CityXMin > CityYMax - CityYMin Then
        frmMMAS.picMovOfAnt.ScaleLeft = CityXMin - 5
        frmMMAS.picMovOfAnt.ScaleWidth = CityXMax - CityXMin + 10
        frmMMAS.picMovOfAnt.ScaleTop = frmMMAS.picMovOfAnt.ScaleLeft
        frmMMAS.picMovOfAnt.ScaleHeight = frmMMAS.picMovOfAnt.ScaleWidth
    Else
        frmMMAS.picMovOfAnt.ScaleLeft = CityYMin - 5
        frmMMAS.picMovOfAnt.ScaleWidth = CityYMax - CityYMin + 10
        frmMMAS.picMovOfAnt.ScaleTop = frmMMAS.picMovOfAnt.ScaleLeft
        frmMMAS.picMovOfAnt.ScaleHeight = frmMMAS.picMovOfAnt.ScaleWidth
    End If
End Sub
Public Sub Show_Ant_Move (ByVal n As Integer)
```

```
Dim ColorTao As Byte
Dim Ra As Double, Ral As Double
Ra = frmMMAS.picMovOfAnt.ScaleHeight/200
Ra1 = frmMMAS.picMovOfAnt.ScaleHeight/150
frmMMAS.picMovOfAnt.Cls
For i = 1 To MaxCities
   For j = 1 To MaxCities
      ColorTao = Int(((TaoMax - Tao(i,j))/TaoMax) * 255)
      frmMMAS.picMovOfAnt.Line (City(i).x, City(i).y) - (City(j).x, City(j).y), RGb
(ColorTao, ColorTao, ColorTao)
   Next j
Next i
For i = 1 To MaxCities
   frmMMAS.picMovOfAnt.Circle (City(i).x, City(i).y),Ra,vbRed
Next i
c1 = Int(Ant(n).Tour(1).fromCIty)
frmMMAS.picMovOfAnt.Circle (City(c1).x,City(c1).y),Ra1,vbBlue
For i = 1 To MaxCIties
   SignShowNextMove = False
   frmMMAS.cmdNextMove.Enabled = True
   frmMMAS.cmdNextMove.Enabled = True
   c1 = Int(Ant(n).Tour(i).fromCity)
   c2 = Int(Ant(n).Tour(i).toCity)
   frmMMAS.picMovOfAnt.Circle (City(c2).x, City(c2).y), Ra1, vbBlue
   frmMMAS.picMovOfAnt.Line (City(c1).x, City(c1).y) - (City(c2).x, City(c2).y)
   frmMMAS.txtProb.Text = Ant(n).Tour(i).Prob
   Do
      For j = 1 To 10000
         DoEvents
      Next j
      frmMMAs.picMovOfAnt.Circle (City(c2).x, City(c2).y), Ra1, vbWhite
      For j = 1 To 10000
         DoEvents
      Next j
```

```
        frmMMAS.picMovOfAnt.Circle (City(c2).x, City(c2).y), Ra1, vbBlue
    Loop Until SignShowNextMove = True
  Next i
End Sub
```

附录 3 TSP Benchmark 问题

1. Hopfield－10 城市 TSP 问题

0.4 0.4439; 0.2439 0.1463; 0.1707 0.2293; 0.2293 0.761; 0.5171 0.9414; 0.8732 0.6536; 0.6878 0.5219; 0.8488 0.3609; 0.6683 0.2536; 0.6195 0.2634.

2. 20 城市 TSP 问题

5.294 1.558; 4.286 3.622; 4.719 2.774; 4.185 2.230; 0.915 3.821; 4.771 6.041; 1.524 2.871; 3.447 2.111; 3.718 3.665; 2.649 2.556; 4.399 1.194; 4.660 2.949; 1.232 6.440; 5.036 0.244; 2.710 3.140; 1.072 3.454; 5.855 6.203; 0.194 1.862; 1.762 2.693; 2.682 6.097.

3. Oliver30 城市 TSP 问题

41 94; 37 84; 54 67; 25 62; 7 64; 2 99; 68 58; 71 44; 54 62; 83 69; 64; 60; 18 54; 22 60; 83 46; 91 38; 25 38; 24 42; 58 69; 71 71; 74 78; 87 76; 18 40; 13 40; 82 7; 62 32; 58 35; 45 21; 41 26; 44 35; 4 50.

4. Att48 城市 TSP 问题

6734 1453; 2233 10; 5530 1424; 401 841; 3082 1644; 7608 4458; 7573 3716; 7265 1268; 6898 1885; 1112 2049; 5468 2606; 5989 2873; 4706 2674; 4612 2035; 6347 2683; 4107 669; 7611 5184; 7462 3590; 7732 4723; 5900 3561; 4483 3369; 6101 1110; 5199 2182; 1633 2809; 4307 2322; 675 1006; 7555 4819; 7541 3981; 3177 756; 7352 4506; 7545 2801; 3245 3305; 6426 3173; 4608 1198; 23 2216; 7248 3779; 7762 4595; 7392 2244; 3484 2829; 6271 2135; 4985 140; 1916 1569; 7280 4899; 7509 3239; 10 2676; 6807 2993; 5185 3258; 3023 1942.

5. Eil50 城市问题(Eil51 城市问题)

37 52; 49 49; 52 64; 20 26; 40 30; 21 47; 17 63; 31 62; 52 33; 51 21; 42 41; 31 32; 5 25; 12 42; 36 16; 52 41; 27 23; 17 33; 13 13; 57 58; 62 42; 42 57; 16 57; 8 52; 7 38; 27 68; 30 48; 43 67; 58 48; 58 27; 37 69; 38 46; 46 10; 61 33; 62 63; 63 69; 32 22; 45 35; 59 15; 5 6; 10 17; 21 10; 5 64; 30 15; 39 10; 32 39; 25 32; 25 55; 48 28; 56 37; (30 40).

6. Eil75 城市问题

22 22; 36 26; 21 45; 45 35; 55 20; 33 34; 50 50; 55 45; 26 59; 40 66; 55 65; 35 51; 62 35; 62 57; 62 24; 21 36; 33 44; 9 56; 62 48; 66 14; 44 13; 26 13; 11 28; 7 43; 17 64; 41 46; 55 34; 35 16; 52 26; 43 26; 31 76; 22 53; 26 29; 50 40; 55 50; 54 10; 60 15; 47 66; 30 60; 30 50; 12 17; 15 14; 16 19; 21 48; 50 30; 51 42; 50 15; 48 21; 12 38; 15 56; 29

39; 54 38; 55 57; 67 41; 10 70; 6 25; 65 27; 40 60; 70 64; 64 4; 36 6; 30 20; 20 30; 15 5; 50 70; 57 72; 45 42; 38 33; 50 4; 66 8; 59 5; 35 60; 27 24; 40 20; 40 37.

7.Ch130 城市 TSP 问题

334.5909245845 161.7809319139; 397.6446634067 262.8165330708; 503.8741827107 172.8741151168; 444.0479403502 384.6491809647; 111.6137146746 2.0091699828; 662.8551011379 549.2301263653; 40.0979030612 187.2375430791; 526.8894140918l; 215.7079092185; 209.1887938487 691.0262291948; 683.2674131973 414.2096286906; 280.7494438748 5.9206392047; 252.7493090080 535.7430385019; 698.7850451923 348.4413729766; 678.7574678104 410.7256424438; 220.0041131179 409.1225812873; 355.1528556851 76.3712076444; 296.9724227786 313.1312792361; 504.5154071733 240.8866564499; 224.1079496785 358.4872228907; 470.6801296968 309.6259188406; 554.2530513223 279.4242466521; 567.6332684419 352.7162027273; 599.0532671093 361.0948690386; 240.5232959211 430.6036007844; 32.0825972787 345.8551009775; 91.0538736891 148.7213270256; 248.2179894723 343.9528017384; 488.8909044347 3.6122311393; 206.0467939820 437.7639406167; 575.8409415632 141.9670960195; 282.6089948164 329.4183805862; 27.6581484868 424.7684581747; 568.5737309870 287.0975660546; 269.4638933331 295.9464636385; 417.8004856811 341.2596589955; 32.1680938737 448.8998721172; 561.4775136009 357.3543930067; 342.9482167470 492.3321423839; 399.6752075383 156.8435035519; 571.7371050025 375.7575350833; 370.7559842751 151.9060751898; 509.7093253204 435.7975189314; 177.0206999750 295.6044772584; 526.1674198605 409.4859418161; 316.5725171854 65.6400108214; 469.2908100279 281.9891445025; 572.7630641427 373.3208821255; 29.5176994283 30.0382309000; 454.0082936692 537.2178547659; 416.1546762271 227.6133100741; 535.2514330806 471.0648643744; 265.4455533675 684.9987192464; 478.0542110167 509.6452028741; 370.4781203413 332.5390063041; 598.3479202004 446.8693279856; 201.1521139175 649.0260268945; 193.6925360026 680.2322840744; 448.5792598859 532.7934059740; 603.2853485624 134.4006473609; 543.0102490781 481.5168231148; 214.5750793346 43.6460117543; 426.3501451825 61.7285415996; 89.0447037063 277.1158385868; 84.4920100219 31.8474816424; 220.0468614154 623.0778103080; 688.4613313444 0.4702312726; 687.2857531630 373.5346236130; 75.4934933967 312.9175377486; 63.4170993511 23.7039309674; 97.9363495877 211.0910930878; 399.5255884970 170.8221968365; 456.3167017346 597.1937161677; 319.8855102422 626.8396604886; 295.9250894897 664.6291554845; 288.4868857235 667.7284070537; 268.3951858954 52.9010181645; 140.4709056068 513.5566720960; 689.8079027159

167.5947003748； 280.5784506848 458.7533546925； 453.3884433554 282.9082328989； 213.5704943432 525.8681817779； 133.6953004520 677.1757808026； 521.1658690522 132.8617086506； 30.2657946347 450.0754502986； 657.0199585283 39.7772908299； 639252241961 23.8749241575； 252.4286967767 535.1659364856； 42.8551682504 63.8232081774； 145.8999393902 399.5255884970； 638.4885715591 62.6262558472； 489.2756391122 665.3131282446； 361.2231139311 564.2347787901； 519.9475425732 347.9711417040； 129.3349741063 435.6692740389； 259.7172815016 454.6495181318； 676.3421890013 371.0979706551； 84.5133841706 183.3260738572； 77.716448671 354.3833863300； 335.9802442534 660.6321896676； 264.3554717810 377.5743377274； 51.6826916855 676.0429509187； 6921376849300 543.8010925819； 169.2191356800 547.8194325476； 194.0131482339 263.4791316822； 415.1928395332 78.9133571973； 415.0432204919 479.0801701569； 169.8389859939 245.6103433244； 525.0987124228 213.5063718969； 238.6851191283 33.4932910965； 116.2112467718 363.5742702940； 16.9283258126 656.5711014044； 434.3440768162 92.6996831431； 40.5253860363 424.6829615797；114 530.4849979086 183.8390534273；484.3595848990 49.2460387276； 263.6501248722 426.5852608187； 450.2891917862 126.3853415784； 441.7822805823 299.7724362653； 24.2169105375 500.3474481664； 503.7886861157 514.6895019799； 635.5389390312 200.9811207275； 614.5922732529 418.8691931188； 21.7161351334 660.9741760476； 413.8266469611 92.6996831431； 637.7191022040 54.2048412384； 566.5645610042 199.9551615873； 196.6849168280 221.8209157619； 384.9270448985 57.4630166986；178.1107815614 104.6905805938；403.2874386776 205.8971749407.

8.tsp225 城市 TSP 问题

4000 4000；4000 4500；4000 5000；4000 5500；4000 6000；4000 6500；4000 7000；4000 7500；4000 8000；4000 8500；4000 9000；4000 9500；4000 10000；4000 10500；4000 11000；4000 11500；4000 12000；4000 12500；4000 13000；4000 13500；4000 14000；4000 14500；4000 15000；4000 15500；4000 16000；7000 4000；7000 4500；7000 5000；7000 5500；7000 6000；7000 6500；7000 7000；7000 7500；7000 8000；7000 8500；7000 9000；7000 9500；7000 10000；7000 10500；7000 11000；7000 11500；7000 12000；7000 12500；7000 13000；7000 13500；7000 14000；7000 14500；7000 15000；7000 15500；7000 16000；10000 4000；10000 4500；10000 5000；10000 5500；10000 6000；10000 6500；10000 7000；10000 7500；10000 8000；10000 8500；10000 9000；10000 9500；10000 10000；10000 10500；10000 11000；10000 11500；10000 12000；10000 12500；10000 13000；10000 13500；10000 14000；10000 14500；10000 15000；10000 15500；10000 16000；13000 4000；13000 4500；13000 5000；13000 5500；13000 6000；13000 6500；13000 7000；13000 7500；13000

8000; 13000 8500; 13000 9000; 13000 9500; 13000 10000; 13000 10500; 13000 11000; 13000 11500; 13000 12000; 13000 12500; 13000 13000; 13000 13500; 13000 14000; 13000 14500; 13000 15000; 13000 15500; 13000 16000; 16000 4000; 16000 4500; 16000 5000; 16000 5500; 16000 6000; 16000 6500; 16000 7000; 16000 7500; 16000 8000; 16000 8500; 16000 9000; 16000 9500; 16000 10000; 16000 10500; 16000 11000; 16000 11500; 16000 12000; 16000 12500; 16000 13000; 16000 13500; 16000 14000; 16000 14500; 16000 15000; 16000 15500; 16000 16000; 4500 4000; 5000 4000; 5500 4000; 6000 4000; 6500 4000; 4500 7000; 5000 7000; 5500 7000; 6000 7000; 6000 7000; 6500 7000; 4500 10000; 5000 10000; 5500 10000; 6000 10000; 6500 1000; 4500 13000; 5000 13000; 5500 13000; 6000 13000; 6500 13000; 4500 16000; 5000 16000; 5500 16000; 6000 16000; 6500 16000; 7500 4000 8000 4000; 8500 4000; 9000 4000; 9500 4000; 7500 7000; 8000 7000; 8500 7000; 9000 7000; 9500 7000; 7500 10000; 8000 10000; 8500 10000; 9000 10000; 9500 10000; 7500 13000; 8000 13000; 8500 13000; 9500 13000; 7500 16000; 8000 16000; 8500 16000; 9000 16000; 9500 16000; 10500 4000; 11000 4000; 11500 4000; 12000 4000; 12500 4000; 10500 7000; 11000 7000; 11500 7000; 12000 7000; 12500 7000; 10500 10000; 11000 10000; 11500 10000; 12000 10000; 12500 10000; 10500 13000; 11000 13000; 11500 13000; 120000 13000; 12500 13000; 10500 16000; 11000 16000; 11500 16000; 12000 16000; 12500 16000; 13500 4000; 14000 4000; 14500 4000; 15000 4000; 15500 4000; 13500 7000; 14000 7000; 14500 7000; 15000 7000; 155000 7000; 13500 10000; 14000 10000; 14500 10000; 15000 10000; 15500 10000; 13500 13000; 14000 13000; 14500 13000; 15000 13000; 15500 13000; 13500 16000; 14000 16000; 14500 16000; 15000 16000; 15500 16000.

参考文献

1 杨沛,古德祥.蚁群的信息系统.昆虫知识,2000,38(1):23~25

2 杨沛.蚁群社会生物学及多样性.昆虫知识,1999,36(4):243~247

3 李士勇.蚁群优化算法及其应用研究进展.计算机测量与控制,2003,11(12):911~913,917

4 陈永强.人工蚁群算法及其在组合优化中的应用:[学位论文].哈尔滨:哈尔滨工业大学,2003

5 E Bonabeau, M Dorigo, G Theraulaz. Swarm Intelligence: From Natural to Artificial Systems. New York: Oxford University Press, 1999

6 M Dorigo, G Di Caro. Ant Algorithms for Discrete Opetimization. Artificial Life, 1999,5(3):137~172

7 M Dorigo, L M Gambardella. Ant Colonies for the Traveling Salesman Problem. BioSystems, 1997 (43):73~81

8 A Colorni, et al. Ant System for Job-shop Scheduling. JORBEL, 1994,34(1):39~53

9 D Costa, A Hertz. Ants Can Colour Graphs. J. of the Opnl. Res. Soc, 1997,48(3):295~305

10 P Kuntz, P Layzell, D Snyers. A colony of ant-like agents for partitioning in VLSI technology. Proc. of the 4th European Conf. On Artificial Life. Boston: MIT Press, 1997.417~424

11 R Schoonderwoerd, O Holland, J Bruten. Ant like agents for loadbalancing in telecommunications networks. Proc. of Agents' 97. Marinadel Rey, CA: ACM Press, 1997.209~216

12 G Di Caro, M Dorigo. Mobile Agents for Adaptive Routing. Proc. of the 31st Hawaii Int. Conf. on System. LosAlamitos, CA: IEEE Computer Society Press, 1998.74~83

13 B Bullnheimer, R F Hartl, C Strauss. Applying the ant System to the Vehicle Routing Problem. Meta-Heuristics: Advances and Trends in Local Search Paradigms for Optimization. Boston: Kluwer, 1998.109~120

14 V Maniezzo, M Dorigo, A Colorni. The ant System Applied to the Quadratic Assignment Problem. Technical Report IRIDIA/94~28, Universite de Bruxelles, Belgium, 1994

15 G Bilchev, I C Parmee. Searching Heavily Contrained Design Spaces. Proc 22nd int conf CAD-95, Yelta, Ukraine, 1995

16 M Dorigo, V Maniezzo, A Colorni. Positive Feedback as a Search Strategy. Technical Report 91~016

17 B Bullnheimer, R F Hartl, C Strauss. A New Rank-based Version of The ant System: A Compu-

tational Study. Technical Report POM - 03/97, Institute of Management Science, University of VIenna, 1997

18 M Dorigo, L M Gambardella. Ant Colony System: A Cooperative Learning Approach to the Traveling Salesman Problem. IEEE Trans. On Evolutionary Computation, 1997,1(1):53 ~ 66

19 A Colorni, M Dorigo, V Maniezzo. Distributed Optimization by Ant Colonies. In: F Varela, P Bourgine Eds. Proceedings of ECAL91 - European Conference on Artificial Life. Paris: Elsevier Publishing, 1991, 134 ~ 142

20 丁建立,陈增强,袁著祉.遗传算法与蚂蚁算法的融合.计算机研究与发展,2003,40(9):1531 ~ 1536

21 T White, B Pagurek, F Oppacher. ASGA: Improving the Ant System by Integration with Genetic Algorithms. Email:oppacher @ scs.carleton.ca

22 吴庆洪,张纪会,徐心和.具有变异特性的蚁群算法.计算机研究与发展,1999,36(10):1240 ~ 1245

23 Z J Lee, C Y Lee, S F Su. An Immunity-based and Colony Optimization Algorithm for Solving Weapon-target Assignment Problem. Applied Soft Computing, 2002(2):39 ~ 47

24 王颖,谢剑英.一种自适应蚁群算法及其仿真研究.系统仿真学报,2002,14(1):31 ~ 33

25 熊伟清,余舜杰,赵杰煜.具有分工的蚁群算法及应用.模式识别与人工智能,2003,16(3):328 ~ 332

26 M Dorigo, E Bonabeau, G Theraulaz. Ant Algorithms and Stigmergy. Future Generation Computer Systems, 2000(16):851 ~ 871

27 张徐亮,张晋斌.基于协同学习的蚁群电缆敷设系统.计算机工程与应用,2000(5):181 ~ 182

28 庄昌文,范明钰,李春辉,虞厥邦.基于协同工作方式的一种蚁群布线系统.半导体学报,1999,20(5):400 ~ 406

29 J P Cohoon, P L Heck. BEAVER: A Computational-Geometry-Based Tool for Switchbox Routing. IEEE Trans. Computer Aided Design, 1988,7(6):684 ~ 697

30 J Lienig. A Parallel Genetic Algorithm for Performance-Driven VLSI Routing. IEEE Trans. Evolutionary Computation, 1997,1(1):29 ~ 39

31 R Joobbani, D P Siewiorek. An Artificial Intelligence Approach to VLSI Routing. IEEE Design & Test, 1986,3(1):12 ~ 33

32 陈国良.并行计算——结构·算法·编程.北京:高等教育出版社,2001

33 唐立山等.非数值并行算法(第一册)——模拟退火算法.北京:科学出版社,2000

34 M Randall. A Parallel Implementation of Ant Colony Optimization. Journal of Parallel and Distributed Computing,2002(62):1421 ~ 1432

35 E -G Talbi et al. Parallel Ant Colonies for the Quadratic Assignment Problem. Future Generation Computer Systems, 2001(17): 441 ~ 449

36 M Dorigo, G Di Caro. The Ant Colony Meta-heuristic. In: D Corne, M Dorigo, F Golver (Eds.). New Ideas in Optimization. New York: McGraw-Hill, 1999.11 ~ 32

37 M Dorigo, L Gambardella. Ant Colony System: A Cooperative Learning Approach to the Traveling Salesman Problem. IEEE Trans. Evolut. Comput, 1997(1): 53 ~ 66

38 M Dorigo, V Maniezzo, A Colorni. The Ant System: Optimization by a Colony of Cooperating Agents. IEEE Trans. Systems Man Cybernet, 1996(B26): 29 ~ 41

39 B Bullnheimer, G Kortsis, C Straub. Parallelization Strategies for the Ant System. In: R De Leone, A Murli, P Pardalos, and G Toraldo Eds. High Performance Algorithms and Software in Nonlinear Optimization; Series: Applied Optimization. Dordrecht: Kluwer, 1998(24): 87 ~ 100

40 T Stutzle. Parallelization Strategies for Ant Colony Optimization. In : A Eileen, T Back, M Schoenauer, and H Schwefel Eds. Proceedings of Parallel Problem Solving from Nature. Lecture Notes in Computer Science. Berlin: Springer-Verlag, 1998(1498): 722 ~ 741

41 R Michel, M Middendorf. An Island Based Ant System Iwth Lookahead for the Shortest Common Subsequence Problem. In: Proceedings of the Fifth International Conference on Parallel Problem Solving from Nature. Berlin: Springer-Verlag, 1998(1498): 692 ~ 708

42 I Foste. Designing and Building Parallel Programs. Addison-Weslley, Reading, MA, 1994.381

43 V Kumar, A Grama, A Gupta, G Karypic. Introduction to Paralledl Computing. Benjamin Cummings, Reading, MA, 1994.597

44 M Randall, D Abramson. A General Parallel Tabu Search Algorithm for Combinatorial Optimization Problems. In: W Cheng and A Sajeev Eds. Proceedings of the Sixth Australasian Conference on Parallel and Real Time Systems. Berlin: Springer-Verlag, 1999.68 ~ 79

45 M Randall, E Tonkes. Intensification and Diversification Strategies in Ant Colony System, Complexity Internat. (2000), submitted. Available online at http://life. cs. edu. au/ci/sub07/randa101

46 G Reinelt. TSPLIB—A Traveling Salesman Problem Library, ORSA J. Comput, 1991(3): 376 ~ 384

47 G Amdahl. Validity of the Single Processor Approach to Achieving Large Scale Computer Capabilities. In: Proceedings of the AFIPS Spring Joint Computer Conference. NJ, Atlantic City, 1967(30): 483 ~ 485

48 M Randall, J Montgomery. Candidate Set Strategies for Ant Colony Optimization. Technical Report, TR02 – 04, School of Information Technology, Bond University, 2002

49 M Randall, E Tonkes. Intensification and Diversification Strutegies in Ant Colony System, Com-

plexity Interant. Available online at http://life.cs.edu.au/ci/sub07/randal01,2000
50 R Barr, B Hickman. Reporting Computational Experiments with Parallel Algorithms: Issues, measures and experts' opinions, ORSA J.Comput,1993(5):2~18
51 L M Gambardella, E D Taillard, M Dorigo. Ant Colonies for the QAP. Technical Report IDSIA 4-97,Lugano, Switzerland, 1997. J. Oper.Resh. Soc,1999,50(2):167~176
52 R E Burkard, S Karisch, F Rendl. Qaplib:A Quadratic Assignment Problem Library, European Journal of Operational Research, 1991(55):115~119
53 E G Talbi, Z Hafidi.J-M.Geib. Parallel Adaptive Tabu Search for Large Optimiation Problems. In: Second Metaheuristics International Conference. MIC'97,Sophia-Antipolis, France, 1997. 137~142
54 R Battiti, G Tecchiolli. The Reactive Tabu Search. ORSA Journal on Computing 1994(6): 126~140
55 E Taillard. Bobust Tabu Search for the Quadratic Assignment Problem. Parallel Computing 1991(17): 443~455
56 C Fleurent, J A Ferland. Genetic Hybrids for the Quadratic Assignment Problem. DIMACS Series in Discrete Mathematics and Theoretical Computer Science, 1994(16): 173~188
57 D T Connolly. An Improved Annedaling Scheme for the QAP. European Journal of Operational Research, 1990(46): 93~100
58 E Taillard. Comparison of Iterative Searches for the Quadratic Assignment Problem. Location Science, 1995(3): 87~103
59 张国钢,耿英三,王建华.基于蚁群并行算法的电气接线路径优化及仿真.系统仿真学报,2003,15(8):1091~1094
60 邵子立,宋杰.基于消息传递的并行计算环境 MPI 与 PVM 的比较.小型微型计算机系统,2002,21(11):1140~1142
61 孙焘,王秀坤等.一种简单蚂蚁算法及其收敛性分析.小型微型计算机系统,2003,24(8):1524~1527
62 G Rudolph. Convergence Analysis of Canonical Genetic Algorithms. IEEE Trans. On Neural Networks, 1994,5(1):96~101
63 胡迪鹤.随机过程论.武汉:武汉大学出版社,2000
64 刑文训,谢金星.现代优化计算方法.北京:清华大学出版社,1999
65 陈传璋等.数学分析(下册).北京:高等教育出版社,1983
66 W J Gutjahr. A Graph-based Ant System and Its Convergence. Future Generation Computer Systems,2000(16): 873~888
67 M Dorigo, V Maniezzo, A Colorni. The Ant System: Optimization by a Colony of Cooperating

Agents. IEEE Trans. Systems Man Cybernat,1996(26):29 ~ 41

68 Th A Feo, M G C Resende. Greedy Randomized Adaptive Search Procedures. J Global Optimization,1995(6): 109 ~ 133

69 M Dorigo, G DiCaro. The Ant Colony Optimization Meta-heuristic. In: D Corne, M Dorigo, F Glover Eds. New Ideas in Optimization. London: McGraw-Hill, UK,1999.11 ~ 32

70 W J Gutjahr. A Generalized Convergence Result for the Graph-based Ant System Metaheuristic. Technical Report 99-09, Department of Statistics, Operation Research and Computer Science, University of Vienna, Austria, 1999

71 L M Gambardella, M Dorigo. Ant-Q: a Reinforcement Learning Approach to the Traveling Salesman Problem. In: Proceedings of the 12th International Conference on Machine Learning, ML'95, Morgan Kaufmann, Palo Alto, CA, 1995.252 ~ 260

72 L M Gambardella, M Dorigo. Solving Symmetric and Asymmetric TSPs by ant Colonies. In: Proceedings of the IEEE Conference on Evolutionary Computing, ICEC'96, IEEE Press, New York, 1996.622 ~ 627

73 M Dorigo, L M Gambardella. Ant Colony System: a Cooperative Learning Approach to the Traveling Salesman Problem. IEEE Trans. Evolutionary Comput,1997(1):53 ~ 66

74 R G Gallager. Discrete Stochastic Processes. Dordrecht: Kluwer Academic Publishers, 1996

75 马良,项培军.蚂蚁算法在组合优化中的应用.管理科学学报,2001,4(2):32 ~ 36

76 M Dorigo, G D Caro, L M Gambardella. Ant Algorithms for Discrete Optimization. Artificial Life, 1999,5(3):137 ~ 172

77 T Stiitzie, M Dorigo. ACO Algorithms for the Quadratic Assignment Problem. In: D Corne, M Dorigo, and F Glover, Eds. New Methods in Optimization. New York: McGraw-Hill,1999

78 A Colorni, M Dorigo, et al. Ant System for Job-shop Scheduling. Belgian Journal of Operations Research, Statistics and Computer Science (JORBEL),1994(34):39 ~ 53

79 孙新宇,万筱宁,孙林岩.蚁群算法在混流装配线调度问题中的应用.信息与控制, 2002,31(6):486 ~ 490

80 候立文,蒋馥.一种基于蚂蚁算法的交通分配方法及其应用.上海交通大学学报,2001, 35(6):930 ~ 933

81 B Bullnheimer, et al. An Improved ant System Algorithm for the Vehicle Routing Problem. Technical Report POM – 10/97. Institute of Management Science, University of Vienna, 1997

82 B Bullnheimer, et al. Applying the ant System to the Vehicle Routing Problem. In I H Osman, et al. Meta – Heuristics: Advances and Trends in Local Search Paradigms for Optimization. New York: Kluwer Academics,1998.109 ~ 120

83 D Costa, A Hertz. Ants Can Colour Graphs. Journal of the operational Research Society, 1997

(48):295~305
84 L M Gambardella, M Dorigo. An Hybrid Ant System for the Sequential Ordering Problem. Technical Report, IDSIA, Lugano, CH, 1997.11~97
85 R Michel, M Middendorf. An ACO Algorithm for the Shortest Common Supersequence Problem. In: D Corne, M Dorigo, and F Glover, Eds. New Methods in Optimisation. New York: McGraw-Hill, 1999
86 R Schoonderwoerd, et al. Ant-based Load Balancing in Telecommunications Networks. Adaptive Behavior, 1996, 5(2):169~207
87 T White, et al. Connection Management Using Adaptive Mobile Agents. In Proceedings of the International Conference on Parallel and Distributed Processing Techniques and Applications. CSREA Press, 1998.802~809
88 E Bonabeau, et al. Routing in Telecommunication Networks With "Smart" and-like Agents Telecommunication Applications. In Proceedings. of IATA'98 Second Int. Work Shop on Intelligent Agents for Telecommunication Applications. Lectures Notes in AI vol. Springer Verlag, 1998.1437
89 G Di Caro, M Dorigo. Extending AntNet for Best-effort Quality-of-Service Routing. Proc. ANTS'98 - First International Workshop on Ant Colony Optimization. Belgium: Brussels, 1998.15~16
90 张素兵,吕国英,刘泽民,周正.基于蚂蚁算法的 QoS 路由调度方法.电路与系统学报,2000,5(1):1~5
91 张素兵,刘泽民.基于蚂蚁算法的分级 QoS 路由调度方法.北京邮电大学学报,2000,23(4):11~15
92 顾军华.基于蚂蚁算法的 QoS 组播路由问题求解.河北工业大学学报,2002,31(4):19~24
93 杨勇,胡上序等.蚁群算法求解连续空间优化问题.控制与决策,2003,18(5):573~576
94 张徐亮,张晋斌.基于协同学习的蚁群电缆敷设系统.计算机工程与应用,2000(5):181~182
95 何清华,肖人彬,师汉民.蚂蚁算法在机构同构判定中的实现.模式识别与人工智能,2001,14(4):406~412
96 庄昌文.基于协同工作方式的一种蚁群布线系统.半导体学报,1999,20(5):400~406
97 J Casillas, et al. Learning Cooperative Fuzzy Rules Using ant Colony Optimization Algorithms. Technical Report - 00119, Spain: Department of Computer Science and Artificial Intelligence, University of Granada, 2000
98 董军.网络路由与智能模拟.北京:国防工业出版社,2004

99 R Schoonderwoerd, O Holland, J Bruten. Ant-like Agents for Load Balancing in Telecommunications Networks. In Proceedings of the First International Conference on Autonomous Agents. Now York: ACM Press, 1997.209 ~ 216

100 R Schoonderwoerd, O Holland, J Bruten, L Rothkranz. Ant-based Load Balancing in Telecommunications Networks. Adaptive Behavior, 1996,5(2):169 ~ 207

101 T White, B Pagurek, F Oppacher. Connection Management Using Adaptive mobile Agents. In: H R Arabnia, Ed. Procedings of the International Conference on Parallel and Distributed Processing Techniques and Applications (PDPTA'98). New York: CSREA Press, 1998.802 ~ 809

102 E Bonabeau, F Henaux, S Guerin, D Snyers, P Kuntz, G Theraulaz. Routing in Telecommunication Networks With "Smart" ant-like Agents Telecommunication Applications. In Proceedings of IATA'98, Second Int. Workshop on Intelligent Agents for Telecommunication Applications. Lectures Notes in AI vol. 1437, Springer Verlag, 1998

103 G Di Caro, M Dorigo. Extending AntNet for Best-effort Quality-of-Service Routing. Unpublished presentation at ANTS'98-From Ant Colonies to Artificial Ants: First International Workshop on Ant Colony Optimization http://iridia.ulb.ac.be/ants98/ants98.html,October 1998. 15 ~ 16

104 G Di Caro, M Dorigo. AntNet: A Mobile Agents Approach to Adaptive Routing. Technical Report 97-12, IRIDIA, Universite Libre de Bruxelles, Belgium, 1997

105 G Di Caro, M Dorigo. Mobile Agents for Adaptive Routing. In Proceedings of the 31st International Conference on System Sciences (HICSS-31). IEEE Computer Society Press, 1998(7):74 ~ 83

106 G Di Caro, M Dorigo. Ant Net: Distributed Stigmergetic Control for Communications Networks. Journal of Artificial Intelligence Research (JAIR), 1998(9):317 ~ 365.

107 G Di Caro, M Dorigo. Ant Colonies for Adaptive Routing in Packet-switched Communications Networks. In A E Eiben, T Back, M Schoenauer, and H -P Schwefel, editors, Proceedings of PPSN-V, Fifth International Conference on Parallel Problem Solving from Nature, Springer-Verlag, 1998.673 ~ 682

108 G Di Caro. M Dorigo. An Adaptive Multi-agent Routing Algorithm Inspired by Ants Behavior. In Proceedings of PART98-5th Annual Australasian Conference on Parallel and Real-Time Systems. Springer -Verlag, 1998.261 ~ 272

109 D Subramanian, P Druschel, J Chen. Ants and Reinforcement Learning: A Case Study in Routing in Dynamic Networks. In Proceedings of IJCAI-97, International Joint Conference on Artificial Intelligence. Morgan Kaufmann, 1997.832 ~ 838

110 M Heusse, S Guerin, D Snyers, P Kuntz. Adaptive Agent-driven Routing and Load Balancing in Communication Networks. Technical Report RR-98001-IASC, Department Intelligence Artificielle et Sciences Cognitives, ENST Bretagne, 1998
111 R van der Put. Routing in the Faxfactory Using Mobile Agents. Technical Report R&D-SW-98-276, KPN Research, 1998
112 R van der Put and L Rothkrantz. Routing in Packet Switched Networks using Agents. Simulation Practice and Theory in Press, 1999
113 王征应,石冰心.基于启发式遗传算法的 QoS 组播路由问题求解.计算机学报,2001,24(1):56~61
114 Y H Song, C S Chou, T J Stonham. Combined Heat and Power Economic Dispatch by Improved ant Colony Search Algorithm. Electric Power Systems Research, 1999(52):115~121
115 G B Sheble, G B., K Brittig, Refined Genetic Algorithm-economic Dispatch Example. IEEE Trans Power Systems, 1995.117~123
116 C R Reeves. Modern Heuristic Techniques for Combinatorial Problems, Advanced Topics in Computer Science Series. New York: McGraw-Hill Book Company, 1995
117 A J Wood, B F Wollenberg. Power Generation, Operation & Control, John Wiley & Sons, New York, 1984
118 Y H Song, C S Chou. Large Scale Economic Dispatch by Artificial ant Colony Search Algorithms. Electric Machines and Power Systems, 1999, 27(7)
119 M Dorigo, L M Gambardella. Ant Colony System: A Cooperative Learning Approach to the Traveling Salesman Problem. IEEE Transactions on Evolutionary Computation, 1997(1):53~66
120 Y H Song, Q Y Xuan. Combined Heat and Power Economic Dispatch Using Genetic Algorithm Based Penalty Function Method. Electric Machines and Power Systems, 1998, 26(4)
121 樊晓平,罗熊等.复杂环境下基于蚁群优化算法的机器人路径规划.控制与决策,2004,19(2):166~170
122 丁滢颖,何衍,蒋静坪.基于蚁群算法的多机器人协作策略.机器人,2003,25(5):414~418
123 B Brooks. A Robust Layered Control System for a Mobile Robot. IEEE Journal of Robotics and Automation, 1986, RA-2(1):14
124 J Casillas, O Cordon, F Herrera. Learning Fuzzy Rules Using Ant Colony Optimization Algorithms. Proc. ANTS2000-From Ant Colonies to Artificial Ants: Second International Workshop on Ant Algorithms, 2000.13~21
125 O Cordon, F Herrera, A Peregrin. Applicability of the Fuzzy Operators in the Design of Fuzzy

Logic Controllers. Fuzzy Sets and Systems, 1997(86): 15 ~ 41

126 R Alcala, J Casillas, O Cordon, F Herrera, S J I Zwir. Learning and Tuning Fuzzy Rule-based Systems for Linguistic Modeling. In: C T Leondes Ed. Knowledge-Based Systems. New York: Academic Press, 2000

127 E Bonabeau, M Dorigo, G Theraulaz. Swarm Intelligence: From Natural to Artificial Systems. Oxford University Press, 1999

128 M Dorigo, G DiCaro. The Ant Colony Optimization Meta-heuristic. In: D Corne, M Dorigo, and F Glover Eds. New Ideas in Optimization. New York: McGraw-Hill, 1999. 11 ~ 32

129 O Cordon, F Herrera. A Proposal for Improving the Accuracy of Linguistic Modeling. IEEE Trans. on Fuzzy Systems, 2000, 8(3)

130 M Dorigo, V. Maniezzo, A Colorni. The Ant System: Optimization by A Colony of Coomperating Agents. IEEE Trans. on Systems, Man, and Cybernetics, Part B: Cybernetics, 1996, 26 (1): 29 ~ 41

131 M Dorigo, L M Gambardella. Ant Colony System: A Cooperative Learning Approach to the Travelling Salesman Problem. IEEE Trans. on Evolutionary Computation, 1997, 1(1): 53 ~ 66

132 O Cordon, F Herrera, L Sanchez. Solving Electrical Distribution Problems Using Hybrid Evolutionary Data Analysis Techniques. Applied Intelligence, 1999(10): 5 ~ 24

133 L X Wang, J M Mendel. Generating Fuzzy Rules by Learning From Examples. IEEE Trans. on Systems, Man, and Cybernetics, 1992, 22(6): 1414 ~ 1427

134 K Nozaki, H Ishibuchi, H Tanaka. A simple but Powerful Heuristic Method for Generating Fuzzy Rules from Numerical Data. Fuzzy Sets and Systems, 1997(86): 251 ~ 270

135 T Stutzle, H Hoos. Improvements on the Ant System: Introducing MAX-MIN ant System. In Proceedings of the International Conference on Artificial Neural Networks and Genetic Algorithms, Springer Verlag, Wien. 1997. 245 ~ 249

136 http://www.iwr.uni-heidelberg.de/iwr/comopt/software/TSPLIB95

137 R Durbin, D Willshaw. An Analogue Approach to the Travelling Salesman Problem Using an Elastic Net Method. Nature, 1987(326): 689 ~ 691

138 汪云九,周昌乐.基于波函数的蚁群行为“觉知”模型初探.见:汪云九,杨玉芳等.意识与大脑——多学科研究及其意义.北京:人民出版社,2003

139 周昌乐.脑与行为的自组织.见:21 世纪 100 个科学难题.长春:吉林人民出版社,1998

140 刘易斯 托玛斯.细胞生命的礼赞·曼哈顿的安泰.长沙:湖南科学技术出版社,1992

141 洪兴科,毛彦军.蚂蚁.北京:中国农业科学技术出版社,1994

142 尹鸿钧.量子力学.合肥:中国科学技术大学出版社,1999

143 周昌乐,唐孝威.关于意识及其机器实现问题的对话.世界科技研究与发展,1999(12):7~12

144 J -L Deneubourg et al. The Self-Organizing Exploratory Pattern of the Argentine Ant. J. Insect Behavior, 1990(3):159~168

145 J M Pasteels, J-L Deneubourg et al. Self-Organization Mechanisms in Ant Societies (I): Trail Recruitment to Newly Discovered Food Sources. Experientia Suppl., 1987(54):155~175

146 S Goss, S Aron, J-L Deneubourg et al. Solf-Organized Shortcuts in the Argentine Ant. Naturwissenchaften, 1989(76):579~581

147 R Beckers, J -L Deneubourg, S Goss. Trails and U-Turns in the Selection of a Path by the Ant Lasius niger. J. Theor. Biol, 1992(159):397~415

148 E Bonabeau. Marginally Stable Swarms are Flexible and Efficient. J. Phys. I France, 1996(6):309~320

149 E Bonabeau, F Cogne. Oscillation-Enhanced Adaptability in the Vicinity of a Bifurcation: The Example of Foraging in Ants. In Proceedings Fourth International Conference on Simulation of Adaptive Behavior: From Animals to Animats 4, edited by P Maes et al. Cambridge, MA: MIT Press, 1996. 537~544

150 M Resnick. Turtles, Termites, Traffic Jams. MA: MIT Press, 1994

151 S Aron, J -L Deneubourg et al. Functional Self-Organisation Illustrated by Inter-Nest Traffic in the Argentine Ant Iridomyrmex humilis. In. W Alt et al Eds. Biological Motion. Berlin: Springer-Verlag, 1990. 533~547

152 J -L Deneubourg et al. The Blind Leading the Blind: Modelling Chemically Mediated Army Baid Patterns. J. Insect Behav., 1989(2):719~725

153 N R Franks et al. The Blind Leading the Blind in Army Ant Raid Patterns: Testing A Model of Self-Organiation(Hymenoptera: Formicidae). J. Insect Behav., 1991(4):583~607

154 鄢烈祥.用列队竞争算法解旅行商问题.运筹与管理,1999,8(3):24~30

155 V Maniezzo. An ANTS heuristic for the frequency assignment problem. Antonella Carbonaro Future Generation Computer Systems, 2000(16):927~935

156 V Maniezzo, A Colorni. The Ant System Aplied to the Quadratic Assignment Problem. IEEE Trans. Knowledge and Data Engineering, 1998, 11(5):769~778

157 W J Gutjahr. A Generalized Convergence Result for the Graph-Based Ant System Metaheuristic. Probability in the Engineering and Informational Sciences, 2003(17):545~569

158 潘菽.人类的智能.上海:上海科学技术出版社,1985,21~25

159 M Dorigo, T Stützle. Ant Colony Optimiziton. Cambridge: The MIT Press, 2004

143 [illegible]，1990(12)

154 [illegible]，1999，(3):24-30

